建设工程造价与管理

朱艳华　宋伟雄　马美精　主编

图书在版编目（CIP）数据

建设工程造价与管理 / 朱艳华，宋伟雄，马美精主编. — 哈尔滨 : 哈尔滨出版社，2022.12

ISBN 978-7-5484-6703-8

Ⅰ. ①建… Ⅱ. ①朱… ②宋… ③马… Ⅲ. ①建筑造价管理 Ⅳ. ①TU723.31

中国版本图书馆 CIP 数据核字（2022）第 156661 号

书　　名：建设工程造价与管理
JIANSHE GONGCHENG ZAOJIA YU GUANLI

作　　者：朱艳华　宋伟雄　马美精　主编
责任编辑：韩伟锋
封面设计：张　华

出版发行：哈尔滨出版社（Harbin Publishing House）
社　　址：哈尔滨市香坊区泰山路 82-9 号　邮编：150090
经　　销：全国新华书店
印　　刷：廊坊市广阳区九洲印刷厂
网　　址：www.hrbcbs.com
E - mail：hrbcbs@yeah.net
编辑版权热线：（0451）87900271　87900272

开　　本：787mm×1092mm　1/16　印张：13.75　字数：300 千字
版　　次：2023 年 1 月第 1 版
印　　次：2023 年 1 月第 1 次印刷
书　　号：ISBN 978-7-5484-6703-8
定　　价：68.00 元

前　言

随着我国经济持续的增长，人民生产、生活条件的不断改善，人们对美好生活环境的需求日益增长。为了满足人们的各类需求，各个行业都在不断寻求发展，建筑行业也不例外。工程质量、进度、造价作为项目管理的三大控制目标，其管控水平的高低直接关乎着建筑行业能否持续稳定地发展。在以工程造价管理形成的基本原理、基本方法、基本技能的基础上，紧密围绕建筑施工过程中工程造价控制的特点，更加侧重并突出建筑施工企业全寿命周期内工程造价控制的内容和方法。这样，读者可以通过学习、练习，进一步地理解和掌握工程造价管理形成的原理和方法，可以更好地运用工程造价管理的知识为建设项目成本管理工作服务，进而促进我国建设工程顺利开展，促进国家的经济发展与进步。

本书是一本关于建设工程造价与管理的专著，共十二章。首先，对建设工程的造价构成和每个阶段的费用预测等做了介绍；其次，对建筑工程的组织策划进行研究分析；最后，对建筑工程的管理发展前景进行分析，以期对建筑设计的造价与管理提供参考依据。

因资料收集及笔者学术水平、研究经验等方面的原因，书中难免有疏漏错误之处，敬请热心读者不吝赐教，以做进一步的修正和提高。

目录

第一章 建设工程造价的构成

实施工程造价管理，首先需要明确工程造价的含义、工程造价的构成；其次应理解我国工程造价管理的基本制度，包括工程造价专业人员管理制度及工程造价咨询企业资质管理制度。

第一节 建设项目与建设程序

一、建设项目的概念

建设项目是指为完成依法立项的新建、扩建、改建等各类工程而进行的，有起止日期、达到规定要求的一组相互关联的受控活动组成的特定过程，包括策划、勘察、设计、采购、施工、试运行、竣工验收和考核评价等，如某水泥厂、某职业学院、某医院、某住宅小区、某学校等均是建设项目。

建设项目一般分为单项工程、单位（子单位）工程、分部（子分部）工程和分项工程，即一个建设项目由若干单项工程组成，一个单项工程由若干单位（子单位）工程组成，一个单位（子单位）工程由若干分部（子分部）工程组成，一个分部（子分部）工程由若干分项工程组成，一个分项工程由若干工序组成。

1. 单项工程

单项工程是指在一个建设工程项目中，具有独立的设计文件，竣工后可以独立发挥生产能力或效益的一组配套齐全的工程。一个建设工程项目可以仅包括一个单项工程，也可以包括多个单项工程。如某职业学院是一个建设工程项目，由教学楼、实验楼、图书馆、体育馆、学生宿舍、学生食堂、行政办公楼等多个单项工程组成。

2. 单位工程

单位工程是指具备独立施工条件并能形成独立使用功能的建筑物及构筑物。一个单项工程又可分解为一个或多个单位工程，如某职业学院项目中教学楼工程由土建工程、给水排水工程、电气照明工程、电气化设备及安装工程等不同性质的单位工程组成。

3. 分部工程

分部工程应按专业性质、建筑部位确定，一般工业与民用建筑土建工程的分部工程包括地基与基础工程、主体结构工程、屋面工程、门窗工程等。主体结构工程可按材料种类和施工特点的不同分为混凝土结构、砌体结构、钢结构等子分部，如某职业学院教学楼中的土建工程由地基与基础工程、混凝土结构工程、砌体结构工程、屋面工程、门窗工程等分部（子分部）工程组成。

4. 分项工程

分项工程一般按主要工程、材料、施工工艺、设备类别等进行划分，是计算工、料及资金消耗的最基本的构造要素，如某职业学院教学楼土建工程中的地基与基础分部由土方工程、地基处理工程、基础工程等分项工程组成。

二、建设项目的分类

建设项目的种类繁多，为了适应科学管理的需要，可以从经济用途、建设性质、建设规模、资金来源和建设过程的不同角度进行分类。

1. 按经济用途划分

（1）生产性基本建设。生产性基本建设是指用于物质生产和直接为物质生产服务的项目的建设，其包括工业建设、建筑业和地质资源勘探事业建设、农林水利建设。

（2）非生产性基本建设。非生产性基本建设是指用于人民物质和文化生活项目的建设，其包括住宅、学校、医院、幼儿园、影剧院以及国家行政机关和金融保险业的建设等。

2. 按建设性质划分

（1）新建项目。新建项目是指新开始兴建的项目，或者对原有建设项目重新进行总体设计，经扩大建设规模后，其新增固定资产价值超过原有固定资产价值 3 倍以上的建设项目。

（2）扩建项目。扩建项目是指在原有固定资产的基础上扩大 3 倍以内规模的建设项目。其目的是扩大原有的生产能力或使用效益。

（3）改建项目。改建项目是原有企业或事业单位，为了提高生产效率，改进产品质量或改进产品方向，对原有设备、工艺流程进行技术改造的项目。另外，为提高综合生产能力，增加一些附属和辅助车间或非生产性工程，也属于改建项目。如某城市由于发展的需要，将原 40 m 宽的道路拓宽改造为 90 m 宽，集行车、绿化为一体的迎宾大道，就属于改造工程。

（4）迁建项目。原有企业或事业单位，由于各种原因迁到另外的地方建设的项目，不论其是否维持原有规模，均称为迁建项目。

（5）恢复项目。恢复项目是对因重大自然灾害或战争而遭受破坏的固定资产，按原有规模重新建设或在恢复的同时进行扩建的工程项目。

3. 按建设规模划分

为适应对建设工程项目分级管理的需要，国家规定基本建设项目分为大型、中型、小型三类；更新改造项目分为限额以上和限额以下两类。不同等级标准的工程项目，报建和审批机构及程序不尽相同。

基本建设项目的大、中、小型和更新改造项目限额的具体划分标准，根据各个时期经济发展和实际工作中的需要而有所变化。

4. 按资金来源划分

（1）国家投资项目。国家投资项目又称财政投资的建设项目，是指国家预算直接安排投资的项目。

（2）自筹建设项目。自筹建设项目是指国家预算以外的投资项目。各地区、各单位按照财政制度提留、管理和自行分配用于固定资产再生产的资金进行建设的项目。它分为地方自筹和企业自筹建设的项目。

（3）外资项目。外资项目是指利用外资进行建设的项目。外资的来源有借用国外资金和吸引外国资本直接投资两种。

（4）贷款项目。贷款项目是指通过银行贷款建设的项目。

5. 按建设过程划分

（1）筹建项目。筹建项目是指在计划年度内正在准备建设还未开工的项目。

（2）施工项目。施工项目是指正在施工的项目。

（3）投产项目。投产项目是指全部竣工，并已投产或交付使用的项目。

（4）收尾项目。收尾项目是指已经验收投产或交付使用，但还有少量扫尾工作的建设项目。

三、建设程序

建设程序是指建设项目从策划、评估、决策、设计、招标、施工到竣工验收、投入生产或交付使用的整个建设过程中，各项工作必须遵循的先后工作次序。各个国家和国际组织在工程项目建设程序上可能存在着某些差异，但是按照工程项目发展的内在规律，投资建设一个项目都要经过投资决策和建设实施的发展时期。各个发展时期又可分为若干个阶段，各个阶段之间存在严格的先后次序，可以进行合理的交叉，但不能任意颠倒次序。目前，我国建设项目的建设程序一般分为投资决策阶段、设计阶段、发承包阶段、施工阶段和竣工验收阶段。

（一）投资决策阶段

项目投资决策是指投资者在调查分析、研究的基础上，选择和决定投资行动方案的过程，是对拟建项目的必要性和可行性进行技术经济论证。投资决策的正确与否，直接关系着项目建设的成败，关系着工程造价的高低及投资效果的好坏。

1. 该阶段项目建设的工作内容

该阶段的主要工作是进行项目策划和项目经济评价，并编制项目建议书和可行性研究报告。项目建议书经批准后，并不表明项目非上不可，还要进行详细的可行性研究工作，形成可行性研究报告。也就是说，批准的项目建议书不是项目的最终决策，可行性研究报告批准后才表明项目通过最终决策，可以进入后续的设计阶段。

（1）项目建议书是建设单位向国家提出的要求建设某一项目的建议文件，是对建设工程项目的轮廓设想。项目建议书的主要作用是推荐一个拟建项目，论述其建设的必要性、建设条件的可行性和获利的可能性，供国家选择并确定是否进行下一步工作。

（2）可行性研究是对工程项目在技术上是否可行和经济上是否合理而进行的科学分析和论证。可行性研究工作完成后，需要编写出反映其全部工作成果的“可行性研究报告”。报告内容一般包括以下几项：

1）建设项目提出的背景、必要性、经济意义和依据；

2）拟建项目规模、建设地点、市场预测；

3）技术工艺、主要设备、建设标准；

4）资源、材料、燃料供应和运输及水、电条件；

5）建设地点、场地布置及项目设计方案；

6）环境保护、防洪等要求；

7）劳动定员及培训；

8）建设工期及进度建议；

9）投资估算及资金筹措方式；

10）经济效益和社会效益分析。

2. 该阶段造价管理的主要内容

该阶段造价人员的主要工作是：按照有关规定编制和审核投资估算，经有关部门批准后作为项目决策策划的控制造价；基于不同的投资方案进行经济评价，作为项目决策的重要依据。也就是说，可行性研究报告中“投资估算及资金筹措方式”和“经济效益和社会效益分析”两部分需要造价工程师与咨询工程师配合来完成。

（二）设计阶段

工程设计是指工程开始施工前，设计者根据已批准的设计任务书，为具体实现拟建项目的技术和经济要求，拟定建筑、安装及设备制造等所需的规划、图纸、数据等技术文件的工作。设计是对建设项目由计划变为现实具有决定意义的工作阶段。设计文件是建筑安装施工的依据。这个阶段的产出对总投资的影响，一般工业建设项目的经验数据为20%~30%，对项目使用功能的影响为10%~20%。这表明设计阶段对项目投资和使用功能具有重要的影响。

1. 该阶段项目建设的工作内容

设计阶段的主要工作是根据批准的可行性研究报告，对施工所处区域进行工程地质地形勘察以及设计文件的编制，主要包含初步设计阶段和施工图设计阶段，重大项目和技术复杂项目，可根据需要增加技术设计阶段。

（1）初步设计阶段是根据可行性研究报告的要求所做的具体实施方案，目的是阐明在指定的地点、时间和投资控制数额内，拟建项目在技术上的可行性和经济上的合理性。该阶段的主要工作是按照可行性研究报告及投资估算进行多方案的技术经济比较，确定初步设计方案，并编制设计总概算。如果初步设计提出的总概算超过可行性研究报告总投资估算的10%以上或其他主要指标需要变更时，应说明原因和计算依据，并重新向原审批单位报批可行性研究报告。

（2）技术设计阶段是根据初步设计和更详细的调查研究资料编制，以进一步解决初步设计中的重大技术问题，如工艺流程、建筑结构、设备选型及数量确定等，使工程项目的设计更具体、更完善，技术指标更好。

（3）施工图设计阶段主要通过图纸，将设计者的意图和全部设计结果表达出来，作为施工制作的依据，它是设计和施工工作的桥梁。对于工业项目来说，其包括建设项目各分部工程的详图和零部件、结构件明细表以及验收标准方法等。民用工程施工图设计应形成所有专业的设计图纸，含图纸目录、说明和必要的设备、材料表，并按照要求编制工程预算书。施工图设计文件，应满足设备材料采购、非标准设备制作和施工的需要。该阶段的主要工作是按照审批的初步设计内容、范围和概算造价进行技术经济评价与分析，确定施工图设计方案。经审定的施工图是编制施工图预算的基础，是进行施工总承包招标的前提条件。

2. 该阶段造价管理的主要内容

该阶段造价人员的主要工作是通过多方案技术经济分析，优化设计方案；根据初步设计图纸及有关规定编制和审核设计概算；依据施工图和预算定额编制与审核施工图预算。

（三）发承包阶段

建设工程发承包既是完善市场经济体制的重要举措，也是维护工程建设市场竞争秩序的有效途径。根据有关法规，对于规定范围和规模标准内的工程项目，建设单位须通过招标方式选择施工单位；对于不适于招标发包的工程项目，建设单位可以直接发包。这里主要讨论施工招标发包阶段的工程造价管理。

1. 该阶段项目建设的工作内容

发承包阶段主要是建设单位组织施工招标投标并择优选定施工单位的过程。其主要工作有施工招标策划、编制招标文件、编制投标文件、开标、评标、定标、签订施工合同等。

（1）施工招标策划是指建设单位及其委托的招标代理机构在准备招标文件前，根据工程的项目特点及潜在投标人情况等确定招标方案。招标策划对于施工招标投标过程中的工程造价管理起着关键作用，它主要包括施工标段划分、合同计价方式及合同类型选择等内容。

（2）招标文件是指导整个招标投标工作全过程的纲领性文件。招标文件由招标人或其委托的咨询机构编制，由招标人发布，它既是投标单位编制投标文件的依据，也是招标人与将来中标人签订工程承包合同的基础。

（3）投标文件是对招标文件提出的实质性要求和条件做出的响应。科学、规范地编制投标文件与合理、策略地提出报价，直接关系着承揽工程项目的中标率。

（4）合同签订是指招标单位与中标单位自中标通知书发出之日起30天内，根据招标文件和中标单位的投标文件订立书面合同，不得再行订立背离合同实质性内容的其他协议。由于工程项目施工周期长、施工过程中各方面的情况变化大，因此合同条款约定的深度与广度将直接影响施工阶段造价管理的成效。目前，施工合同纠纷中90%是因合同条款约定不清晰或不全面而引起的。鉴于此，本书将合同价款的约定作为发承包阶段造价管理的重点内容之一。

2. 该阶段造价管理的主要内容

该阶段造价人员的主要工作是：招标策划中参与选择合同计价方式及合同类型；招标文件编制中负责招标工程量清单和招标控制价的编制；评标前的清标；投标文件编制中负责投标报价的编制及报价策略选择；中标后合同条款的约定与谈判。

（四）施工阶段

施工阶段是实现建设工程价值的主要阶段，也是资金投入量最大的阶段，在施工阶段由于施工组织设计、工程变更、索赔、工程计量方式的差别，以及工程实施中各种不可预见因素的存在，使得施工阶段的造价管理难度加大。

1. 该阶段项目建设的工作内容

在施工阶段，建设方应通过编制资金使用计划，及时进行工程计量与结算，预防并处理好工程变更与索赔，有效地低价控制工程造价。施工单位要做好质量、安全、进度管理，同时也应做好成本分析及动态监控等工作，综合考虑建造成本、工期成本、质量成本、安全成本、环保成本等要素，有效地控制施工成本。

（1）资金使用计划。资金使用计划是指在工程项目结构分解的基础上，将工程造价的总目标值逐层分解到各个工作单元，形成各分目标值及各详细目标值，从而可以定期将工程项目中的各个子目标实际支出额与目标值进行比较，以便于及时发现误差，找出偏差原因并及时采取纠正措施，将工程造价偏差控制在一定范围内。

（2）施工成本分析。施工成本分析是指施工单位根据施工定额及市场信息价，采取分项成本核算分析的方法，将分部分项工程的承包成本、施工预算（计划）成本按时间顺序绘制成成本折线图，然后在成本计划实施过程中将发生的实际成本也绘制在折线图中，进行比较分析，找出显著的成本差异，有针对性地采取有效措施，努力降低工程成本。

（3）工程计量及进度款支付。工程计量及进度款支付是指对承包人已完成的合格工程进行工程量计算并予以确认以及支付进度款，是保证工程顺利实施的重要手段。

（4）合同价款调整。合同价款调整是指施工合同履行过程中出现与签订合同时的预计条件不一致的情况，而需要改变原定施工承包范围内的某些工作内容。合同当事人一方因对方未履行或不能正确履行合同所规定的义务而遭受损失时，可以向对方进行索赔。工程变更与索赔是影响工程价款结算的重要因素，因此，也是施工阶段造价管理的重要内容。

2. 该阶段造价管理的主要内容

该阶段造价人员的主要工作是：编制资金使用计划，进行成本分析，实施工程费用动态监控；工程计量与工程款的支付；合同价款调整；处理工程变更及索赔等。

竣工验收由发包人、承包人和项目验收委员会，以项目批准的设计任务书和设计文件以及国家或有关部门颁发的施工验收规范和质量检验标准为依据，按照一定的程序和手续在项目建成并试生产合格后（工业生产性项目），对工程项目的总体进行检验和认证、综合评价和鉴定的活动。建设项目竣工验收，按被验收的对象划分，可分为单位工程验收、单项工程验收及工程整体验收（称为“动用验收”）。

第二节 工程造价的构成

一、工程造价的构成

（一）我国建设工程造价的构成

固定资产投资与建设项目的工程造价在量上相等，由建设投资和建设期贷款利息组成。建设投资又包括工程费用、工程建设其他费用和预备费三部分。

工程费用是指建设期内直接用于工程建造、设备购置及其安装的建设投资，其可分为设备及工、器具购置费和建筑安装工程费；工程建设其他费用是建设期内发生的与土地使用权取得、整个工程项目建设以及未来生产经营有关的构成建设投资但不包括在工程费用中的费用；预备费是在建设期内为各种不可预见因素的变化而预留的可能增加的费用，包括基本预备费和价差预备费。

根据资金时间价值和市场价格运行机制的特点，固定资产投资也可分为静态投资和动态投资。静态投资是以某一基准年、月的建设要素的价格为依据所计算出的建设项目投资的瞬时值，包括工程费用、工程建设其他费用和基本预备费；动态投资是指为完成一个工程项目的建设，预计投资需要量的总和，除包括静态投资外，还包括价差预备费和建设期利息。动态投资概念较为符合市场价格运行机制，使投资的估算、计划、控制更加符合实际静态投资和动态投资。

动态投资包含静态投资，静态投资是动态投资最主要的组成部分，也是动态投资的计算基础。

（二）国外建设工程造价的构成

国外各个国家的建设工程造价构成虽然有所不同，但具有代表性的是世界银行、国际咨询工程师联合会对工程项目总建设成本（相当于我国的工程造价）的统一规定，即工程项目总建设成本包括直接建设成本、间接建设成本、应急费和建设成本上升费等。

1. 项目直接建设成本

项目直接建设成本包括土地征购费、场外设施费、场地费、工艺设备费、设备安装费、管道系统费、电气设备费、电气安装费、仪器仪表费、机械的绝缘和油漆费、工艺建筑费、服务性建筑费、工厂普通公共设施费、车辆费和其他当地费。

2. 项目间接建设成本

项目间接建设成本包括项目管理费、开车试车费、业主的行政性费用、生产前费用、运费和保险费、地方税等。

3. 应急费

应急费包括未明确项目的准备金和不可预见准备金。其中，未明确项目的准备金，用于在估算时不可能明确的潜在项目，这些项目是必须完成的，或它们的费用是必定要发生的。它是估算不可缺少的一个组成部分，不是为了支付工作范围以外的，也不是应对天灾停工的。不可预见准备金，用于在估算达到了一定的完整性并符合技术标准的基础上，由于物质、社会和经济的变化，导致估算增加的情况。不可预见准备金只是一种储备，可能不动用。

4. 建设成本上升费用

通常，估算中使用的构成工资率、材料和设备价格基础的截止日期就是估算日期，必须对该日期或已知成本基础进行调整，用以补充直至工程结束时的未知价格增长。

二、工程造价的含义与特点

（一）建设项目总投资与固定资产投资的含义

建设项目总投资是指投资主体为获取预期收益，在选定的建设项目上所需投入的全部资金，生产性建设项目总投资包括固定资产投资和流动资产投资两部分；非生产性建设项目总投资只包括固定资产投资，不包含流动资产投资。

固定资产投资是投资主体为达到预期收益的资金垫付行为。我国的固定资产投资包括基本建设投资、更新改造投资、房地产开发投资和其他固定资产投资四种。本书特指基本建设投资建设项目固定资产投资，也就是建设项目的工程造价，二者在量上是等同的。

（二）工程造价的含义

1. 第一种含义

从投资者或业主的角度分析，工程造价是指有计划地建设一项工程预期开支或实际开支的全部固定资产投资费用。投资者为了获得投资项目的预期收益，需要对项目进行策划决策及建设实施、竣工验收等一系列投资管理活动。在上述活动中所花费的全部费用，就构成了工程造价。从这个意义上讲，建设工程造价就是建设项目固定资产总投资。工程造价的第一种含义表明，投资者选定一个投资项目，为了获得预期的效益，就要通过项目评估后进行决策，然后进行设计、工程施工、竣工验收等一系列投资管理活动。在投资管理活动中，要支付与工程建造有关的全部费用，才能形成固定资产和无形资产。所有这些开支就构成了工程造价。从这个意义上说，工程造价就是工程投资费用。非生产性建设项目的工程总造价就是建设项目固定资产投资的总和，生产性建设项目的总造价是固定资产投资和铺底流动资金投资的总和。

2. 第二种含义

从市场交易的角度分析，工程造价是指为建成一项工程，预计或实际在工程发承包交易活动中所形成的建筑安装工程费用或建设工程总费用。显然，这种含义是指以建设工程这种特定的商品作为交易对象，通过招标投标或其他交易方式，在进行多次预估的基础上，最终由市场形成的价格。这里所指的交易对象，可以是涵盖范围很大的一个建设项目，也可以是其中的一个单项工程或单位工程，甚至可以是整个建设工程中的某个阶段，如建筑安装工程、装饰装修工程。工程承发包价格是工程造价中一种主要的，也较为典型的价格交易形式，是在建筑市场通过招标投标，由需求主体（投资者）和供给主体（承包商）共同认可的价格。

总之，工程造价的两种含义实质上就是从不同角度把握同一事物的本质，对于市场经济条件下的投资者来说，工程造价就是项目投资，是“购买”工程项目要付出的价格；同时，工程造价也是投资者作为市场供给主体“出售”工程项目时确定价格和衡量投资经济效益的尺度。

（三）工程造价的特点

工程建设的性质决定了工程造价具有以下特点：

1. 大额性

任何一项建设工程，不仅实物形态庞大，而且造价高昂，需投资几百万、几千万甚至上亿的资金。工程造价的大额性关系多方面的经济利益，同时也对社会宏观经济产生了重大的影响。

2. 单个性

任何一项建设工程都有特殊的用途，其功能、用途各不相同。因而，使得每一项工程的结构、造型、平面布置、设备配置和内外装饰都有不同的要求。工程内容和实物形态的个别差异性决定了工程造价的单个性。

3. 动态性

任何一项建设工程从决策到竣工交付使用，都有一个较长的建设期。在这一期间，如工程变更，材料价格、费率、利率、汇率等都会发生变化。这种变化必然会影响工程造价的变动，直至竣工决算后才能最终确定工程的实际造价。建设周期长，资金的时间价值突出，这体现了建设工程造价的动态性。

4. 层次性

建设项目的组合性决定了工程造价的层次性。一个建设项目往往含有多个单项工程，单项工程又由多个单位工程组成。与此相适应，工程造价也由三个层次相对应，即建设项目总造价、单项工程造价和单位工程造价。

5. 阶段性

多次性建设项目需要按一定的建设程序进行决策和实施。工程计价也需要在不同阶段多次进行，以保证工程计价计算的准确性和控制的有效性。工程造价多次计价是个逐步深化、逐步细化和逐步接近实际造价的过程，所以从工程多次计价过程中可以看出，工程项目的每个建设阶段都对应着不同的造价文件。

第三节　工程造价管理的内容与制度

工程造价管理是指综合运用管理学、经济学和工程技术等方面的知识和技能，对工程造价进行预测、计划、控制、核算、分析和评价等的过程。

按照国际造价管理联合会（ICEC）给出的定义，全面造价管理是指有效地利用专业知识与技术，对资源、成本、盈利和风险进行筹划和控制。建设工程全面造价管理的内容包括全寿命造价管理、全过程造价管理、全要素造价管理和全方位造价管理。

工程造价管理的组织系统，是指履行工程造价管理职能的有机群体。为实现工程造价管理目标而开展有效的组织活动，我国设置了多部门、多层次的工程造价管理机构，并规定了各自的管理权限和职责范围。

1. 造价工程师的素质要求

造价工程师的职责关系着国家和社会公众利益，对其专业素质和身体素质的要求应包括以下几个方面：

（1）造价工程师是复合型的专业管理人才。作为工程造价管理者，造价工程师应是具备工程、经济和管理知识与实践经验的高素质复合型专业人才。

（2）造价工程师应具备技术技能。技术技能是指能使用由经验、教育及培训的知识、方法、技能及设备，来达到特定任务的能力。

（3）造价工程师应具备人文技能。人文技能是指与人共事的能力和判断力。造价工程师应具有高度的责任心与协作精神，善于与业务有关的各方面人员沟通、协作，共同完成对项目目标的控制或管理。

（4）造价工程师应具备观念技能。观念技能是指了解整个组织及自己组织中地位的能力，使自己不仅能按本身所属的群体目标行事，而且能按整个组织的目标行事。同时，造价工程师应有一定的组织管理能力，具有面对机遇与挑战积极进取、勇于开拓的精神。

（5）造价工程师应有健康的体魄。健康的心理和较好的身体素质是造价工程师适应紧张、繁忙工作的基础。

2. 造价工程师的职业道德

造价工程师的职业道德又称职业操守，通常是指在职业活动中所遵守的行为规范的总称，是专业人士必须遵从的道德标准和行业规范。

为提高造价工程师的整体素质和职业道德水准，维护和提高造价咨询行业的良好信誉，促进行业的健康持续发展，具体要求如下：

（1）遵守国家法律、法规和政策，执行行业自律性规定，珍惜职业声誉，自觉维护国家和社会公共利益。

（2）遵守“诚信、公正、精业、进取”的原则，以高质量的服务和优秀的业绩，赢得社会和客户对造价工程师职业的尊重。

（3）勤奋工作，独立、客观、公正、正确地出具工程造价成果文件，使客户满意。

（4）诚实守信，尽职尽责，不得有欺诈、伪造、作假等行为。

（5）尊重同行，公平竞争，搞好同行之间的关系，不得采取不正当的手段损害、侵犯同行的权益。

（6）廉洁自律，不得索取。不得收受委托合同约定以外的礼金和其他财物，不得利用职务之便谋取其他不正当的利益。

（7）造价工程师与委托方有利害关系的应当主动回避；同时，委托方也有权要求其回避。

（8）对客户的技术和商务秘密负有保密义务。

（9）接受国家和行业自律组织对其职业道德行为的监督检查。

3. 造价工程师的执业范围

（1）建设项目建议书、可行性研究投资估算的编制和审核，项目经济评价，工程概算预算、结算、竣工结（决）算的编制和审核。

（2）工程量清单、标底（或者控制价）、投标报价的编制和审核，工程合同价款的签订及变更、调整，工程款支付与工程索赔费用的计算。

（3）建设项目管理过程中设计方案的优化、限额设计等工程造价分析与控制，工程保险理赔的核查。

（4）工程经济纠纷的鉴定。

4. 造价工程师的权利

（1）使用注册造价工程师名称。

（2）依法独立执行工程造价业务。

（3）在本人执业活动中形成的工程造价成果文件上签字并加盖执业印章。

（4）发起设立工程造价咨询企业保管和使用本人的注册证书和执业印章。

（5）参加继续教育。

5. 造价工程师的义务

（1）遵守法律、法规、有关管理规定，恪守职业道德。

（2）保证执业活动成果的质量。

（3）接受继续教育，提高执业水平。

（4）执行工程造价计价标准和计价方法。

（5）与当事人有利害关系的，应当主动回避。

（6）保守在执业中知悉的国家秘密和他人的商业、技术秘密。

注册造价工程师应当在本人承担的工程造价成果文件上签字并盖章。修改经注册造价工程师签字盖章的工程造价成果文件，应当由签字盖章的注册造价工程师本人进行。注册造价工程师本人因特殊情况不能进行修改的，应当由其他注册造价工程师修改，并签字盖章；修改工程造价成果文件的注册造价工程师对修改部分承担相应的法律责任。

工程造价咨询企业是指接受委托，对建设工程造价的确定与控制提供专业咨询服务的企业。工程造价咨询企业可以为政府部门、建设单位、施工单位、设计单位提供相关专业技术服务，这种以造价咨询业务为核心的服务有时是单项或分阶段的，有时覆盖工程建设全过程。

工程造价咨询企业资质根据专业人员数量、注册资本、营业收入等标准分为甲级、乙级两类。

第二章　建设工程决策阶段总投资的预估

项目投资决策是指投资者在调查分析、研究的基础上，选择和决定投资行动方案的过程，是对拟建项目的必要性和可行性进行技术经济论证，对不同建设方案进行技术经济比较并做出判断和决定的过程。项目投资决策的正确与否，直接关系着项目建设的成败，关系着工程造价的高低及投资效果的好坏。总之，项目投资决策是投资行动的准则，正确的项目投资行动来源于正确的项目投资决策，正确的决策是正确估算和有效控制工程造价的前提。

第一节　工程项目投资决策

一、项目投资决策与工程造价的关系

项目决策的正确性是工程造价合理性的前提。项目决策正确，意味着对项目建设做出科学的决断，优选出最佳投资行动方案，达到资源的合理配置，在此基础上合理地估算工程造价，并且在实施最优投资方案过程中，有效地控制工程造价。项目决策失误，如项目选择的失误、建设地点的选择错误，或者建设方案的不合理等，会带来不必要的资金投入，甚至造成不可弥补的损失。因此，为达到工程造价的合理性，事先就要保证项目决策的正确性，避免决策失误。

项目决策的内容是决定工程造价的基础。决策阶段是项目建设全过程的起始阶段，决策阶段的工程计价对项目全过程的造价起着宏观控制作用。决策阶段各项技术经济决策，对该项目的工程造价具有重大影响，特别是建设标准的确定、建设地点的选择、工艺的评选、设备的选用等，直接关系着工程造价的高低。据有关资料统计，在项目建设各阶段中，投资决策阶段影响工程造价的程度最高，达到 70%~90%。因此，决策阶段是决定工程造价的基础阶段。

项目决策的深度影响投资估算的精确度。项目投资决策是一个由浅入深、不断深化的过程，不同阶段决策的深度不同，投资估算的精度也不同。例如，在投资机会研究和项目建议书阶段，投资估算的误差率为 ±30% 以内；而在详细可行性研究阶段，误差率为 ±10% 以内。在项目建设的各个阶段，通过工程造价的确定与控制，形成相应的投资估算、

设计概算、施工图预算、合同价、结算价和竣工决算价，各造价形式之间存在着前者控制后者、后者补充前者的相互作用关系。因此，只有加强项目决策的深度，采用科学的估算方法和可靠的数据资料，合理地计算投资估算，才能保证其他阶段的造价被控制在合理范围内，避免“三超”现象的发生，继而实现投资控制目标。

工程造价的数额影响项目决策的结果。项目决策影响着项目造价的高低以及拟投入资金的多少；反之亦然。项目决策阶段形成的投资估算是投资方案选择的重要依据之一，同时也是决定项目是否可行及主管部门进行项目审批的参考依据。因此，项目投资估算的数额，从某种程度上也影响着项目决策。

二、项目决策阶段影响工程造价的主要因素

在项目决策阶段，影响工程造价的主要因素包括建设规模、建设地区及建设地点（厂址）、技术方案、设备方案、工程方案、环境保护措施等。

（一）建设规模

建设规模也称项目生产规模，是指项目在其设定的正常生产营运年份可能达到的生产能力或者使用效益。在项目决策阶段应选择合理的建设规模，以达到规模经济的要求。建设规模的确定，就是要合理选择拟建项目的生产规模，解决“生产多少”的问题。但规模扩大所产生的效益并不是无限的，它受技术进步、管理水平、项目经济技术环境等多种因素的制约。

制约项目规模合理化的主要因素包括市场因素、技术因素以及环境因素等几个方面。合理地处理好这几个方面之间的关系，对确定项目合理的建设规模，从而控制好投资十分重要。

市场因素。市场因素是确定建设规模需考虑的首要因素，其包括以下几个方面：

市场需求状况是确定项目生产规模的前提。其主要通过对产品市场需求的科学分析与预测，在准确把握市场需求状况、及时了解竞争对手情况的基础上，最终确定项目的最佳生产规模。一般情况下，项目的生产规模应以市场预测的需求量为限，并根据项目产品市场的长期发展趋势做相应的调整，确保所建项目在未来能够保持合理的盈利水平和持续发展。

原材料市场、资金市场、劳动力市场等对建设规模的选择起着不同程度的制约作用。例如，项目规模过大可能导致原材料供应紧张和价格上涨，造成项目所需投资资金的筹集困难和资金成本上升等。

市场价格分析是确定营销策略和影响竞争力的主要因素。市场价格预测应综合考虑影响预期价格变动的各种因素，对市场价格做出合理的预测。根据项目的具体情况，可选择回归法或比价法进行预测。

市场风险分析是确定建设规模的重要依据。在可行性研究中，市场风险分析是指对未

来某些重大不确定因素发生的可能性及其对项目可能造成的损失进行分析，并提出风险规避措施。市场风险分析可采用定性分析或定量分析的方法。

技术因素。先进、适用的生产技术及技术装备是项目规模效益赖以存在的基础，而相应的管理技术水平则是实现规模效益的保证。若与经济规模生产相适应的先进技术及其装备的来源没有保障，或获取技术的成本过高，或管理水平跟不上，不仅达不到预期的规模效益，还会给项目的生存和发展带来危机，导致项目投资效益低下、工程造价支出严重浪费。

环境因素。项目的建设、生产和经营都离不开一定的社会经济环境，项目规模确定中需考虑的主要环境因素有政策因素、燃料动力供应、协作及土地条件、运输及通信条件。其中，政策因素包括产业政策、投资政策、技术经济政策，以及国家、地区与行业经济发展规划等。特别是为了取得较好的规模效益，国家对部分行业的新建项目规模做了下限规定，选择项目规模时应予以遵照执行。不同行业、不同类型的项目确定建设规模，还应分别考虑以下因素：

对于煤炭、金属与非金属矿山、石油、天然气等矿产资源开发项目，在确定建设规模时，应充分考虑资源合理开发利用要求和资源可采储量、赋存条件等因素。

对于水利水电项目，在确定建设规模时，应充分考虑水的资源量、可开发利用量、地质条件、建设条件、库区生态影响、占用土地以及移民安置等因素。

对于铁路、公路项目，在确定建设规模时，应充分考虑建设项目影响区域内一定时期运输量的需求，以及该项目在综合运输系统和本系统中的作用等，确定线路等级、线路长度和运输能力等因素。

对于技术改造项目，在确定建设规模时，应充分研究建设项目生产规模与企业现有生产规模的关系；新建生产规模属于外延型还是外延内含复合型，以及利用现有场地、公用工程和辅助设施的可能性等因素。

（二）建设地区及建设地点（厂址）

一般情况下，确定某个建设项目的具体地址（或厂址），需要经过建设地区选择和建设地点选择（厂址选择）两个不同层次、相互联系又相互区别的工作阶段，二者之间是一种递进关系。其中，建设地区选择是指在几个不同地区之间对拟建项目适宜配置的区域范围的选择，建设地点选择是对具体坐落位置的选择。

1. 建设地区的选择

建设地区选择的合理与否，在很大程度上决定着拟建项目的命运，影响着工程造价的高低、建设工期的长短、建设质量的好坏，还影响着项目建成后的经营状况。因此，建设地区的选择要充分考虑各种因素的制约，具体需考虑以下因素：

（1）要符合国民经济发展战略规划、国家工业布局总体规划和地区经济发展规划的要求。

（2）要根据项目的特点和需要，充分考虑原材料条件、能源条件、水源条件、各地区对项目产品需求及运输条件等。

（3）要综合考虑气象、地质、水文等建厂的自然条件。

（4）要充分考虑劳动力来源、生活环境、协作、施工力量、风俗文化等社会环境因素的影响。

因此，在综合考虑上述因素的基础上，建设地区的选择应遵循以下两个基本原则：

（1）靠近原料、燃料提供地和产品消费地的原则。满足这一原则，在项目建成后，可避免原料、燃料和产品的长期运输，减小费用，降低生产成本，并且缩短流通时间，加快流动资金的周转速度。

（2）工业项目适当集聚的原则。在工业布局中，通常是一系列相关的项目聚成适当规模的工业基地和城镇，从而有利于发挥"集聚效益"，对各种资源和生产要素充分利用，便于形成综合生产能力，便于统一建设比较齐全的基础结构设施，避免重复建设，节约投资。另外，还能为不同类型的劳动者提供多种就业机会。

但当工业集聚超越客观条件时，也会带来诸多弊端，促使项目投资增加，经济效益下降。这主要是因为：各种原料、燃料需要量大增，原料、燃料和产品的运输距离延长，流通过程中的劳动耗费增加；城市人口相应集中，形成对各种农副产品的大量需求，势必增加城市农副产品供应的费用；生产和生活用水量大增，在本地水源不足时，需要开辟新水源，远距离引水，耗资巨大；大量生产和生活排泄物集中排放，势必造成环境污染、生态平衡破坏，为保持环境质量，不得不增加环保费用。当工业集聚带来的"外部不经济性"的总和超过生产集聚带来的利益时，综合经济效益反而下降，这就表明集聚程度已超过经济合理的界限。

2. 建设地点（厂址）的选择

建设地点的选择是一项极为复杂的综合性很强的系统工程，它不仅涉及项目建设条件、产品生产要素、生态环境和未来产品销售等重要问题，受社会、政治、经济、国防等多因素的制约；还直接影响着项目的建设投资、建设速度和施工条件，以及未来企业的经营管理及所在地点的城乡建设规划与发展。因此，必须从国民经济和社会发展的全局出发，运用系统观点和方法分析决策。

（1）选择建设地点应满足以下要求：

1）节约土地，少占耕地，降低土地补偿费。

2）减少拆迁移民数量。项目选址应尽可能地不靠近、不穿越人口密集的城镇或居民区，减少或不发生拆迁安置房，降低工程造价。

3）应尽量选在工程地质、水文地质条件较好的地段，土壤耐压力应满足拟建厂的要求，禁止选在断层、熔岩、流沙层与有用矿床上以及洪水淹没区、已采矿塌陷区、滑坡区。建设地点（厂址）的地下水水位应尽可能地低于地下建筑物的基准面。

4）要有利于厂区合理布置和安全运行。厂区地形力求平坦而略有坡度（一般以

5%~10% 为宜），以减少平整土地的土方工程量，既节约投资，又便于地面排水。

5）应尽量靠近交通运输条件和水电供应等条件好的地方。建设地点（厂址）应靠近铁路、公路、水路，以缩短运输距离，减少建设投资和未来的运营成本，建设地点（厂址）应设在供电、供热和其他协作条件便于取得的地方，有利于施工条件的满足和项目运营期间的正常运作。

6）应尽量减少对环境的污染。对于排放大量有害气体和烟尘的项目，不能建在城市的上风口，以免对整个城市造成污染；对于噪声大的项目，建设地点（厂址）应远离居民集中区，同时要设置一定宽度的绿化带，以减弱噪声的干扰；对于生产或使用易燃、易爆、辐射产品的项目，建设地点（厂址）应远离城镇和居民密集区。

上述条件能否满足，不仅关系着建设工程造价的高低和建设期限，对项目投产后的运营状况也有很大的影响。因此，在确定厂址时，也应进行方案的技术经济分析比较，选择最佳厂址。

（2）建设地点（厂址）选择时的费用分析。在进行厂址多方案技术经济分析时，除比较上述建设地点（厂址）条件外，还应具有全寿命周期的理念，从以下两个方面进行分析：

1）项目投资费用。该费用包括土地征购费、拆迁补偿费、土石方工程费、运输设施费、排水及污水处理设施费、动力设施费、生活设施费、临时设施费、建材运输费等。

2）项目投产后生产经营费用。该费用包括原材料、燃料运入及产品运出费用，给水、排水、污水处理费用，动力供应费用等。

（三）技术方案

技术方案选择的基本原则是先进适用、安全可靠、经济合理。

1. 生产方法的选择

生产方法直接影响着生产工艺流程的选择。在选择生产方法时，一般应从以下几个方面着手：

（1）采用先进适用的生产方法。

（2）研究拟采用的生产方法是否与采用的原材料相适应。

（3）研究拟采用生产方法的技术来源的可得性，若采用引进技术或专利，应比较所需费用。

（4）研究拟采用生产方法是否符合节能和清洁的要求。

2. 工艺流程方案选择

选择工艺流程方案的具体内容包括以下几个方面：

（1）研究工艺流程方案对产品质量的保证程度。

（2）研究工艺流程各工序间的合理衔接，工艺流程应通畅、简捷。

（3）研究选择先进合理的物料消耗定额，提高收效和效率。

（4）研究选择主要工艺参数。

（5）研究工艺流程的柔性安排。

（四）设备方案

在设备选用中，应注意处理好以下问题：

1. 要尽量选用国产设备。

2. 要注意进口设备之间以及国内外设备之间的衔接配套问题。

3. 要注意进口设备与原有国产设备、厂房之间的配套问题。

4. 要注意进口设备与原材料、备品备件及维修能力之间的配套问题。

（五）工程方案

工程方案的选择应满足的基本要求包括以下几项：

1. 满足生产使用功能要求。

2. 适应已选定的场址（线路走向）。

3. 符合工程标准规范要求。

（六）环境保护措施

环境保护措施应坚持以下原则：

1. 符合国家环境保护法律、法规和环境功能规划的要求。

2. 坚持污染物排放总量控制和达标排放的要求。

3. 坚持“三同时”原则，即环境治理措施应与项目的主体工程同时设计、同时施工、同时投产使用。

4. 力求环境效益与经济效益相统一。

5. 注重资源综合利用，对环境治理过程中项目产生的废气、废水、固体废弃物，应提出回水处理和再利用方案。

三、可行性研究报告

通过引入可行性研究，使工程得以顺利进行，取得良好的经济效益，并逐渐在世界范围内推广应用。

建设项目可行性研究报告的内容可概括为三大部分：一是市场研究，包括产品的市场调查和预测研究，这是项目可行性研究的前提和基础，其主要任务是解决项目的“必要性”问题；二是技术研究，即技术方案和建设条件研究，这是项目可行性研究的技术基础，它要解决项目在技术上的“可行性”问题；三是效益研究，即经济效益的分析和评价，这是项目可行性研究的核心部分，主要解决项目在经济上的“合理性”问题。一般工业建设项目的可行性研究应包含以下几个方面的内容：

1. 总论：主要包括项目概况，包括项目名称、建设单位、项目拟建地区和地点；承担可行性研究工作的单位和法定代表人、研究工作依据；项目提出的背景、投资环境、工作范围和要求、研究工作情况、可行性研究的主要结论和存在的问题与建议；主要技术经济指标。

2. 产品的市场需求和拟建规模：重点阐述市场需求预测、价格分析，并确定建设规模。主要内容包括：国内外市场近期需求状况，未来市场趋势预测，国内现有生产能力估计，销售预测、价格分析，产品的市场竞争能力分析及进入国际市场的前景，拟建项目的产品方案和建设规模，主要的市场营销策略、产品方案和发展方向的技术经济论证比较等。

3. 资源、原材料、燃料及公用设施情况：主要包括原料、辅助材料和燃料的种类、数量、来源及供应可能；所需公用设施的数量、供应方式和供应条件。

4. 建厂条件和厂址选择：在初步可行性研究或者项目建议书中规划选址已确定的建设地区和地点范围内，进行具体坐落位置选择。具体包括建厂地区的地理位置，与原材料产地和产品市场的距离，对建厂的地理位置、气象、水文、地质、地形条件、地震、洪水情况和社会经济现状进行调查研究，收集基础资料，熟悉交通运输，通信设施及水、电、气、热的现状和发展趋势；厂址面积、占地范围，厂区总体布置方案，建设条件、地价，拆迁及其他工程费用情况。

5. 项目设计方案：主要包括多方案的比较和选择，确定项目的构成范围、主要单项工程（车间）的组成、厂内外主体工程和公用辅助工程的方案比较论证；项目土建工程总量的估算，土建工程布置方案的选择，包括场地平整、主要建筑和构筑物与厂外工程的规划；采用技术和工艺方案的论证、技术来源、工艺路线和生产方法，主要设备选型方案和技术工艺的比较；引进技术、设备的必要性及其来源国别的选择比较；设备的国外采购或与外商合作制造方案设想；其他必要的工艺流程。

6. 环境保护与劳动安全：对项目建设地区的环境状况进行调查，分析拟建项目废气、废水、废渣的种类、成分和数量，并预测其对环境的影响，提出治理方案的选择和回收利用情况；对环境影响进行评价，提出劳动保护、安全生产、城市规划、防震、防洪、防风、文物保护等要求以及采取相应的措施方案。

7. 企业组织和劳动定员：确定企业组织机构、劳动定员总数、劳动力来源以及相应的人员培训计划。具体包括：企业组织形式、生产管理体制、机构的设置；工程技术和管理人员的素质和数量要求；劳动定员的配备方案；人员的培训规划和费用估算。

8. 项目实施进度安排：指建设项目确定到正常生产这段时间内，实施项目准备、筹集资金、勘察设计和设备订货、施工准备、施工和生产准备、试运转直到竣工验收和交付使用等各个工作阶段的进度计划安排，选择整个工程项目实施方案和总进度，用横道图和网络图来表述最佳实施方案。

9. 投资估算和资金筹措：这是项目可行性研究内容的重要组成部分，包括估算项目所需要的投资总额，分析投资的筹措方式，制订用款计划。估算项目实施的费用，包括建设单位管理费、生产筹备费、生产职工培训费、办公和生活家具购置费、勘察设计费等。资金筹措指研究落实资金的来源渠道和项目筹资方案，从中选择条件优惠的资金。在这两个方面的基础上编制资金使用与借款偿还计划。

10. 经济评价和风险分析：通过对不同的方案进行财务、经济效益评价，选出优秀的建设方案。它包括估算生产成本和销售收入，分析拟建项目预期效益及费用，计算财务内部收益率、净现值、投资回收期、借款偿还期等评价指标，以判别项目在财务上是否可行；从国家整体的角度考察项目对国民经济的贡献，运用影子价格、影子汇率、影子工资和社会折现率等经济参数评价项目在经济上的合理性；对项目进行不确定性分析、社会效益和社会影响分析等。

11. 可行性研究结论与建议：运用各项数据综合评价建设方案，从技术、经济、社会、财务等各个方面论述建设项目的可行性，提出一个或几个方案供决策参考，对比选择方案，说明各种方案的优缺点，给出建议方案及理由，并提出项目存在的问题以及结论性意见和改进建议。市场研究、技术研究和效益研究共同构成项目可行性研究的三大支柱。

第二节 投资估算的编制

一、投资估算概述

（一）投资估算的概念

投资估算是指在投资决策阶段，以方案设计或可行性研究文件为依据，按照规定的程序、方法和依据，对拟建项目所需总投资及其构成进行的预测和估计，是在研究并确定项目的建设规模、产品方案、技术方案、工艺技术、设备方案、厂址方案、工程建设方案以及项目进度计划等的基础上，依据特定的方法，估算项目从筹建、施工直至建成投产所需全部建设资金总额，并测算建设期各年资金使用计划的过程。投资估算书是项目建议书和可行性研究报告的重要组成部分，是项目决策的重要依据之一。

投资估算的准确与否，不仅影响着可行性研究工作的质量和经济评价效果，而且直接关系着下一阶段设计概算和施工图预算的编制，以及建设项目的资金筹措方案。因此，全面、准确地估算建设项目的工程造价，是可行性研究乃至整个决策阶段造价管理的重要任务。

（二）投资估算的作用

1. 项目建议书阶段的投资估算，是项目主管部门审批项目建议书的依据之一，并对项目的规划、规模起着参考作用。

2. 项目可行性研究阶段的投资估算，是项目投资决策的重要依据，也是研究、分析、计算项目投资经济效果的重要条件。

3. 项目投资估算对工程设计概算起控制作用，设计概算不得突破批准的投资估算额，并应控制在投资估算额以内。

4. 项目投资估算可作为项目资金筹措及制订建设贷款计划的依据，建设单位可根据批准的项目投资估算额，进行资金筹措和向银行申请贷款。

5. 项目投资估算是核算建设项目固定资产投资需要额和编制固定资产投资计划的重要依据。

（三）投资估算的阶段划分与精度要求

投资估算是进行建设项目技术经济评价和投资决策的基础，在项目建议书、预可行性研究、可行性研究、方案设计阶段以及项目申请报告中应编制投资估算。投资估算的准确性不仅影响着可行性研究工作的质量和经济评价结果，还直接关系着下一阶段设计概算和施工图预算的编制。因此，应全面、准确地对建设总投资进行投资估算，尤其是前三个阶段的投资估算显得尤为重要。

1. 项目建议书阶段的投资估算

在项目建议书阶段，按项目建议书中的产品方案、项目建设规模、产品主要生产工艺、企业车间组成、初选建厂地点等，估算建设项目所需要的投资额。此阶段项目投资估算是初步明确项目方案，为项目进行技术经济论证提供依据，同时是判断是否进行可行性研究的依据，其对投资估算精度的要求为误差控制在 ±30% 以内。

2. 预可行性研究阶段的投资估算

在预可行性研究阶段，在掌握更详细、更深入的资料的条件下，估算建设项目所需的投资额。其对投资估算精度的要求为误差控制在 ±20% 以内。

3. 可行性研究阶段的投资估算

可行性研究阶段的投资估算至关重要，是对项目进行较详细的技术经济分析，决定项目是否可行，并比选出最佳投资方案的依据。此阶段的投资估算经审查批准后，即工程设计任务书中所规定的项目投资额，对工程设计概算起控制作用。其对投资估算精度的要求为误差控制在 ±10% 以内。

（四）投资估算的内容

1. 投资估算的分类

（1）建设项目投资估算。建设项目投资估算是指以整个建设项目为对象编制的投资估算，其包括汇总各单项工程估算、工程建设其他费用、基本预备费、价差预备费、建设期利息等，即项目总投资估算。

（2）单项工程投资估算。单项工程投资估算是指以单项工程为对象编制的投资估算，其应按建设项目划分的各个单项工程分别计算组成工程费用的建筑工程费、设备及工器具购置费和安装工程费。

（3）单位工程投资估算。单位工程投资估算是指以单位工程为对象编制的投资估算，其应按建设项目划分的各个单位工程分别计算组成土建工程、装饰装修工程、给水排水工程、电气工程、消防工程、通风空调工程、采暖工程等费用。

2. 投资估算文件的组成

投资估算文件一般由封面、签署页、编制说明、投资估算分析、总投资估算表、单位工程估算表、主要技术经济指标等内容组成。

（1）投资估算编制说明。一般包括以下内容：

1）工程概况。

2）编制范围。说明建设项目总投资估算中包括的和不包括的工程项目和费用，如有几个单位共同编制时，说明分工编制的情况。

3）编制方法。

4）编制依据。

5）主要技术经济指标，包括投资、用地和主要材料用量指标。当设计规模有远、近期不同的考虑时，或者土建与安装的规模不同时，应分别计算后再综合。

6）有关参数、率值选定的说明，如征地拆迁、供水供电、考察咨询等费用的费率标准选用情况。

7）特殊问题的说明（包括采用新技术、新材料、新设备、新工艺），必须说明的价格的确定，进口材料、设备、技术费用的构成与技术参数，采用特殊结构的费用估算方法，安全、节能、环保、消防等专项投资占总投资的比重，建设项目总投资中未计算项目或费用的必要说明等。

8）采用限额设计的工程还应对投资限额和投资分解做进一步说明。

9）采用方案必选的工程还应对方案比选的估算和经济指标做进一步说明。

10）资金筹措方式。

（2）投资估算分析。投资估算分析应包括以下内容：

1）工程投资比例分析。一般民用项目要分析土建及装修、给水排水、消防、采暖、通风空调、电气等主体工程和道路、广场、围墙、大门、室外管线、绿化等室外附属工程占建设项目总投资的比例，一般工业项目要分析主要生产系统、辅助生产系统、公用工程（给水排水、供电和通信、供气、总图运输等）、服务性工程、生活福利设施、厂外工程等占建设项目总投资的比例。

2）各类费用构成占比分析。分析设备及工器具购置费、建筑工程费、安装工程费、工程建设其他费用、预备费占建设项目总投资的比例，分析引进设备费用占全部设备费用的比例等。

3）分析影响投资的主要因素。

4）与类似工程项目的比较，对投资总额进行分析。

（五）投资估算编制依据

建设项目投资估算编制依据是指在编制投资估算时所遵循的计量规则、市场价格、费用标准及工程计价有关参数、率值等基础资料。其主要有以下几个方面：

1. 国家、行业和地方政府有关法律法规的规定，政府有关部门、金融机构等发布的价格指数、利率、汇率、税率等有关参数。

2. 行业部门、项目所在地工程造价管理机构或行业协会等编制的投资估算指标、概算指标（定额）、工程建设其他费用定额（规定）、综合单价、价格指数和有关造价文件等。

3. 类似工程的各种技术经济指标和参数。

4. 工程所在地同期的人工、材料、机具市场价格，建筑、工艺及附属设备的市场价格和有关费用。

5. 与建设项目有关的工程地质资料、设计文件、图纸或有关设计专业提供的主要工程量和主要设备清单等。

6. 委托单位提供的其他技术经济资料。

（六）投资估算编制要求

1. 应委托有相应工程造价咨询资质的单位编制。投资估算编制单位应在投资估算成果文件上签字和盖章，对成果质量负责并承担相应的责任；工程造价人员应在投资估算编制的文件上签字和盖章，并承担相应的责任。由几个单位共同编制投资估算时，委托单位应指定主编单位，并由主编单位负责投资估算编制原则的制定、汇编总估算，其他参编单位负责所承担的单项工程等投资估算的编制。

2. 应根据主体专业设计的阶段和深度，结合各自行业的特点，所采用生产工艺流程的成熟性，以及编制单位所掌握的国家与地区、行业或部门和部门相关投资估算基础资料、数据的合理、可靠、完整程度，采用合适的方法，对建设项目的投资估算进行编制。

3. 应做到工程内容和费用构成齐全，不漏项，不提高或降低估算标准，计算合理，不少算，不重复计算。

4. 应充分考虑拟建项目设计的技术参数和投资估算所采用的估算系数、估算指标，在质和量方面所综合的内容，应遵循口径一致的原则。

5. 投资估算应参考相应工程造价管理部门发布的投资估算指标，依据工程所在地市场的价格水平，结合项目实体情况及科学合理的建造工艺，全面反映建设项目建设前期和建设期的全部投资。对于建设项目的边界条件，如建设用地费和外部交通、水、电、通信条件，或市政基础设施配套条件等差异所产生的与主要生产内容投资无必然关系的费用，应结合建设项目的实际情况进行修正。

6. 应对影响造价变动的因素进行敏感性分析，分析市场的变动因素，充分估计物价上涨因素和市场供求情况给项目造价造成的影响，确保投资估算的编制质量。

二、投资估算的编制步骤

投资估算主要包括项目建议书阶段的投资估算及可行性研究阶段的投资估算。其编制一般包含静态投资部分、动态投资部分与流动资金估算三部分，主要步骤如下：

1. 分别估算各单项工程所需建筑工程费，设备及工、器具购置费，安装工程费，在汇总各单项工程费用的基础上，估算工程建设的其他费用和基本预备费，完成工程项目静态投资部分的估算。

2. 在静态投资部分的基础上，估算价差预备费和建设期利息，完成工程项目动态投资部分的估算。

3. 估算流动资金。

4. 估算建设项目总投资。

第三节　工程项目的经济评价

工程项目经济评价是工程项目决策阶段的重要工作内容，对于加强固定资产投资的宏观调控，提高投资决策的科学化水平，引导和促进各类资源合理配置，优化投资结构，减少、规避投资风险，充分发挥投资效益具有十分重要的作用。工程项目经济评价应根据国民经济和社会发展以及行业、地区发展规划的要求，在工程项目初步方案的基础上，采用科学的分析方法，对拟建项目的财务可行性和经济合理性进行分析论证，为工程项目的科学决策提供经济方面的依据。

投资项目财务分析结果的好坏，一方面取决于基础数据的可靠性，另一方面则取决于所选取的指标体系的合理性。只有选取正确的指标体系，项目的财务分析结果才能与客观实际情况相吻合，才具有实际意义。一般来讲，投资者的投资目标不止一个，因此项目财务指标体系也不是唯一的。根据不同的评价深度要求和可获得资料的多少，以及项目本身所处条件与性质的不同，可选用不同的指标。这些指标也有主次之分，可从不同侧面反映项目的经济效益状况。

一、投资方案经济评价指标的设定原则和基本假定条件

不同的工程项目、不同的投资方案，可从不同的角度评价，评价的结果是多样的，如何将这些评价结果作为项目选择和方案选择的依据，首先要确定评价指标，然后将这些指标综合成一个可比的指标，作为选择项目或方案的依据。

1. 工程项目经济评价指标的设定应遵循的原则

（1）经济效益原则，即所设指标应该符合项目工程的经济效益。

（2）可比性原则，即所设指标必须满足排他型项目或方案共同的比较基础与前提。

（3）区别性原则，即坚持项目或方案的可鉴别性原则，所设指标能够检验和区别各项目的经济效益与费用的差异。

（4）评价指标的可操作性，即所设指标要简便易行而且确有实效。

2. 基本假定条件

（1）存在一个理想的资金市场，资金来源是不受限制的。

（2）投资后果是完全确定的，即投资主体掌握了全部有关当前和未来的情报信息，这些信息是正确的，不存在风险问题和不确定的变动。

（3）投资项目是不可分割的，即在项目评价中，每个项目被视为一个功能实体，只能完整地实现或者根本不实现。其财务含义是投资主体必须逐项地调拨资金，每一笔资金表示并且只能表示某一特定投资项目（或项目组合）。

二、经济效果评价的基本方法

经济效果评价的基本方法包括确定性评价方法与不确定性评价方法。对于同一投资方案而言，必须同时进行确定性评价和不确定性评价。

经济效果评价方法又可分为静态评价方法和动态评价方法。静态评价方法不考虑资金的时间价值，其最大特点是计算简便，适用于方案的初步评价，或对短期投资项目进行评价，以及对于逐年收益大致相等的项目进行评价。动态评价方法考虑资金的时间价值，能较全面地反映投资方案整个计算期的经济效果。因此，在进行方案比较时，一般以动态评价为主。

静态评价指标是在不考虑时间因素对货价值影响的情况下，直接通过现金流量计算出来的经济评价指标。静态评价指标的最大特点是计算简便。

它适用于评价短期投资项目和逐年收益大致相等的项目。另外对方案进行概略评价时也常采用静态评价指标。回收期法又叫返本期法，或叫偿还年限法，其是以项目的净收益抵偿全部投资（包括固定资产投资和流动资产投资）所需要时间的一种评价方法。对于投资者来讲，投资回收期越短越好，它是反映工业项目财务上清偿能力的重要指标。投资回收期自建设开始年算起，但也应同时写明自投产开始年算起的投资回收期。在用投资回收期法评价某一方案的经济效益时，因为方案的各年收益可能相等，也可能不等，所以计算方法也有区别。在年收益相等的情况下，项目的投资回收期可定义为项目投产后用每年取得的净收益把初始投资全部回收所需要的年限。投资回收期作为评价指标，其主要优点是概念明确，计算简单。由于它判别项目或方案的标准是回收资金的速度，因此在投资风险进行分析中有一定的作用，即能反映出投资风险的大小，特别是在资金缺乏和特别强调项目清偿能力的情况下，投资回收期指标尤为重要。但是由于这个指标在计算过程中不考虑投资回收以后的经济效益，不考虑项目的服务年限等，因此不能全面地反映项目在整个寿命期内的真实经济效益，只能作为项目评价中的辅助指标。

1. 投资净生产力

投资净生产力指标的经济意义明确、直观，计算简便，在一定程度上反映了投资效果的优劣，可适用于各种投资规模。但不足是没有考虑投资收益的时间因素，忽视了资金具有时间价值的重要性且指标计算的主观随意性太强。换句话说，就是正常生产年份的选择比较困难，如何确定带有一定的不确定性和人为因素。因此，以投资净生产力指标作为主要的决策依据不太可靠。

2. 资本金净利润率

年净利润是选择正常生产年份的税后利润，还是选择生产期平均年税后利润，原理同总投资收益率的计算。资本金也是指项目的全部注册资本金。资本金净利润率应该是投资者最关心的一个指标，因为它反映了投资者自己的出资所带来的净利润。项目资本金净利润率高于同行业的净利润率参考值，表明用项目资本金净利润率表示的盈利能力满足要求。

3. 静态投资回收期

投资回收期指标容易理解，计算也比较简便；项目投资回收期在一定程度上显示了资本的周转速度。但不足是投资回收期没有全面考虑投资方案整个计算期内的现金流量，即只考虑投资回收之前的效果，不能反映投资回收之后的情况，即无法准确衡量方案在整个计算期内的经济效果。

因此，投资回收期作为方案选择和项目排队的评价准则是不可靠的，它只能作为辅助评价指标，或与其他评价方法结合应用。

4. 利息备付率

利息备付率表示项目的利润偿付利息的保证倍率。利息备付率高，说明利息偿付的保证度大。对于正常运营的企业，利息备付率应当大于 1，利息备付率低于 1 表示没有足够的资金支付利息，偿债风险很大。

利息备付率应分年计算。利息备付率高，表明利息偿付的保障程度高。

5. 偿债备付率

融资租赁费用可视同借款偿还。运营期内的短期借款本息也应纳入计算。如果项目在运行期内有维持运营的投资，可用于还本付息的资金应扣除维持运营的投资。

偿债备付率表示可用于还本付息的资金偿还借款本息的保证倍率。正常情况下，偿债备付率应当大于 1，且越高越好。偿债备付率低，说明还本付息的资金不足，偿债风险大。当指标值小于 1 时，表示当年资金来源不足以偿还当期债务，需要通过短期借款偿付已到期的债务。

6. 借款偿还期

借款偿还期指标适用于那些计算最大偿还能力、尽快还款的项目，不适用于那些预先给定借款偿还期的项目。对于预先给定借款偿还期的项目，应采用利息备付率和偿债备付率指标分析项目的偿债能力。

偿还借款的资金来源包括折旧、摊销费、未分配利润和其他收入等。借款偿还期依据借款还本付息计算表计算。

借款还本付息计算表可依据投资总额与资金筹措表、总成本估算表和利润与利润分配表的有关数据，通过计算进行填列。

对于涉及外资的项目，还要考虑国外借款部分的还本付息，应按已经明确的或预计可能的借款偿还条件（包括偿还方式及偿还期限）计算。

计算出借款偿还期后，要与贷款机构的要求期限进行对比，等于或小于贷款机构提出的要求期限，即认为项目是有清偿能力的；否则，认为项目没有清偿能力，从清偿能力角度考虑，则认为项目是不可行的。

7. 资产负债率

适度的资产负债表明企业经营安全、稳健，具有较强的筹资能力，也表明企业和债权人的风险较小。

对该指标的分析，应结合国家宏观经济状况、行业发展趋势、企业所处竞争环境等具体条件判定。项目财务分析中，在长期债务还清后，可不再计算资产负债率。

动态评价指标是在分析项目或方案的经济效益时，要对发生在不同时间的效益、费用计算资金的时间价值，将现金流量进行等值化处理后计算评价指标。动态评价指标能较全面地反映投资方案整个计算期的经济效果，适用于详细可行性研究，或对计算期较长以及处在终评阶段的技术方案进行评价。

一般在方案比较时以动态评价方法为主。在工程项目方案经济评价时，应根据评价深度要求、可获得资料的多少以及工程项目方案本身所处的条件，选用多个潜标，从不同侧面反映工程项目的经济效果。

三、净现值（NPV）

1. 评价准则

净现值是评价项目盈利能力的绝对指标，它反映项目在满足按设定折现率要求的盈利能力之外，获得的超额盈利的现值。计算出的净现值可能有三种结果，即 NPV>0，NPV=0 或 NPV<0。

（1）当 NPV>0 时，说明项目的盈利能力超过了按设定的基准折现率计算的盈利能力，从财务角度考虑，项目是可以接受的。

（2）当 NPV=0 时，说明项目的盈利能力刚好达到按设定的基准折现率计算的盈利能力，项目可以考虑接受。

（3）当 NPV<0 时，说明项目的盈利能力达不到按设定的基准折现率计算的盈利能力，一般从财务角度判断项目是不可行的。

2. 净现值指标的优点与不足

净现值指标计算简便，只要编制了现金流量表、确定好折现率，净现值的计算仅是一种简单的算术方法。另外，该指标的计算结果稳定，不会因算术方法的不同而带来任何差异。

为了克服利用净现值指标评价方案或筛选方案时可能产生的误差，在财务分析中，往往选择财务内部收益率作为主要的评价指标。

3. 基准收益率的确定

基准收益率也称基准折现率，是企业、行业或投资者以动态的观点所确定的、可接受的投资方案最低标准的收益水平。它表明投资决策者对项目资金时间价值的估价，是投资资金应当获得的最低盈利率水平，是评价和判断投资方案在经济上是否可行的依据。基准收益率的确定一般以行业的平均收益率为基础，同时综合考虑资金成本、投资风险、通货膨胀以及资金限制等影响因素。对于政府投资的项目，进行经济评价时使用的基准收益率是由国家组织测定并发布的行业基准收益率；对于非政府投资的项目，可由投资者自行确定基准收益率。

第三章　建设工程设计阶段工程造价的预测

设计阶段与施工阶段的工程造价控制，是实施建设工程全过程造价管理的重要组成部分。要把工程造价控制在合理的范围内，就要在工程造价管理中正确地处理质量、成本、工期和造价的关系，推广工程招标承包制，均衡组织施工，合理缩短建设工期，从而达到施工阶段控制工程造价的目的。本章主要对设计阶段的方案优化、施工预算以及对造价的影响等进行介绍。

第一节　设计阶段影响工程造价的主要因素

国内外相关资料的研究表明，设计阶段的费用占工程全部费用的比例不到1%，但在项目决策正确的前提下，它对工程造价的影响程度高达75%以上。根据工程项目类别的不同，在设计阶段需要考虑的影响工程造价的因素也有所不同，以下就工业建设项目和民用建设项目分别介绍影响工程造价的因素。

一、影响工业建设项目工程造价的主要因素

（一）总平面设计

总平面设计主要是指总图运输设计和总平面配置。其主要内容包括厂址方案、占地面积、土地利用情况，总图运输、主要建筑物和构筑物及公用设施的配置，外部运输、水、电、气及其他外部协作条件等。

总平面设计是否合理对于整个设计方案的经济合理性有重大影响。正确合理的总平面设计可大大减少建筑工程量，节约建设用地，节省建设投资，加快建设进度，降低工程造价和项目运行后的使用成本，并为企业创造良好的生产组织、经营条件和生产环境，还可以为城市建设或工业区创造完美的建筑艺术整体。

总平面设计中影响工程造价的主要因素包括以下几项。

1. 现场条件

现场条件是制约设计方案的重要因素之一，对工程造价的影响主要体现在：地质、水文、气象条件等影响基础形式的选择、基础的埋深（持力层、冻土线）；地形地貌影响平面及室外标高的确定；场地大小、邻近建筑物地上附着物等影响平面布置、建筑层数、基

础形式及埋深。

2. 占地面积

占地面积的大小，一方面影响征地费用的多少，另一方面也影响管线布置成本和项目建成运营的运输成本。因此，在满足建设项目基本使用功能的基础上，应尽可能地节约用地。

3. 功能分区

无论是工业建筑还是民用建筑都有许多功能，这些功能之间相互联系、相互制约。合理的功能分区既可以使建筑物的各项功能充分发挥，又可以使总平面布置紧凑、安全。例如，在建筑施工阶段避免大挖大填，可以减少土石方量和节约用地，降低工程造价。对于工业建筑，合理的功能分区还可以使生产工艺流程顺畅，从全生命周期造价管理考虑还可以使运输简便，降低项目建成后的运营成本。

4. 运输方式

运输方式决定着运输效率及成本，不同运输方式的运输效率和成本不同。例如，有轨运输的运量大，运输安全，但是需要一次性投入大量资金；无轨运输无须一次性大规模资金，但运量小、安全性较差。因此，要综合考虑建设项目生产工艺流程和功能区的要求以及建设场地等具体情况，选择经济合理的运输方式。

（二）工艺设计

工艺设计阶段影响工程造价的主要因素包括建设规模、标准和产品方案，工艺流程和主要设备的选型，主要原材料、燃料供应情况，生产组织及生产过程中的劳动定员情况，"三废"治理及环保措施等。

按照建设程序，建设项目的工艺流程在可行性研究阶段已经确定。设计阶段的任务就是严格按照批准的可行性研究报告的内容进行工艺技术方案的设计，确定具体的工艺流程和生产技术。在进行具体项目工艺设计方案选择时，应以提高投资的经济效益为前提，深入分析、比较，综合考虑各方面的因素。

（三）建筑设计

在进行建筑设计时，设计单位及设计人员应首先考虑业主所要求的建筑标准，根据建筑物、构筑物的使用性质、功能及业主的经济实力等因素确定；其次应在考虑施工条件和施工过程合理组织的基础上，决定工程的立体平面设计和结构方案的工艺要求。建筑设计阶段影响工程造价的主要因素包括以下几项。

1. 平面形状

一般来说，建筑物的平面形状越简单，单位面积的造价就越低。当一座建筑物的形状不规则时，将导致室外工程、排水工程、砌砖工程及屋面工程等复杂化，增加工程费用。即使在同样的建筑面积下，建筑平面形状不同，建筑周长系数（建筑物周长与建筑面积比，即单位建筑面积所占外墙长度）也不同。通常情况下，建筑周长系数越低，设计越经济。

圆形、正方形、矩形、T 形、L 形建筑的建筑周长系数依次增大。但是圆形建筑物施工复杂，施工费用一般比矩形建筑增加 20%~30%，所以，其墙体工程量所节约的费用并不能使建筑工程造价降低。虽然正方形的建筑既有利于施工，又能降低工程造价，但是若不能满足建筑物美观和使用要求，则毫无意义。因此，建筑物平面形状的设计应在满足建筑物使用功能的前提下，降低建筑的建筑周长系数，充分注意建筑平面形状的简洁、布局的合理，从而降低工程造价。

2. 流通空间

在满足建筑物使用要求的前提下，应将流通空间减少到最小，这是建筑物经济平面布置的主要目标之一。因为门厅、走廊、过道、楼梯以及电梯井的流通空间并非为了获利目的设置，但采光、采暖、装饰、清扫等方面的费用却很高。

3. 空间组合

空间组合包括建筑物的层高、层数、室内外高差等因素。

（1）层高。在建筑面积不变的情况下，建筑层高的增加会引起各项费用的增加。例如，墙与隔墙及其有关粉刷、装饰费用的提高，楼梯造价和电梯设备费用的增加，供暖空间体积的增加，卫生设备、上下水管道长度的增加等。另外，由于施工垂直运输量的增加，可能增加屋面造价；由于层高增加而导致建筑物总高度增加很多时，还可能增加基础造价。

（2）层数。建筑物层数对造价的影响，因建筑类型、结构和形式的不同而不同。层数不同，则荷载不同，对基础的要求也不同；同时，其也影响占地面积和单位面积造价。如果增加一个楼层不影响建筑物的结构形式，单位建筑面积的造价可能会降低。但是当建筑物超过一定层数时，结构形式就要改变，单位造价通常会增加。建筑物越高，电梯及楼梯的造价将有提高的趋势，建筑物的维修费用也将增加，但是采暖费用有可能下降。

（3）室内外高差。室内外高差过大，则建筑物的工程造价提高；高差过小又影响使用及卫生要求等。

4. 建筑物的体积与面积

建筑物尺寸的增加，一般会引起单位面积造价的降低。对于同一项目，固定费用不一定会随着建筑体积和面积的扩大而有明显的变化，一般情况下，单位面积固定费用会相应减少。对于民用建筑，结构面积系数（住宅结构面积与建筑面积之比）越小，有效面积越大，设计越经济。对于工业建筑，厂房、设备布置紧凑合理，可提高生产能力，采用大跨度、大柱距的平面设计形式，可提高平面利用系数，从而降低工程造价。

5. 建筑结构

建筑结构是指建筑工程中由基础、梁、板、柱、墙、屋架等构件所组成的起骨架作用的并能承受直接和间接荷载的空间受力体系。建筑结构因所用的建筑材料不同，可分为砌体结构、钢筋混凝土结构、钢结构、轻型钢结构、木结构和组合结构等。

建筑结构的选择既要满足力学要求，又要考虑其经济性。对于五层以下的建筑物一般选用砌体结构；对于大中型工业厂房一般选用钢筋混凝土结构；对于多层房屋或大跨度结构，选用钢结构明显优于钢筋混凝土结构；对于高层或者超高层结构，框架结构和剪力墙结构比较经济。由于各种建筑体系的结构各有利弊，在选用结构类型时应结合实际，因地制宜，就地取材，采用经济合理的结构形式。

6. 柱网布置

对于工业建筑，柱网布置对结构的梁板配筋及基础的大小会产生较大的影响，从而对工程造价和厂房面积的利用效率都有较大的影响。柱网布置是确定柱子的跨度和间距的依据。柱网的选择与厂房中有无吊车、吊车的类型及吨位、屋顶的承重结构以及厂房的高度等因素有关。对于单跨厂房，当柱间距不变时，跨度越大单位面积造价越低。因为除屋架外，其他结构架分摊在单位面积上的平均造价随跨度的增大而减小。对于多跨厂房，当跨度不变时，中跨数目越多越经济，这是因为柱子和基础分摊在单位面积上的造价减少。

（四）材料选用

建筑材料的选择是否合理，不仅直接影响着工程质量、使用寿命、耐火抗震性能，而且对施工费用、工程造价有很大的影响。建筑材料一般占直接费的 70%，降低材料费用，不仅可以降低直接费，也可以降低间接费。因此，设计阶段合理选择建筑材料，控制材料单价或工程量，是控制工程造价的有效途径。

（五）设备选用

现代建筑越来越依赖于设备。对于住宅来说，楼层越多，设备系统越庞大，如高层建筑物内部空间的交通工具电梯，室内环境的调节设备，如空调、通风、采暖等，各个系统的分布占用空间都在考虑之列，既有面积、高度的限额，又有位置的优选和规范的要求。因此，设备配置是否得当，直接影响着建筑产品整个寿命周期的成本。

设备选用的重点因设计形式的不同而不同，应选择能满足生产工艺和生产能力要求的最适用的设备和机械。另外，根据工程造价资料的分析，设备安装工程造价占工程总投资的 20%~50%，由此可见设备方案设计对工程造价的影响。设备的选用应充分考虑自然环境对能源节约的有利条件，如果能从建筑产品的整个寿命周期分析，能源节约是一笔不可忽略的费用。

二、影响民用建设项目工程造价的主要因素

民用建设项目工程设计是指根据建筑物的使用功能要求，确定建筑标准、结构形式、建筑物空间与平面布置以及建筑群体的配置等。民用建筑设计包括住宅设计、公共建筑设计及住宅小区设计。住宅建筑是民用建筑中最大量、最主要的建筑形式。

（一）住宅小区建设规划中影响工程造价的主要因素

在进行住宅小区建设规划时，要根据小区的基本功能和要求，确定各构成部分的合理层次与关系，据此安排住宅建筑、公共建筑、管网、道路及绿地的布局，确定合理人口与

建筑密度、房屋间距和建筑层数，布置公共设施项目、规模及服务半径，以及水、电、热、煤气的供应等，并划分包括土地开发在内的上述各部分的投资比例。小区规划设计的核心问题是提高土地利用率。

1. 占地面积

居住小区的占地面积不仅直接决定着土地费的高低，而且影响着小区内道路、工程管线的长度和公共设备的多少，这些费用对小区建设投资的影响通常很大。因而，用地面积指标在很大程度上影响着小区建设的总造价。

2. 建筑群体的布置形式

建筑群体的布置形式对用地的影响不容忽视，可通过采取高低搭配、点线结合、前后错列及局部东西向布置、斜向布置或拐角单元等手法节省用地。在保证小区居住功能的前提下，适当集中公共设施，提高公共建筑的层数，合理布置道路，充分利用小区内的边角用地，有利于提高建筑密度，降低小区的总造价，或者通过合理压缩建筑的间距、适当提高住宅层数或高低层搭配，以及适当增加房屋长度等方式节约用地。

（二）民用住宅建筑设计中影响工程造价的主要因素

1. 建筑物平面形状和周长系数

与工业项目建筑设计类似，如按使用指标，虽然圆形建筑的面积最小，但由于施工复杂，施工费用较矩形建筑增加 20%~30%，故其墙体工程量的减少不能使建筑工程造价降低，而且使用面积有效利用率不高，用户使用不便。因此，一般都建造矩形和正方形住宅，既有利于施工，又能降低造价且使用方便。在矩形住宅建筑中，又以长：宽 =2 ：1 为佳。一般住宅单元以 3~4 个住宅单元、房屋长度 60~80m 较为经济。在满足住宅功能和质量的前提下，适当加大住宅宽度。这是由于宽度加大，墙体面积系数相应减少，有利于降低造价。

2. 住宅的层高和净高

住宅的层高和净高直接影响工程造价。根据不同性质的工程综合测算，住宅层高每降低 10 cm，可降低造价 1.2%~1.5%。层高降低还可提高住宅区的建筑密度，节约土地成本及市政设施费。但是，层高设计中还需考虑采光与通风问题，层高过低不利于采光及通风，因此，民用住宅的层高一般不宜超过 2.8 m。

3. 住宅的层数

民用建筑中，在一定幅度内，住宅层数的增加有降低造价和使用费用及节约用地的优点。

三、影响工程造价的其他因素

除以上因素外，在设计阶段影响工程造价的因素还包括以下内容。

1. 设计单位和设计人员的知识水平

设计单位和设计人员的知识水平对工程造价的影响是客观存在的。为了有效地降低工程造价，设计单位和设计人员首先要能够充分利用现代设计理念，运用科学的设计方法优化设计成果；其次要善于将技术与经济相结合，运用价值工程理论优化设计方案；最后设计单位和设计人员应及时与造价咨询单位进行沟通，使造价咨询人员能够在前期设计阶段就参与项目，达到技术与经济的完美结合。

2. 项目利益相关者

设计单位和设计人员在设计过程中要综合考虑业主、承包商、建设单位、施工单位、监管机构、咨询单位、运营单位等利益相关者的要求和利益，并通过利益诉求的均衡达到和谐的目的，避免后期因出现频繁的设计变更而导致工程造价的增加。

3. 风险因素

设计阶段承担着重大的风险，它对后面的工程招标和施工有着重要的影响。该阶段是确定建设工程总造价的一个重要阶段，决定着项目的总体造价水平。

第二节　设计方案的评价与优化

设计阶段是分析处理工程技术和经济的关键环节，也是有效控制工程造价的重要阶段。在工程设计阶段，工程造价管理人员需要密切配合设计人员，协助其处理好工程技术先进性与经济合理性之间的关系；在初步设计阶段，要按照可行性研究报告及投资估算进行多种方案的技术经济比较，确定初步设计方案；在施工图设计阶段，要按照审批的初步设计内容、范围和概算造价进行技术经济评价与分析，确定施工图设计方案。

设计阶段工程造价管理的主要方法是通过多方案技术经济分析，优化设计方案；同时，通过推行限额设计和标准化设计，有效控制工程造价。

一、限额设计

限额设计是指按照批准的可行性研究报告中的投资限额进行初步设计，按照批准的初步设计概算进行施工图设计，按照施工图预算造价编制施工图设计中各个专业设计文件的过程。

在限额设计中，工程使用功能不能减少，技术标准不能降低，工程规模也不能削减。因此，限额设计需要在投资额度不变的情况下，实现使用功能和建设规模的最大化。限额设计是工程造价控制系统中的一个重要环节，是设计阶段进行技术经济分析、实施工程造价控制的一项重要措施。

限额设计强调技术与经济的统一，需要工程设计人员和工程造价管理专业人员密切合作。工程设计人员进行设计时，应基于建设工程全寿命期，充分考虑工程造价的影响因素，对方案进行比较，优化设计；工程造价管理专业人员要及时进行投资估算，在设计过程中协助工程设计人员进行技术经济分析和论证，从而达到有效控制工程造价的目的。

限额设计的实施是建设工程造价目标的动态反馈和管理过程，可分为目标制定、目标分解、目标推进和成果评价四个阶段。

二、设计方案的评价与优化

设计方案的评价与优化是设计过程的重要环节，它是指通过技术比较、经济分析和效益评价，正确处理技术先进与经济合理之间的关系，力求达到技术先进与经济合理的和谐统一。

设计方案评价与优化通常采用技术经济分析法，即将技术与经济相结合，按照建设工程经济效果，针对不同的设计方案，分析技术经济指标，从中选出经济效果最优的方案。由于设计方案不同，其功能、造价、工期和设备、材料、人工消耗等标准均存在差异，因此，技术经济分析法不仅要考察工程技术方案，更要关注工程费用。

（一）基本程序

设计方案评价与优化的基本程序如下：

1. 按照使用功能、技术标准、投资限额的要求，结合工程所在地实际情况，探讨和建立可能的设计方案。

2. 从所有可能的设计方案中初步筛选出各方面都较为满意的方案作为比选方案。

3. 根据设计方案的评价目的，明确评价的任务和范围。

4. 确定能反映方案特征并能满足评价目的的指标体系。

5. 根据设计方案计算各项指标及对比参数。

6. 根据方案评价的目的，将方案的分析评价指标分为基本指标和主要指标，通过评价指标的分析计算，排出方案的优劣次序，并提出推荐方案。

7. 综合分析，进行方案选择或提出技术优化建议。

8. 对技术优化建议进行组合搭配，确定优化方案。

9. 实施优化方案并总结备案。

在设计方案评价与优化过程中，建立合理的指标体系并采取有效的评价方法进行方案优化是最基本和最重要的工作内容。

（二）评价指标体系

设计方案的评价指标是方案评价与优化的衡量标准，对技术经济分析的准确性和科学性具有重要的作用。内容严谨、标准明确的指标体系，是对设计方案进行评价与优化的基础。评价指标应能充分反映工程项目满足社会需求的程度，以及为取得使用价值所需投入的社会必要劳动量和社会必要消耗量。因此，指标体系应包括以下内容：

1. 使用价值指标，即工程项目满足需要程度（功能）的指标。

2. 反映创造使用价值所消耗的社会劳动消耗量的指标。

3. 其他指标。

对建立的指标体系，可按指标的重要程度设置主要指标和辅助指标，并选择主要指标进行分析比较。

（三）评价方法

设计方案的评价方法主要有多指标法、单指标法及多因素评分法。

1. 多指标法

多指标法就是采用多个指标，将各个对比方案的相应指标值逐一进行分析比较，按照各种指标数值的高低对其做出评价。其评价指标包括以下几项：

（1）工程造价指标。造价指标是指反映建设工程一次性投资的综合货币指标，根据分析和评价工程项目所处的时间段，可依据设计概（预）算予以确定，如每平方米建筑造价、给水排水工程造价、采暖工程造价、通风工程造价、设备安装工程造价等。

（2）主要材料消耗指标。该指标从实物形态的角度反映主要材料的消耗数量，如钢材消耗量指标、水泥消耗量指标、木材消耗量指标等。

（3）劳动消耗指标。该指标所反映的劳动消耗量，包括现场施工和预制加工厂的劳动消耗。

（4）工期指标。工期指标是指建设工程从开工到竣工所耗费的时间，可用来评价不同方案对工期的影响。

以上四类指标，可以根据工程的具体特点来选择。从建设工程全面造价管理的角度考虑，仅利用这四类指标还不能完全满足设计方案的评价，还需要考虑建设工程全寿命期成本，并考虑工期成本、质量成本、安全成本及环保成本等诸多因素。

在采用多指标法对不同设计方案进行分析和评价时，如果某一方案的所有指标都优于其他方案，则为最佳方案；如果各个方案的其他指标都相同，只有一个指标相互之间有差异，则该指标最优的方案就是最佳方案。这两种情况对于优选决策来说都比较简单，但实际中很少有这种情况。在大多数情况下，不同方案之间往往是各有所长，有些指标较优，有些指标较差，而且各种指标对方案经济效果的影响也不相同。这时，若采用加权求和的方法，各指标的权重又很难确定，因而需要采用其他分析评价方法进行选择，如单指标法。

2. 单指标法

单指标法是以单一指标为基础对建设工程技术方案进行综合分析与评价的方法。单指标法有很多种类，各种方法的使用条件也不尽相同，较常用的有以下几种：

（1）综合费用法。这里的费用包括方案投产后的年度使用费、方案的建设投资及由于工期提前或延误产生的收益或亏损等。该方法的基本出发点在于将建设投资和使用费结合起来考虑；同时，考虑建设周期对投资效益的影响，以综合费用最小为最佳方案。综合费用法是一种静态的价值指标评价方法，没有考虑资金的时间价值，只适用于建设周期较短的工程。

此外，由于综合费用法只考虑费用，未能反映功能、质量、安全、环保等方面的差异，因而只有在方案的功能、建设标准等条件相同或基本相同时才能采用。

（2）全寿命期费用法。建设工程全寿命期费用除包括筹建、征地拆迁、咨询、勘察、设计、施工、设备购置，以及贷款支付利息等与工程建设有关的一次性投资费用外，还包括工程完成后交付使用期内经常发生的费用支出，如维修费、设施更新费、采暖费、电梯费、空调费、保险费等。这些费用统称为使用费，按年计算时称为年度使用费。全寿命期费用法考虑了资金的时间价值，是一种动态的价值指标评价方法。由于不同技术方案的寿命期不同，因此，应用全寿命期费用法计算费用时，不用净现值法，而用年度等值法，以年度费用最小者为最优方案。

（3）价值工程法。价值工程法主要是对产品进行功能分析，研究如何以最低的全寿命期成本实现产品的必要功能，从而提高产品的价值。在建设工程施工阶段应用该方法来提高建设工程价值的作用是有限的。要使建设工程的价值大幅提高，获得较高的经济效益，必须首先在设计阶段应用价值工程法，使建设工程的功能与成本合理匹配。也就是说，在设计中应用价值工程的原理和方法，在保证建设工程功能不变或功能改善的情况下，力求节约成本，以设计出更加符合用户要求的产品。

价值工程在工程设计中的运用过程实际上是发现矛盾、分析矛盾和解决矛盾的过程。具体地说，就是分析功能与成本间的关系，以提高建设工程的价值系数。工程设计人员要以提高价值为目标，以功能分析为核心，以经济效益为出发点，从而真正实现对设计方案的优化。

3. 多因素评分法

多因素评分法是多指标法与单指标法相结合的一种方法。对需要进行分析评价的设计方案设定若干个评价指标，按其重要程度分配权重，然后按照评价标准给各指标打分，将各项指标所得分数与其权重采用综合方法整合，得出各设计方案的评价总分，以获总分最高者为最佳方案。多因素评分法综合了定量分析评价与定性分析评价的优点，可靠性高，应用较为广泛。

（四）方案优化

设计优化是使设计质量不断提高的有效途径，在设计招标及设计方案竞赛过程中可以将各方案的可取之处重新组合，吸收众多设计方案的优点，使设计更加完美。而对于具体方案，则应综合考虑工程质量、造价、工期、安全和环保五大目标，基于全要素造价管理进行优化。

工程项目五大目标之间的整体相关性，决定了设计方案的优化必须考虑工程质量、造价、工期、安全和环保五大目标之间的最佳匹配，力求达到整体目标最优，而不能孤立、片面地考虑某一目标或强调某一目标而忽略其他目标。在保证工程质量和安全、保护环境的基础上，追求全寿命期成本最低的设计方案。

第三节　设计概算编制与审查

一、设计概算概述

设计概算是以初步设计文件为依据，按照规定的程序、方法和依据，对建设项目总投资及其构成进行的概略计算。具体而言，设计概算是在投资估算的控制下由设计单位根据初步设计或扩大初步设计的图纸及说明，利用国家或地区颁发的概算指标，概算定额，综合指标预算定额，各项费用定额或取费标准（指标），建设地区的自然、技术经济条件和设备、材料预算价格等资料，按照设计要求，对建设项目从筹建至竣工交付使用所需全部费用进行的预计。

设计概算的成果文件称作设计概算书，也简称为设计概算。设计概算书是初步设计文件的重要组成部分，其特点是编制工作相对简略，无须达到施工图预算的准确程度。采用两阶段设计的建设项目，初步设计阶段必须编制设计概算；采用三阶段设计的，扩大初步设计阶段必须编制修正概算。

设计概算的编制内容包括静态投资和动态投资两个层次。静态投资作为考核工程设计和施工图预算的依据，动态投资作为项目筹措、供应和控制资金使用的限额。

设计概算是工程造价在设计阶段的表现形式，但其并不具备价格属性。因为设计概算不是在市场竞争中形成的，而是设计单位根据有关依据计算出来的工程建设的预期费用，用于衡量建设投资是否超过估算并控制下一阶段的费用支出。设计概算的主要作用是控制以后各阶段的投资，具体表现如下：

1. 设计概算是编制固定资产投资计划、确定和控制建设项目投资的依据。
2. 设计概算是控制施工图设计和施工图预算的依据。
3. 设计概算是衡量设计方案技术经济合理性和选择最佳设计方案的依据。
4. 设计概算是编制招标控制价（招标标底）和投标报价的依据。
5. 设计概算是签订建设工程合同和贷款合同的依据。
6. 设计概算是考核建设项目投资效果的依据。

二、设计概算的编制内容

设计概算文件的编制应采用单位工程概算、单项工程综合概算、建设项目总概算三级概算编制形式。当建设项目为一个单项工程时，可采用单位工程概算、总概算两级概算编制形式。

单位工程是指具有独立的设计文件，能够独立组织施工，但不能独立发挥生产能力或使用功能的工程项目，其是单项工程的组成部分。单位工程概算是以初步设计文件为依据，按照规定的程序、方法和依据，计算单位工程费用的成果文件，它是编制单项工程综合概算（或项目总概算）的依据，是单项工程综合概算的组成部分。单位工程概算按其工程性质分为建筑工程概算和设备及安装工程概算两类。

单位工程是指在一个建设项目中，具有独立的设计文件，建成后能够独立发挥生产能力或使用功能的工程项目。它是建设项目的组成部分，如生产车间、办公楼、食堂、图书馆、学生宿舍、住宅楼、一个配水厂等。单项工程是一个复杂的综合体，是一个具有独立存在意义的完整工程，如输水工程、净水厂工程、配水工程等。单项工程概算是以初步设计文件为依据，在单位工程概算的基础上汇总单项工程费用的成果文件，其由单项工程中的各单位工程概算汇总编制而成，是建设项目总概算的组成部分。

建设项目总概算是以初步设计文件为依据，在单项工程综合概算的基础上计算建设项目概算总投资的成果文件。它是由各单项工程综合概算、工程建设其他费用概算、预备费、建设期利息和铺底流动资金概算汇总编制而成的。

若干个单位工程概算汇总后成为单项工程概算，若干个单项工程概算和工程建设其他费用、预备费、建设期利息、铺底流动资金等概算文件汇总后成为建设项目总概算。单项工程概算和建设项目总概算仅是一种归纳、汇总性文件，因此，最基本的计算文件是单位工程概算书。若建设项目为一个独立单项工程，则建设项目总概算书与单项工程综合概算书可合并编制。

三、设计概算的编制方法

设计概算是从最基本的单位工程概算编制开始逐级汇总而成的。

（一）设计概算的编制依据和编制原则

1. 设计概算的编制依据

（1）国家、行业和地方有关规定。

（2）相应工程造价管理机构发布的概算定额（或指标）。

（3）工程勘察与设计文件。

（4）拟订或常规的施工组织设计和施工方案。

（5）建设项目资金筹措方案。

（6）工程所在地编制同期的人工、材料、机具台班市场价格，以及设备供应方式与供应价格。

（7）建设项目的技术复杂程度，新技术、新材料、新工艺及专利使用情况等。

（8）建设项目批准的相关文件、合同、协议等。

（9）政府有关部门、金融机构等发布的价格指数、利率、汇率、税率及工程建设其他费用等。

（10）委托单位提供的其他技术经济资料。

2. 设计概算的编制原则

（1）设计概算应按编制时项目所在地的价格水平编制，总投资应能完整地反映编制时建设项目的实际投资。

（2）设计概算应考虑建设项目施工条件等因素对投资的影响。

（3）设计概算应按项目合理建设期限预测建设期价格水平，以及资产租赁和贷款的时间价值等动态因素对投资的影响。

（二）单位工程概算的主要编制方法

单位工程概算应根据单项工程中所属的每个单体按专业分别编制，一般按土建、装饰、采暖通风、给水排水、照明、工艺安装、自控仪表、通信、道路、总图竖向等专业或工程分别编制。总体而言，单位工程概算包括单位建筑工程概算和单位设备及安装工程概算两类。其中，建筑工程概算的编制方法有概算定额法、概算指标法、类似工程预算法等；设备及安装工程概算的编制方法有预算单价法、扩大单价法、设备价值百分比法和综合吨位指标法等。

1. 概算定额法

概算定额法又称扩大单价法或扩大结构定额法，其是套用概算定额编制建筑工程概算的方法。运用概算定额法，要求初步设计必须达到一定深度，建筑结构尺寸比较明确，能按照初步设计的平面图、立面图、剖面图纸计算出楼地面、墙身、门窗和屋面等扩大分项工程（或扩大结构构件）项目的工程量时，方可采用。

建筑工程概算表，按构成单位工程的主要分部分项工程编制，根据初步设计工程量按工程所在地区颁发的概算定额（指标）或行业概算定额（指标），以及工程费用定额计算。概算定额法编制设计概算的步骤如下：

（1）搜集基础资料、熟悉设计图纸和了解有关施工条件与施工方法。

（2）按照概算定额子目，列出单位工程中分部分项工程项目名称并计算工程量。工程量计算应按概算定额中规定的工程量计算规则进行，计算时采用的原始数据必须以初步设计图纸所标识的尺寸或初步设计图纸能读出的尺寸为准，并将计算所得的各分部分项工程量按概算定额编号顺序，填入工程概算表内。

（3）确定各分部分项工程费。工程量计算完毕后，逐项套用各子目的综合单价，各子目的综合单价应包括人工费、材料费、施工机具使用费、管理费、利润、规费和税金。然后分别将其填入单位工程概算表和综合单价表中。如遇设计图中的分项工程项目名称、内容与采用的概算定额手册中相应的项目有不相符时，则按规定对定额进行换算后方可套用。

（4）计算措施项目费。措施项目费的计算分以下两部分进行：

1）可以计量的措施项目费与分部分项工程费的计算方法相同，其费用按照第（3）步的规定计算；

2）综合计取的措施项目费应以该单位工程的分部分项工程费和可以计量的措施项目费之和为基数乘以相应费率计算。

2. 概算指标法

概算指标法是用拟建的厂房、住宅的建筑面积（或体积）乘以技术条件相同或基本相同的概算指标得出人、材、机费，然后按规定计算出企业管理费、利润、规费和税金等，得出单位工程概算的方法。

概算指标法的适用条件如下：

（1）在方案设计中，设计无详图而只有概念性设计，或初步设计深度不够，不能准确地计算出工程量，但工程设计采用的技术比较成熟时，可以选定与该工程相似类型的概算指标编制概算。

（2）设计方案急需造价概算而又有类似工程概算指标可以利用的情况。

（3）图样设计间隔很久后再来实施，概算造价不适用于当前情况而又需要确定造价的情形下，可按当前概算指标来修正原有概算造价。

（4）通用设计图设计可组织编制通用图设计概算指标来确定造价。

概算指标法的计算分以下两种情况：

（1）拟建工程结构特征与概算指标相同时的计算。在使用概算指标法时，如果拟建工程在建设地点、结构特征、地质及自然条件、建筑面积等方面与概算指标相同或相近，就可直接套用概算指标编制概算。在直接套用概算指标时，拟建工程应符合以下条件：

1）拟建工程的建设地点与概算指标中的工程建设地点相同；

2）拟建工程的工程特征、结构特征与概算指标中的工程特征、结构特征基本相同；

3）拟建工程的建筑面积与概算指标中工程的建筑面积相差不大。

根据选用的概算指标内容，以指标中所规定的工程每平方米、立方米的工料单价，根据管理费、利润、规费、税金的费（税）率确定该子目的全费用综合单价，乘以拟建单位工程建筑面积或体积，即可求出单位工程的概算造价。

（2）拟建工程结构特征与概算指标有局部差异时的调整。在实际工作中，经常会遇到拟建对象的结构特征与概算指标中规定的结构特征有局部不同的情况，此时，必须对概算指标进行调整后方可套用。

3. 类似工程预算法

类似工程预算法是利用技术条件与设计对象类似的已完工程或在建工程的工程造价资料来编制拟建工程设计概算的方法。其适用于拟建工程初步设计与已完工程或在建工程的设计类似而又没有可用的概算指标的情况。

类似工程预算法的编制步骤如下：

（1）根据设计对象的各种特征参数，选择最合适的类似工程预算。

（2）根据本地区现行的各种价格和费用标准计算类似工程预算的人工费、材料费、施工机具使用费、企业管理费修正系数。

（3）根据类似工程预算修正系数和以上四项费用占预算成本的比重，计算预算成本总修正系数，并计算出修正后的类似工程平方米预算成本。

（4）根据类似工程修正后的平方米预算成本和编制概算地区的利税率计算修正后的类似工程平方米造价。

（5）根据拟建工程的建筑面积和修正后的类似工程平方米造价，计算拟建工程概算造价。

（6）编制概算编写说明。

类似工程预算法对条件有所要求，也就是可比性，即拟建工程项目的建筑面积、结构构造特征要与已建工程基本一致，如层数相同、面积相似、结构相似、工程地点相似等，采用此方法时必须对建筑结构差异和价差进行调整。

4. 单位设备及安装工程概算编制方法

单位设备及安装工程概算包括单位设备及工、器具购置费和单位设备安装工程费两大部分。

（1）设备及工、器具购置费的编制方法。

（2）设备安装工程概算的编制。

1）预算单价法。当初步设计有详细设备清单时，可直接按预算单位（预算定额单价）编制设备安装工程概算。根据计算出的设备安装工程量，乘以安装工程预算单价，经汇总求得。用预算单价法编制概算，计算比较具体，精确度较高。

2）扩大单价法。当初步设计的设备清单不完备或仅有成套设备的质量时，可采用主设备、成套设备或工艺线的综合扩大安装单价编制概算。

3）设备价值百分比法，又称安装设备百分比法。当初步设计深度不够，只有设备出厂价而无详细规格、质量时，安装费可按占设备费的百分比计算。其百分比值（安装费费率）由相关管理部门制定或由设计单位根据已完类似工程确定。该法常用于价格波动不大的定型产品和通用设备产品，其计算公式如下：

$$设备安装费 = 设备原价（元）\times 安装费费率（\%）$$

4）综合吨位指标法。当初步设计提供的设备清单有规格和设备质量时，可采用综合吨位指标编制概算，其综合吨位指标由相关主管部门或由设计单位根据已完类似工程的资料确定。该法常用于设备价格波动较大的非标准设备和引进设备的安装工程概算。其计算公式如下：

$$设备安装费 = 设备吨重（吨）\times 每吨设备安装费指标（元/吨）$$

（三）单项工程综合概算的编制

综合概算是以单项工程为编制对象，确定建成后可独立发挥作用的建筑物所需全部建设费用的文件，由该单项工程内各单位工程概算书汇总而成。综合概算书是工程项目总概算书的组成部分，是编制总概算书的基础文件，一般由编制说明和综合概算表两个部分组成。

1. 编制说明

编制说明应列在综合概算表的前面，其内容包括工程概况、编制依据、编制方法、主要材料和设备数量、其他有关问题等。

2. 综合概算表

综合概算表是根据单项工程所辖范围内的各单位工程概算等基础资料，按照国家或部委所规定的统一表格进行编制。对于工业建筑而言，其概算包括建筑工程和设备及安装工程；对于民用建筑而言，其概算包括土建工程、给水排水工程、采暖工程、通风及电气照明工程等。

综合概算一般应包括建筑工程费用、安装工程费用、设备及工器具购置费。当不编制总概算时，还应包括工程建设其他费用、建设期利息、预备费等费用项目。

（四）建设项目总概算的编制

建设项目总概算是设计文件的重要组成部分，是预计整个建设项目从筹建到竣工交付使用所花费的全部费用的文件。它是由各单项工程综合概算、工程建设其他费用、预备费、建设期利息和经营性项目的铺底流动资金概算组成，按照主管部门规定的统一表格编制而成的。设计总概算文件应包括编制说明、总概算表、各单项工程综合概算书、工程建设其他费用概算表和主要建筑安装材料汇总表。

四、设计概算的审查

设计概算审查是确定建设工程造价的一个重要环节。通过审查，能使概算更加完整、准确，促进工程设计的技术先进性和经济合理性。

设计概算的审查内容包括概算编制依据、概算编制深度及概算主要内容三个方面。

1. 对设计概算编制依据的审查

（1）审查编制依据的合法性。设计概算采用的编制依据必须经过国家和授权机关的批准，符合概算编制的有关规定。同时，不得擅自提高概算定额、指标或费用标准。

（2）审查编制依据的时效性。设计概算文件所使用的各类依据，如定额、指标、价格、取费标准等，都应按国家有关部门的规定进行。

（3）审查编制依据的适用范围。各主管部门规定的各类专业定额及其取费标准，仅适用于该部门的专业工程；各地区规定的各种定额及其取费标准，只适用于该地区范围内，特别是材料预算价格应按工程所在地区的具体规定执行。

2. 对设计概算编制深度的审查

（1）审查编制说明。审查设计概算的编制方法、深度和编制依据等重大原则性问题。

（2）审查设计概算编制的完整性。对于一般大中型项目的设计概算，审查是否具有完整的编制说明和三级设计概算文件（总概算、综合概算、单位工程概算）是否达到了规定的深度。

（3）审查设计概算的编制范围。其包括设计概算编制范围和内容是否与批准的工程项目范围相一致、各项费用应列的项目是否符合法律法规及工程建设标准、是否存在多列或遗漏的取费项目等。

3. 对设计概算主要内容的审查

（1）概算编制是否符合法律法规及相关规定。

（2）概算所编制工程项目的建设规模和建设标准、配套工程等是否符合批准的可行性研究报告或立项批文。对总概算投资超过批准投资估算 10% 以上的，应进行技术经济论证，需重新上报进行审批。

（3）概算所采用的编制方法、计价依据和程序是否符合相关规定。

（4）概算工程量是否准确。应将工程量较大、造价较高、对整体造价影响较大的项目作为审查重点。

（5）概算中主要材料用量的正确性和材料价格是否符合工程所在地的价格水平、材料价差调整是否符合相关规定等。

（6）概算中设备的规格、数量、配置是否符合设计要求，设备原价和运杂费是否正确；非标准设备原价的计价方法是否符合规定；进口设备的各项费用的组成及其计算程序、方法是否符合规定。

（7）概算中各项费用的计取程序和取费标准是否符合国家或地方有关部门的规定。

（8）总概算文件的组成内容是否完整地包括了工程项目从筹建至竣工投产的全部费用组成。

（9）综合概算、总概算的编制内容、方法是否符合国家相关规定和设计文件的要求。

（10）概算中工程建设其他费用中的费率和计取标准是否符合国家、行业的有关规定。

（11）概算项目是否符合国家对环境治理的要求和相关规定。

（12）概算中技术经济指标的计算方法和程序是否正确。

第四节 施工图预算编制与审查

一、施工图预算的编制

施工图预算由建设项目总预算、单项工程综合预算和单位工程预算组成。建设项目总预算由单项工程综合预算汇总而成，单项工程综合预算由组成本单项工程的各单位工程预算汇总而成，单位工程预算包括建筑工程预算和设备及安装工程预算。

二、施工图预算的审查

1. 审查内容

对施工图预算进行审查，有利于核实工程实际成本，以便有针对性地控制工程造价。施工图预算应重点审查以下内容：工程量的计算，定额的使用，设备材料及人工、机械价格的确定，相关费用的选取和确定。

（1）工程量的审查。工程量计算是编制施工图预算的基础性工作之一，对施工图预算的审查，应首先从审查工程量开始。

（2）定额使用的审查。定额使用的审查应重点审查定额子目的套用是否正确。同时，对于补充的定额子目，要对其各项指标消耗量的合理性进行审查并按程序报批，及时补充至定额当中。

（3）设备材料及人工、机械价格的审查。设备材料及人工、机械价格受时间、资金和市场行情等因素的影响较大，而且在工程总造价中所占比例较高，因此，应作为施工图预算审查的重点。

（4）相关费用的审查。相关费用的审查主要审查各项费用的选取是否符合国家和地方有关规定，审查费用的计算和计取基数是否正确、合理。

2. 审查方法

施工图预算的常用审查方法见表 3-1。

表 3–1 施工图预算的常用审查方法

序号	审查方法	介绍	优点	缺点
1	全面审查法（逐项审查法）	全面审查法（逐项审查法）是指按预算定额顺序或施工的先后顺序，逐一进行全部审查	全面、细致、审查的质量高	工作量大、审查时间较长
2	标准预算审查法	标准预算审查法是指对于利用标准图纸或通用图纸施工的工程，先集中力量编制标准预算，然后以此为标准对施工图预算进行审查	审查时间较短，审查效果好	应用范围较小
3	分组计算审查法	分组计算审查法是指将相邻且有一定内在联系的项目编为一组，审查某个分量，并利用不同量之间的相互关系判断其他几个分项工程量的准确性	可加快工程量审查的速度	审查的精度较差
4	对比审查法	对比审查法是指用已完工程的预结算或虽未建成但已审查修正的工程预结算对比审查拟建类似工程施工图进行预算	审查速度快	需要有较为丰富的相关工程数据库
5	筛选审查法	筛选审查法是指对数据加以汇集、优选、归纳，建立基本值，并以基本值为准进行筛选，对于未被筛下去的，即不在基本值范围内的数据进行较为详尽的审查	便于掌握，审查速度较快	有局限性，适用于住宅工程或不具备全面审查条件的工程项目

续表

序号	审查方法	介绍	优点	缺点
6	重点抽查法	重点抽查法是指抓住工程预算中的重点环节和部分进行审查	重点突出，审查时间较短，审查效果较好	对审查人员的专业素质要求较高
7	利用手册审查法	利用手册审查法是指将工程常用的构配件事先整理成预算手册，按手册对照审查		
8	分解对比审查法	分解对比审查法是将一个单位工程按直接费和间接费进行分解，然后再将直接费按工种和分部工程进行分解，分别与审定的标准预结算进行对比分析		

第四章 建设工程发承包阶段工程费用的约定

随着社会的进步和经济的发展，建筑业也在蓬勃发展，项目总承包也得到了国家的支持，也取得了一定的利润。但是，工程项目费用控制与管理还存在一些问题和风险，相关人员应加强费用控制，提高项目整体经济效益。本章主要对施工的招标、合同的价款约定进行了研究分析。

第一节 施工招标的方式与程序

建设工程发承包既是完善市场经济体制的重要举措，也是维护工程建设市场竞争秩序的有效途径。在市场经济条件下，招标投标是一种优化资源配置、实现有序竞争的交易行为，也是工程发承包的主要方式。

1. 公开招标

公开招标又称无限竞争性招标，是指招标人按程序，通过报刊、广播、电视、网络等媒体发布招标公告，邀请具备条件的施工承包商投标竞争，然后从中确定中标者并与之签订施工合同的过程。

公开招标方式的优点是招标人可以在较广的范围内选择承包商，投标竞争激烈，择优率更高，有利于招标人将工程项目交予可靠的承包商，并获得有竞争性的商业报价。

公开招标方式的缺点是准备招标、对投标申请者进行资格预审和评标的工作量大，招标时间长、费用高。同时，参加竞争的投标者越多，投标者中标的机会就越小；投标风险越大，投标者损失的费用也就越多，而这种费用的损失必然会反映在标价中，最终会由招标人承担，故这种方式在一些国家较少采用。

2. 邀请招标

邀请招标也称有限竞争性招标，是指招标人以投标邀请书的形式邀请预先确定的若干家施工承包商投标竞争，然后从中确定中标者并与之签订施工合同的过程。采用邀请招标方式时，邀请对象以5~10家为宜，至少不应少于3家，否则就失去了竞争的意义。

与公开招标方式相比，邀请招标方式的优点是不发布招标公告，不进行资格预审，简化了招标程序，因而，节约了招标费用，缩短了招标时间。而且由于招标人比较了解投标人以往的业绩和履约能力，从而减少了合同履行过程中承包商违约的风险。对于采购标的较小的工程项目，采用邀请招标方式比较有利。

邀请招标的缺点是由于投标竞争的激烈程度较差，有可能会提高中标合同价，也有可能排除某些在技术上或报价上有竞争力的承包商参与投标。

3. 竞争性谈判

竞争性谈判是指采购人或者采购代理机构直接邀请一家以上供应商就采购事宜进行谈判的方式。其适用条件如下：

（1）招标后没有供应商投标或者没有合格标的或者重新招标未能成立的。

（2）技术复杂或者性质特殊，不能确定详细规格或者具体要求的。

（3）采用招标所需时间不能满足用户紧急需要的。

（4）不能事先计算出价格总额的。

竞争性谈判的特点是可以缩短准备期，能使采购项目更快地发挥作用；减少工作量，省去了大量的开标、投标工作，有利于提高工作效率，减少采购成本；供求双方能够进行更为灵活的谈判；有利于对民族工业进行保护；能够激励供应商自觉将高科技应用到采购产品中，同时又能降低采购风险。

4. 单一来源采购

单一来源采购是指采购人向特定的一个供应商采购的一种政府采购方式。其适用条件如下：

（1）只能从唯一供应商处采购的。

（2）发生了不可预见的紧急情况不能从其他供应商处采购的。

（3）必须保证原有采购项目一致性或者服务配套的要求，需要继续从原供应商处添购，且添购资金总额不超过原合同采购金额 10% 的。

5. 询价

询价特指一种政府采购手段，其是指询价小组根据采购人需求，从符合相应资格条件的供应商中确定不少于三家的供应商并向其发出询价单让其报价，由供应商一次报出不得更改的报价，然后询价小组在报价的基础上进行比较，并确定成交供应商的一种采购方式。

询价采购适用于采购货物规格、标准统一，现货货源充足且价格变化幅度小的政府采购项目。

第二节　施工招标策划

施工招标策划是指建设单位及其委托的招标代理机构在准备招标文件前，根据工程项目特点及潜在投标人情况等确定招标方案。招标策划的好坏关系着招标的成败，直接影响着投标人的投标报价乃至施工合同价。因此，招标策划对施工招标投标过程中的工程造价管理起着关键作用。施工招标策划主要包括施工标段划分、合同计价方式及合同类型选择等内容。

一、施工标段划分

工程项目施工是一个复杂的系统工程，有些项目不能或者很难由一个投标人完成，这时需要将该项目分成几个部分进行招标，这些不同的部分就是不同的标段。当然，并不是所有的项目都必须划分标段。标段划分既要满足工程项目的本身特征、管理和投资等方面的需要，又要遵守相关法律法规的规定，并受各种客观及主观因素的影响。

1. 建筑规模

对于占地面积、建筑面积较小的单体建筑物，或者较为集中的建筑单体、规模小的建筑群体，可以不分标段；对于建筑规模较大的建筑物，则要按照建筑结构的独立性进行分割，划分标段；对于较为分散的建筑群体，可以按照建筑规模大小组合定标段。

2. 专业要求

如果项目的几部分内容专业要求接近，则该项目可以考虑作为一个整体进行招标，如建筑、装修工程；如果项目的几部分内容专业要求相距甚远，且工作界面可以明晰划分，应单独设立标段，如弱电智能化、消防、外幕墙、设备安装等。

3. 管理要求

如果一个项目各专业内容之间相互干扰不大，为方便招标人对其进行统一管理，就可以考虑对各部分内容分别进行招标；反之，由于专业之间的相互干扰会引起各个承包商之间的协调管理困难，这时应当考虑将整个项目发包给一个总承包商，由总包进行分包后统一进行协调管理。

4. 投资要求

标段划分对工程投资也有一定的影响，这种影响是由多方面因素造成的，但直接影响是由管理费的变化引起的。一个项目整体招标，承包商会根据需要再进行分包，虽然分包的价格比招标人直接发包的价格高，但是总包有利于承包商统一管理，人工、机械设备、临时设施等可以统一使用，又可降低费用。因此，应当具体情况具体分析。

5. 各项工作的衔接

在划分标段时还应当考虑项目在建设过程中的时间和空间的衔接，应当避免产生平面或者立面交接工作责任的不清。如果建设项目各项工作的衔接、交叉和配合少，责任清楚，则可考虑分别发包；反之，则应考虑将项目作为一个整体发包给一个承包商，因为此时由一个承包商进行协调管理容易做好衔接工作。

总之，应通过合理、科学的标段划分，使标段具有合理适度的规模。一方面，要避免标段规模过小，使管理及施工单位固定成本上升，增加招标项目的投资，并有可能导致潜在大型企业、有能力的企业失去参与投标竞争的积极性；另一方面，又要避免标段规模过大，使符合资格能力条件的竞争单位数量过少而不能进行充分竞争，或者具有资格能力条件的潜在投标单位因受自身施工能力及经济承受能力的限制，无法保质保量按期完成项目，增加合同履行的风险。

二、合同计价方式

施工合同中计价方式可分为三种，即总价方式、单价方式和成本加酬金方式。相应的施工合同也称为总价合同、单价合同和成本加酬金合同。其中，成本加酬金的计价方式又可根据酬金的计取方式不同，分为百分比酬金、固定酬金、浮动酬金和目标成本加奖罚四种计价方式。

不实行招标的工程合同价款，应在发承包双方认可的工程价款的基础上，由发承包双方在合同中约定。实行工程量清单计价的工程，应采用单价合同；建设规模较小、技术难度较低、工期较短，且施工图设计已审查批准的建设工程可采用总价合同；紧急抢险、救灾及施工技术特别复杂的建设工程可采用成本加酬金合同。

三、合同类型选择

依据计价方式不同，施工合同可分为单价合同、总价合同及成本加酬金合同。合同类型不同，双方的义务和责任不同，各自承担的风险也不尽相同。

1. 单价合同

单价合同是发承包双方约定以工程量清单及其综合单价进行合同价款计算、调整和确认的建设工程施工合同。

实行工程量清单计价的工程，一般应采用单价合同方式，即合同中的清单综合单价在合同约定的条件内固定不变，超过合同约定条件时，要依据合同约定进行调整；工程量清单项目及工程量依据承包人实际完成且应予计量的工程量确定。

总价合同是发承包双方约定以施工图及其预算和有关条件进行合同价款计算、调整和确认的建设工程施工合同。

总价合同是以施工图为基础，在工程内容明确、发包人的要求条件清楚、计价依据确定的条件下，发承包双方依据承包人编制的施工图预算商谈确定合同价款。当合同约定工程施工内容和有关条件不发生变化时，发包人付给承包人的合同价款总额就不发生变化。当工程施工内容和有关条件发生变化时，发承包双方根据变化情况和合同约定调整合同价款，但对工程量变化引起的合同价款调整应遵循以下原则：

（1）若合同价款是依据承包人根据施工图自行计算的工程量确定时，除工程变更造成的工程量变化外，合同约定的工程量是承包人完成的最终工程量，发承包双方不能以工程量变化作为合同价款调整的依据。

（2）若合同价款是依据发包人提供的工程量清单确定时，发承包双方依据承包人最终实际完成的工程量（包括工程变更及工程量清单的错、漏）调整确定合同价款。

2. 成本加酬金合同

成本加酬金合同是发承包双方约定以施工工程成本加合同约定酬金进行合同价款计算、调整和确认的建设工程施工合同。

3. 合同类型选择

建设单位应综合考虑以下因素来选择合适的合同类型：

（1）工程项目复杂程度。建设规模大且技术复杂的工程项目，承包风险较大，各项费用不易准确估算，因而不宜采用固定总价合同。最好是对有把握的部分采用固定总价合同，估算不准的部分采用单价合同或成本加酬金合同。有时，在同一施工合同中采用不同的计价方式，是建设单位与施工承包单位合理分担施工风险的有效方法。

（2）工程项目设计深度。工程项目的设计深度是选择合同类型的重要因素。如果已完成工程项目的施工图设计、施工图纸和工程量清单详细而明确，则可选择总价合同；如果实际工程量与预计工程量可能有较大出入，应优先选择单价合同；如果只完成工程项目的初步设计，工程量清单不够明确，则可选择单价合同或成本加酬金合同。

（3）施工技术先进程度。如果在工程施工中有较大部分采用新技术、新工艺，建设单位和施工承包单位对此缺乏经验又无国家标准，为了避免投标单位盲目地提高承包价款，或由于对施工难度估计不足而导致承包亏损，不宜采用固定总价合同，而应选用成本加酬金合同。

（4）施工工期紧迫程度。对于一些紧急工程（如灾后恢复工程等）要求尽快开工，且工期较紧，可能仅有实施方案还没有施工图纸，施工承包单位不可能报出合理的价格，此时选择成本加酬金合同较为合适。

总之，对一个工程项目而言，究竟采用何种合同类型，不是固定不变的。在同一个工程项目中，不同的工程部分或不同阶段可以采用不同类型的合同，在进行招标策划时必须依据实际情况，权衡各种利弊，然后做出最佳决策。

第三节 合同价款约定

建设工程分为直接发包与招标发包，但无论采用何种形式，一旦确定了发承包关系，则发包人与承包人均应本着公平、公正、诚实、信用的原则通过签订合同来明确双方的权利和义务，而实现项目预期建设目标的核心内容是合同价款的约定。

一、签约合同价与中标价的关系

签约合同价是指合同双方签订合同时在协议书中列明的合同价格，对于以单价合同形式招标的项目，工程量清单中各种价格的总计即为合同价。

合同价就是中标价。因为中标价是指评标时经过算术修正的，并在中标通知书中申明招标人接受的投标价格。法理上，经公示后招标人向投标人发出中标通知书（投标人向招标人回复确认中标通知书已收到）后，中标的中标价就受到了法律保护，招标人不得以任何理由反悔。招标人和中标人不得再行订立背离合同实质性内容的其他协议，发包人应根据中标通知书确定的价格签订合同。

二、合同价款约定的一般规定

（一）实行招标的工程

1. 合同价款约定的依据

中标人确定后，招标人应当向中标人发出中标通知书，并同时将中标结果通知所有未中标的投标人，中标通知书对招标人和中标人都具有法律效力。中标通知书发出后，招标人改变中标结果，或者中标人放弃中标项目的，应当依法承担法律责任。因此，招标人向中标的投标人发出的中标通知书，是招标人和中标人签订合同的依据。

2. 合同价款约定的时限

招标人和中标人应当在投标有效期内，并在自中标通知书发出之日起 30 天内，按照招标文件和中标人的投标文件订立书面合同。中标人无正当理由拒签合同的，招标人取消其中标资格，其投标保证金不予退还；给招标人造成的损失超过投标保证金数额的，中标人还应当对超过部分予以赔偿。发出中标通知书后，招标人无正当理由拒绝签合同的，招标人向中标人退还投标保证金，给中标人造成损失的，还应当赔偿损失。因此，合同价款约定的时限是自招标人发出中标通知书之日起 30 天内。

3. 合同价款约定的内容

招标文件与中标人投标文件不一致的地方，应以投标文件为准。因此，合同价款约定的内容应当依据招标文件和中标人的投标文件，不得违背工期、造价、质量等方面的实质性内容。

但有时招标文件与中标人的投标文件可能有不一致的地方，这时要以中标人的投标文件为准。这是因为在招标投标过程中，招标公告为要约邀请、投标人的投标文件是要约、中标通知书为承诺。要约应当在内容上具体确定，表明经受要约人承诺，要约人（投标人）接受该意思表示约束；要约到达受要人（招标人）时生效；承诺是受要人同意要约的意思表示，承诺的内容应当与要约内容一致，受要人对要约内容做出实质性变更的，为新要约。

目前，出现投标文件与招标文件不一致而又中标的现象，关键在于评标过程中对投标文件没有实质性响应招标文件的投标，没有给予否决，对一些需要投标人澄清的问题，未采取措施请其澄清。因此，招标人应高度重视评标工作，不要让评标工作的失误带给自身不利的法律责任和后果。

（二）不实行招标的工程

实行招标的工程必须采用工程量清单计价方式，不实行招标的工程常采用定额计价方式。因此，“发承包双方认可的工程价款”一般是指双方都认可的施工图预算；对不实行招标的工程，除合同签订的依据和时限没有统一要求外，其他要求均与招标工程相同，如合同价款约定的内容和形式等。

三、合同价款约定的主要内容

1. 预付工程款的数额、支付时间及抵扣方式。

2. 安全文明施工措施的支付计划、使用要求等。

3. 工程计量与支付进度款的方式、数额及时间。

4. 合同价款的调整因素、方法、程序、支付及时间。

5. 施工索赔与现场签证的程序、金额确认与支付时间。

6. 承担计价风险的内容、范围及超出约定内容、范围的调整办法。

7. 工程竣工价款结算编制与核对、支付及时间。

8. 工程质量保证金的数额、预留方式及时间。

9. 违约责任及发生合同价款争议的解决方法、时间。

10. 与履行合同、支付价款有关的其他事项等。

（一）预付工程款的数额、支付时间及抵扣方式

工程预付款是指建设工程施工合同订立后，由发包人按照合同约定，在正式开工前预先付给承包人的工程款，是施工准备和所需材料、结构件等流动资金的主要来源，国内习惯上又称为预付备料款。

在施工合同专用条款中，一般要对以下内容进行约定。

1. 预付款支付期限

预付款最迟应在开工通知载明的开工日期 7 天前支付。发包人逾期支付预付款超过 7 天的，承包人有权向发包人发出要求预付的催告通知，发包人收到通知后 7 天内仍未支付的，承包人有权暂停施工。

2. 预付款扣回方式

预付款是发包人为帮助承包人顺利启动项目而提供的一笔无息贷款，属于预支性质，因此合同中要约定抵扣方式，在进度款支付时按此约定方式扣回。一般是在承包人完成金额累计达到合同总价的一定比例后，发包人从每次应付给承包人的金额中扣回，发包人至少在合同规定的完工期前将预付款的总金额逐次扣回。

3. 承包人提交预付款担保期限

预付款担保是指承包人与发包人签订合同后领取预付款前，为保证正确、合理地使用发包人支付的预付款而提供的担保。其主要作用是保证承包人能够按合同规定的目的使用并及时偿还发包人已支付的全部预付款。如果承包人中途毁约，中止工程，使发包人不能在规定期限内从应付工程款中扣除全部预付款，则发包人有权从该项担保金额中获得补偿。

承包人提交预付款担保的期限一般约定在合同签订后、发包人支付预付款前的时间内。

4. 预付款担保形式

对于小额预付款，可采用特定的查账方式或要求承包方提供购买材料的合同和发票等；对于预付款数额较大的，可采用预付款担保方式。

预付款担保的主要形式是银行保函，担保金额通常与发包人的预付款是等值的。预付款一般逐月从进度款中扣除，银行保函的担保金额也应逐月减少。承包人的预付款保函的担保金额根据预付款扣回的数额相应扣减，但应在预付款全部扣回之前一直保持有效。预付款担保也可以采用发承包双方约定的其他形式，如由担保公司提供担保，或采取抵押等担保形式。

（二）安全文明施工措施的支付计划及使用要求

安全文明施工措施费是指按照国家现行的建筑施工安全、施工现场环境与卫生标准和有关规定，购置和更新施工安全防护用具及设施、改善安全生产条件和作业环境所需要的费用。

安全文明施工费要分期支付，一般应在开工后 28 天内预付安全文明施工费总额的 50%，其余部分与进度款同期支付。例如，可约定“工程开工前，支付安全防护、文明施工措施费用的 30%；基础完工时，支付安全防护、文明施工措施费用的 30%；主体完工时，支付安全防护、文明施工措施费用的 30%；装修工程开始前，全部支付完毕”。

建设单位与施工单位在施工合同中对安全防护、文明施工措施费用预付、支付计划未做约定或约定不明的，合同工期在一年以内的，建设单位预付安全防护、文明施工措施项目费用不得低于该费用总额的 50%；合同工期在一年以上的（含一年），预付安全防护、文明施工措施费用不得低于该费用总额的 30%，其余费用应当按照施工进度支付。

安全文明施工费使用要求的约定。根据安全文明施工费包含的内容，合同中应约定明确的使用要求。

（三）工程计量的规则、周期及方法

所谓工程计量，就是发承包双方根据合同约定，对承包人完成合同工程的数量进行计算和确认。具体来说，就是双方根据设计图纸、技术规范及施工合同约定的计量方式和计算方法，对承包人已经完成的质量合格的工程实体数量进行测量与计算，并以物理计量单位或自然计量单位进行标识、确认的过程。

1. 计量规则

工程量必须按照相关工程现行国家计量规范规定的工程量计算规则计算。因此，合同中一般约定以工程所在地省、市定额站发布的定额、清单计价办法及配套的费用定额、价目表等规范文件作为计量依据。由于定额、清单计价办法等规范文件都有时效性，一般几年更换一次，因此约定时一定要注明是哪一年发布的版本。

2. 计量周期

单价子目：可按月计量，如每月 25 日；也可按工程形象进度计量。

总价子目：可按月计量，也可按批准的支付分解表计量，如安全文明施工费是总价子目，一般是按批准的支付分解表计量支付的。

3. 计量方法

施工合同中一般要对单价合同和总价合同约定不同的计量方法，成本加酬金合同按单价合同的计量规定进行计量。

（1）单价合同计量方法。单价合同工程量必须以承包人完成合同工程应予计量的且按照现行国家工程量计算规范规定的工程量计算规则，计算得到确定的工程量。

（2）总价合同计量。采用清单方式招标形成的总价合同，工程量应按照与单价合同相同的方式计算。采用经审定批准的施工图及其预算方式发包形成的总价合同，除按照工程变更规定引起的工程量增减外，总价合同各项目的工程量是承包人用于结算的最终工程量。总价合同约定的项目计量应以合同工程审定批准的施工图为依据，发承包双方应在合同中约定工程计量的形象目标或时间节点。

（四）进度款支付周期及付款申请单的编制、提交、审核与支付

进度款支付是指发包人在合同工程施工过程中，按合同约定对付款周期内承包人完成的合同价款给予支付的款项，也就是合同价款的期中支付。发承包双方应按合同约定的时间、数额及程序，根据工程计量结果支付进度款。

1. 进度款支付周期

工程量的正确计量是发包人向承包人支付工程款的前提和依据，因此进度款支付周期应与合同约定的工程计量周期一致。一般为按月或按形象进度节点支付，按月支付时必须约定清楚每月的时间点，按形象进度时必须明确进度节点的具体标准条件。

2. 付款申请单的编制、提交、审核与支付

（1）进度款支付申请单的编制。承包人应在每个计量周期到期后向发包人提交已完工程进度款支付申请，一式四份，详细说明此周期认为有权得到的款额，包括分包人已完工程的价款。支付申请的内容如下：累计已完成的合同价款；累计已实际支付的合同价款；本周期合计完成的合同价款，其中包括本周期已完成单价项目的金额、本周期应支付的总价项目的金额、本周期已完成的计日工价款、本周期应支付的安全文明施工费、本周期应增加的金额；本周期合计应扣减的金额，其中包括本周期应扣回的预付款、本周期应扣减

的金额；本周期实际应支付的合同价款。

（2）进度款支付申请的提交。按月支付进度款时，支付申请单通常按照计量周期约定时间按月向监理人提交，并附上已完成工程量报表和有关资料。按支付分解表支付进度款时，要按支付分解表约定的时间向监理人提交付款申请单。

（3）进度款支付申请的审核与支付。监理人应在收到承包人进度付款申请单及相关资料后 7 天内完成审查并报送发包人，发包人应在收到后 7 天内完成审批并签发进度款支付证书。发包人逾期未完成审批且未提出异议的，视为已签发进度款支付证书。

发包人和监理人对承包人的进度付款申请单有异议的，有权要求承包人修正和提供补充资料，承包人应提交修正后的进度付款申请单。监理人应在收到承包人修正后的进度付款申请单及相关资料后 7 天内完成审查并报送发包人；发包人应在收到监理人报送的进度付款申请单及相关资料后 7 天内，向承包人签发无异议部分的临时进度款支付证书。存在争议的部分，按照争议解决的约定处理。

发包人应在进度款支付证书或临时进度款支付证书签发后 14 天内完成支付，发包人逾期支付进度款的，应按照中国人民银行发布的同期同类贷款基准利率支付违约金。发包人签发进度款支付证书或临时进度款支付证书，不表明发包人已同意、批准或接受了承包人完成的相应部分的工作。

对已签发的进度款支付证书进行阶段汇总和复核中发现错误、遗漏或重复的，发包人和承包人均有权提出修正申请。经发包人和承包人同意的修正，应在下期进度付款中支付或扣除。

（五）合同价款的调整因素、方法、程序、支付及时间

签约时的合同价是发承包双方在工程合同中约定的工程造价，然而承包人按合同约定完成了全部承包工作后，发包人应付给承包人的合同总金额往往不等于签约合同价，原因在于发包人确定的最终工程造价中必然包括合同价款调整，即影响工程造价的因素出现后，发承包双方应根据合同约定，对其合同价款进行调整。

施工合同中必须对价款调整因素进行明确约定，否则属于“合同中没有约定或约定不清”，容易引起争议。

（六）索赔的程序与支付时间

建设工程施工中的索赔是指在工程合同履行过程中，当事人一方因非己方的原因而遭受的经济损失或工期延误，按照合同约定或法律规定，应由对方承担责任，而向对方提出工期和（或）费用补偿要求的行为。

（七）承担计价风险的内容、范围

风险是一种客观存在的、可能会带来损失的、不确定的状态，具有客观性、损失性、不确定性三大特性。工程中的风险主要是在设计、施工、设备调试及移交运行等全过程中可能发生的风险，本节所说的风险是指工程建设施工阶段发承包双方在招标投标活动和合

同履行中所面临的涉及工程计价方面的风险，即隐含于已标价工程量清单综合单价中，用于化解发承包双方在工程合同中约定内容和范围内的市场价格波动风险的费用。

在工程施工阶段，发承包双方都面临许多风险，但不是所有的风险及无限度的风险都应由承包人承担，而是应按风险共担的原则，对风险进行合理分摊。其具体体现则是应在招标文件或合同中对发承包双方各自应承担的计价风险内容及其风险范围或幅度进行界定和明确，而不能要求某一方承担所有风险或无限度风险。因此，合同要约定风险范围及内容。

1. 投标人的计价风险

投标人应完全承担的风险是技术风险和管理风险，如管理费和利润；应有限度承担的是市场风险，如材料价格、施工机械使用费；完全不承担的是法律、法规、规章和政策变化引起的风险。

所谓有限风险，是指双方约定一个涨跌幅度，当情况变化在此幅度内时风险由一方承担，超出此幅度的风险则由另一方承担，因此，合同中必须对材料市场价格波动幅度进行约定。

这里的基准价格是指由发包人在招标文件或专用合同条款中给定的材料、工程设备的价格，该价格原则上应当按照省级或行业建设主管部门或其授权的工程造价管理机构发布的信息价编制，如双方可在专用条款中约定材料单价涨跌幅度超过基准价格8%时要调整。

2. 招标人的计价风险

（1）国家法律、法规、规章和政策发生变化。由于发承包双方都是国家法律、法规、规章和政策的执行者，当其发生变化影响合同价款时，应由发包人承担。此类变化主要反映在规费、税金上。

（2）根据我国目前工程建设的实际情况，各地建设主管部门均应根据当地人力资源和社会保障主管部门的有关规定发布人工成本信息或人工调整，对此关系职工切身利益的人工费调整不应由承包人承担。

工程建设中逾期交付标的物是指因承包人原因导致工期延误的，其含义如下：由于非承包人（如监理方、设计方）原因导致工期延误的，采用不利于发包人的原则调整合同价款；由于承包人原因导致工期延误的，采用不利于承包人的原则调整合同价款。

（八）竣工结算的编制与核对、支付及时间

竣工结算是由承包人或受其委托具有相应资质的工程造价咨询人编制，并应由发包人或受其委托具有相应资质的工程造价咨询人核对的造价文件。

施工合同中要约定承包人提交竣工付款申请单的期限、竣工付款申请单应包括的内容、发包人审批竣工付款申请单的期限、发包人完成竣工付款的期限、关于竣工付款证书异议部分复核的方式和程序。

承包人应在工程竣工验收合格后28天内向发包人和监理人提交竣工结算申请单，并

提交完整的结算资料，有关竣工结算申请单的资料清单和份数等要求由合同当事人在专用合同条款中约定。竣工结算申请单应包括以下内容：竣工结算合同价格、发包人已支付承包人的款项、应扣留的质量保证金、发包人应支付承包人的合同价款。

（九）工程质量保证金的数额、预留方式及时间

建设工程质量保证金是指发包人与承包人在建设工程承包合同中约定，从应付的工程款中预留，用以保证承包人在缺陷责任期内对建设工程出现的缺陷进行维修的资金。缺陷是指建设工程质量不符合工程建设强制性标准、设计文件，以及承包合同的约定。缺陷责任期一般为 1 年，最长不超过 2 年，由发承包双方在合同中约定。

发包人应按照合同约定方式预留保证金，保证金总预留比例不得高于工程价款结算总额的 3%。合同约定由承包人以银行保函替代预留保证金的，保函金额不得高于工程价款结算总额的 3%。

缺陷责任期从工程通过竣工验收之日起计算。由于承包人原因导致工程无法按规定期限进行竣工验收的，缺陷责任期从实际通过竣工验收之日起计算。由于发包人原因导致工程无法按规定期限进行竣工验收的，在承包人提交竣工验收报告 90 天后，工程自动进入缺陷责任期。缺陷责任期内，承包人认真履行合同约定的责任；到期后，承包人向发包人申请返还保证金。

发包人在接到承包人的返还保证金申请后，应于 14 天内会同承包人按照合同约定的内容进行核实。如无异议，发包人应当按照约定将保证金返还给承包人。对返还期限没有约定或者约定不明确的，发包人应当在核实后 14 天内将保证金返还承包人，逾期未返还的，依法承担违约责任。发包人在接到承包人返还保证金申请后 14 天内不予答复，经催告后 14 天内仍不予答复的，视同认可承包人的返还保证金申请。

第五章　建设工程施工阶段工程费用的调整

工程项目施工过程中，会遇到许多干扰因素，常导致工程费用增加、工期拖延。这样不仅影响了工期，同时也会造成工程实际费用远远大于先期预算费用。而业主总是希望在履行合同的前提下，以最少的费用完成合格的工程。为实现这一目的，费用控制就显得异常重要。本章对施工过程中的变更、调整和索赔等进行了分析，以期为工程的费用调整提供参考。

第一节　工程变更与签证

一、工程变更的概念

在工程项目的实施过程中，由于多方面的情况变更，出现了与签订合同时预计的条件不一致的情况，从而需要改变原定施工承包范围内的某些工作内容，包括设计变更、进度计划变更、施工条件变更，以及原招标文件和工程量清单中未包括的新增工作内容。在工程项目的实施过程中，经常碰到来自业主方对项目要求的修改，设计方由于业主要求的变化或现场施工环境、施工技术的要求而产生的设计变更等。由于多方面的变更，经常出现工程量变化、施工进度变化、业主方与承包方在执行合同中的争执等问题。在工程实践中，经常采取根据施工合同规定，由建设单位办理签证的方式来反映工程变更对工程造价的影响。通过工程经济签证可明确建设单位和施工单位的经济关系和责任，对施工中发生的一切合同预算未包括的工程项目和费用做出经济签证，给予及时确认。其中，经济签证是指在施工过程中发生的，经建设单位确认后以增加预算形式支付的合同价款的签证。其主要有设计变更增减费用和材料代用增减费用，以及设计原因造成的返工、加固和拆除所发生的费用和材料价差等。

二、工程变更的类型及处理程序

1. 工程变更的类型

（1）工程设计变更

1）更改工程有关部分的标高、基线、位置和尺寸；

2）增减合同中约定的工程量；

3）改变有关工程的施工时间和顺序；

4）其他有关工程变更需要的附加工作；

5）承包人在施工中提出的合理化建议涉及对设计图纸或施工组织设计的变更及对材料、设备的换用。

（2）其他变更

合同履行中发包人要求变更工程质量标准及其他实质性的变更。

2. 工程变更的处理程序

由于工程变更会带来工程造价和工期的变化，为了有效地控制造价，当工程变更发生时，工程师要及时确认变更的合理性，避免事后补签和结算的困难。

工程变更发生于建筑工程施工过程中，处理不好，可能会损害投资者或承包商的利益。首先，投资容易失控，因为承包工程实际造价等于合同价加索赔额；由于工程变更引起的工程量的变化、承包方的索赔等，都有可能使最终投资超出原来的预计投资，所以应密切注意对工程变更价款的处理。其次，工程变更容易引起停工、返工现象，会延迟项目时间，对进度不利。再次，频繁变更还会增加项目管理的组织协调工作量（协调会议、联系会的增多）。最后，工程变更对合同管理和质量控制也不利。因此对工程变更进行有效控制和管理就显得十分重要。

（1）发包人提出的工程变更处理程序

1）发包人提出工程变更；

2）工程师在工程变更前 14 天内向承包人发出工程变更通知；

3）承包人接到工程变更通知后，分析提出的工程变更对工程施工的影响及所需费用；

4）在工程变更确认后的 14 天内向工程师提交变更价款报告；

5）工程师确认工程变更价款报告。

发包人提出的设计变更超过原设计标准或批准的建设规模时，应报规划管理部门和其他有关部门重新审查批准，并由原设计部门提供变更的相应图纸和说明。承包人按照工程师发出的变更通知及有关要求进行施工。

（2）承包人提出的工程变更处理程序

1）承包人提出工程变更申请；

2）工程师审查承包人提出的工程变更申请；

3）工程师同意变更申请；

4）承包人向工程师提交变更价款报告；

5）工程师审查承包人提交的变更价款报告；

6）工程师同意，则按该报告调整合同价，不同意则双方协商。

施工中承包人不得擅自对原工程设计进行变更。因承包人擅自变更设计发生的费用和由此导致的发包人的直接损失，由承包人承担，延误的工期不予顺延。但施工中承包人提出的合理化建议涉及对设计图纸或施工组织设计的变更及对材料、设备的换用，工程师同意采用的，所发生的费用和获得的收益，发包人、承包人另行约定分担或分享。

第二节　合同价款调整

一、建筑工程施工阶段的概念与特点

1. 建筑工程施工阶段的概念

建筑工程施工阶段是根据设计图纸，进行建筑安装工程施工。建筑工程施工是基本建设程序中的一个重要环节，要做到策划决策、设计、施工三个环节互相衔接，建设投资、工程内容、设计图纸、设备材料、施工力量五个方面的紧密配合，以保证建设任务顺利完成。

2. 建筑工程施工阶段的特点

（1）施工阶段是建设投资资金投放量最大的阶段；

（2）施工阶段工期长、动态性强；

（3）施工阶段是合同双方利益冲突最多的阶段；

（4）施工阶段是暴露问题最多的阶段；

（5）施工阶段是形成工程项目实体的阶段，需要严格地进行系统过程控制；

（6）施工阶段工程信息内容广泛、时间性强、数量大；

（7）施工阶段存在着众多影响目标实现的因素。

二、建筑工程施工阶段工程造价管理的内容

1. 工程造价确定

建筑工程施工阶段工程造价确定，就是在工程施工阶段按照承包人实际完成的工程量，以合同约定的价格及约定条款为基础，同时考虑因物价上涨引起的造价提高，考虑在实施阶段实际发生的设计变更和现场签证费用，合理确定结算价。

2. 工程造价控制

建筑工程施工阶段工程造价控制是建设全过程造价控制不可缺少的一环，在这一阶段应努力做好以下几项工作：认真做好建设工程招投标工作、严格定额管理、严格按照规定和合同拨付工程进度款、严格控制工程变更、及时处理施工索赔工作、加强价格信息管理、了解市场价格变动等。

三、建筑工程施工阶段影响工程造价的因素

1. 工程变更与合同价调整

当工程的实际施工情况与招投标时的工程情况相比发生变化时，就意味着发生了工程变更。设计变更是由于建筑工程项目施工图在技术交底会议上或现场施工中出现的由于设计人员构思不周，或某些条件限制，或建设单位、施工单位的某些合理化建议，经过三方（设计、建设、施工单位）同意，而对原设计图纸的某些部位或内容进行的局部修改。

设计变更由工程项目原设计单位编制并出具“设计变更通知书”。由于设计变更，将会导致原预算书中某些分部分项工程量的增加或减少，所有相关的原合同文件要进行全面的审查和修改，合同价要进行调整，从而引起工程造价的增加或减少。

2. 工程索赔

当合同一方违约或因第三方原因，使另一方蒙受损失时，则工程索赔发生了。发生工程索赔后，工程造价必然受到严重的影响。

3. 工期

工期与工程造价有着对立统一的关系，加快工期需要增加投入，而延缓工期则会导致管理费的提高。

4. 工程质量

工程质量与工程造价有着对立统一的关系，工程质量有较高的要求，则应做财务上的准备，较多地增加投入。而工程质量降低，意味着故障成本的提高。

5. 人力及材料、机械设备等资源的市场供求规律的影响

供求规律是商品供给和需求变化的规律。供求规律要求社会总劳动应按社会需求分配于国民经济各部门，如果这一规律不能实现，就会产生供求不平衡，从而就会影响价格。

6. 材料代用

材料代用是指设计图中所采用的某种材料规格、型号或品牌不符合工程质量要求，或难以订货采购，或没有库存且一时很难订货、工艺上又不允许等待，经施工单位提出，设计驻现场代表同意用相近材料代用，并签发代用材料通知单。

7. 定额或单位估价表版次变化

它是指项目承包时合同中注明使用定额或单位估价表，在项目竣工时又颁发了新的版本，且颁发文件允许按新版本结算的工程项目。

8. 应计取费用标准（定额）变化

它是指项目竣工时人工工日单价、施工机械台班单价的调增，以及其他直接费费率、现场经费费率、间接费费率等，主管部门发布了新的标准。

四、工程变更价款的确定

1. 关于工程变更价款确定的规定

工程变更价款的确定应在双方协商的时间内，由承包商提出变更价格，报工程师批准后方可调整合同价或顺延工期。工程师对承包方提出的变更价款，应按照有关规定进行审核、处理，主要内容如下：

（1）承包方在工程变更确定后 14 天内，提出变更工程价款的报告，经工程师确认后调整合同价，变更合同价款。

（2）承包方在双方确定变更后 14 天内不向工程师提出变更工程价款报告时，视为该项变更不涉及合同价款的变更。

（3）工程师应在收到变更工程价款报告之日起 14 天内予以确认。工程师无正当理由不确认时，自变更价款报告送达之日起 14 天后视为变更工程价款报告已被确认。

（4）工程师不同意承包方提出的变更价款，可以和解或者要求合同管理及其他有关主管部门调解。和解或调解不成的，双方可以通过仲裁或向人民法院起诉的方式解决。

（5）工程师确认增加的工程变更价款作为追加合同价款，与工程款同期支付。

（6）因承包方自身原因导致的工程变更，承包方无权要求追加合同价款。

2. 关于工程变更价款确定的方法

由工程师签发工程变更令，进行设计变更或更改作为投标基础的其他合同文件，由此导致的经济支出和承包方损失，由发包方承担，延误的工期相应顺延，因此必须合理确定变更价款，控制工程造价。

合同价款的变更价格，应在规定的时间内，由承包方提出变更价格，报工程师批准后调整合同价款和竣工日期。工程师审核承包方所提出的变更价款是否合理可按下列方法进行：

（1）合同中已有适用于变更工程的价格，按合同已有的价格计算、变更合同价款；

（2）合同中只有类似变更工程的价格，可以参照类似价格变更合同价款；

（3）合同中没有适用或类似的价格，由乙方提出适当的变更价格，经工程师确认后执行。

第三节　工程索赔

一、工程索赔的概述

1. 工程索赔的概念

索赔是指在合同的实施过程中，合同一方因非自身因素或对方不履行或未能正确履行合同规定的义务而受到损失时，向对方提出经济补偿和（或）时间补偿的要求。索赔是法律和合同赋予施工合同双方的正当权利。在项目实施的各个阶段都有可能发生索赔，但发生索赔最集中、处理难度最大的情况多发生在施工阶段，因此，这里所说的索赔主要是指项目的施工索赔。

对于工程索赔，有广义和狭义两种解释：广义的索赔是指合同双方向对方提出的索赔，既包括承包商向业主的索赔，也包括业主向承包商的索赔；狭义的索赔仅指承包商向业主的索赔。对施工合同双方来说，索赔是维护双方合法利益的权利，它同合同条件中双方的合同责任一样，构成了严密的合同制约关系。施工索赔主要是指承包商向业主的索赔，也是索赔管理的重点。因为业主在向承包商的索赔中处于主动地位，可以直接从应付给承包商的工程款中扣抵，也可以从保留金中扣款以补偿损失。

索赔的性质属于经济补偿行为，而不是惩罚。索赔的损失结果与被索赔人的行为并不一定存在法律上的因果关系。索赔工作是承发包双方之间经常发生的管理业务，而不是对立。索赔有利于促进双方加强内部管理，严格履行合同，提高管理素质，加强合同管理，维护市场正常秩序；双方都应熟练掌握索赔和处理索赔的方法与技巧，索赔能使工程的收入得到改善，工程索赔以其本身花费较小、经济效果明显而受到承包人的高度重视。因此，承包商应当树立索赔意识，重视索赔、善于索赔。

2. 索赔的分类

索赔可以从不同的角度、以不同的标准进行分类。

（1）按索赔事件的性质分类

工期拖延索赔：因业主未按合同要求提供施工条件，如未及时交付设计图纸、施工现场、道路等，或因业主指令工程暂停或不可抗力事件等原因造成工期拖延的，承包商对此提出索赔。这是工程中常见的一类索赔。

工期提前索赔：由于业主或监理工程师指令承包商加快施工速度，缩短工期，引起承包商人、材、物的额外开支而提出的索赔。

不可预见的外部障碍或条件索赔：在工程实施过程中，因人力不可抗拒的自然灾害、特殊风险及一个有经验的承包商通常不能合理预见的不利施工条件或外界障碍，如地下水、地质断层、溶洞、地下障碍物等引起的索赔。

工程变更索赔：由于业主或监理工程师指令增加或减少工程量或增加附加工程、修改设计、变更工程顺序等，造成工程延期和费用增加，承包商对此提出索赔。

工程终止索赔：由于业主违约或发生了不可抗力事件等造成工程非正常终止，承包商因此蒙受经济损失而提出索赔。

其他索赔：如因货币贬值、汇率变化、物价、工资上涨、政策法令变化等原因引起的索赔。

（2）按索赔的目的分类

工期索赔：由于非承包商自身原因造成拖期的，承包商要求业主延长施工时间，使原规定的工程竣工日期顺延，从而避免了违约罚金的发生。

费用索赔：费用索赔就是要求业主补偿费用损失，进而调整合同价款。

（3）按索赔的依据分类

合同规定的索赔：索赔涉及的内容在合同文件中能够找到依据，业主或承包商可以据此提出索赔要求。

非合同规定的索赔：索赔涉及的内容在合同文件中没有专门的文字叙述，但可以根据该合同条件中某些条款的含义，推论出有一定索赔权。

道义索赔（额外支付）：道义索赔是指通情达理的业主感到承包商为完成某项困难的施工，承受了额外费用损失，甚至承受重大亏损，出于善良意愿给承包商以适当的经济补偿，因在合同条款中没有此项索赔的规定，所以也称为“额外支付”，这往往是合同双方友好信任的表现，但较为罕见。

（4）按索赔的有关当事人分类

承包商同业主之间的索赔：这类索赔大都是有关工程量计算、变更、工期、质量和价格方面的争议，也有中断或终止合同等其他违约行为的索赔。

总承包商同分包商之间的索赔：多数是分包商向总承包商索要付款和赔偿及总承包商向分包商罚款或扣留支付款等。

承包商同供货商之间的索赔：其内容多是商贸方面的争议，如货品质量不符合技术要求、数量短缺、交货拖延、运输损坏等。

承包商向保险公司索赔：此类索赔多是承包商受到灾害、事故或其他损失，按保险单向其投保的保险公司索赔。

（5）按索赔的对象分类

索赔：一般指承包商向业主提出的索赔。它主要包括不利的自然条件与人为障碍引起的索赔、工程变更引起的索赔、工程延期的费用索赔、加速施工费用的索赔、业主不正当终止工程而引起的索赔、物价上涨引起的索赔、拖延支付工程款的索赔等。

反索赔：这是指业主向承包商提出的索赔。主要包括工期延误索赔、质量不满足合同要求索赔、承包商不履行保险费用的索赔、对超额利润的索赔、对指定分包商的付款索赔、业主合理终止合同或承包商不正当放弃工程的索赔等。

（6）按索赔的处理方式分类

单项索赔：单项索赔是针对某一干扰事件提出的，在影响原合同正常运行的干扰事件发生时或发生后，由合同管理人员立即处理，并在合同规定的索赔有效期内向业主或监理工程师提交索赔要求和报告。单项索赔通常原因单一、责任单一，分析起来相对容易，由于涉及的金额一般较小，双方容易达成协议，处理起来也比较简单。因此合同双方应尽可能地用此种方式来处理索赔。

总索赔：一般在工程竣工前或工程移交前，承包商将工程实施过程中因各种原因未能及时解决的单项索赔集中起来综合考虑，提出一份综合索赔报告，由合同双方在工程交付前后进行最终谈判，以“一揽子”方案解决索赔问题。

二、有关索赔的问题

1. 索赔的依据

（1）索赔必须以合同为依据（合同条件、协议条款等）。不论是风险事件的发生，还是当事人不完成合同工作，都必须在合同中找到相应的依据，当然，有些依据可能隐含在合同中。工程师依据合同和事实对索赔进行处理是其公平性的重要体现。

（2）必须注意资料的积累（技术、进度、其他重大问题的记录，工程日志，业务档案等）。承包人也要加强主动控制，积极寻找索赔的条件和机会，收集索赔证据和资料，保证索赔的事项顺利实现。如果甲乙双方都有意识地加强索赔的控制，则处理索赔事件就能减少分歧，使索赔按合同规定顺利处理，保证施工过程规范地、正常地进行。

（3）及时、合理地处理索赔。索赔事件发生后，索赔的提出应当及时，索赔的处理也应当及时。处理索赔还必须坚持合理性的原则，既考虑国家的有关规定，也应当考虑工程的实际情况。如承包人提出索赔要求，机械停工按照机械台班单价计算损失显然是不合理的，因为机械停工不发生运行费用。

2. 施工索赔程序

（1）发包方未能按合同约定履行自己的各项义务或发生错误及应由发包方承担责任的其他情况，造成工期延误和（或）延期支付合同价款及造成承包方的其他经济损失，承包方可按下列程序以书面形式向发包方索赔。

发出索赔通知：承包商应在索赔事件发生后的 28 天内向工程师递交索赔通知，声明将对此索赔事件提出索赔。该意向通知是承包商就具体的索赔事件向工程师和业主表示的索赔愿望和要求。如果超出这个期限，工程师和业主有权拒绝承包商的索赔要求。

递交索赔报告：索赔意向通知提交后的 28 天内，承包商应递交正式的索赔报告。索赔报告的内容应包括事件发生的原因、对其权益影响的证据和资料、索赔的依据、此项索赔要求补偿的款项和工期延长天数的详细计算等有关材料。如果索赔事件的影响持续存在，在28天内还不能算出索赔额和工期延长天数时，承包商应当阶段性地定期报出每一阶段内的索赔证据资料和索赔要求。在该项索赔事件的影响结束后的28天内，报出最终详细报告，提出索赔论证资料和累计索赔额。

工程师审查索赔报告：工程师在收到承包人送交的索赔报告和有关资料后，于28天内给予答复，或要求承包商进一步补充索赔理由和证据。接到承包商的索赔信件后，工程师应该立即研究承包商的索赔资料，在不确定责任归属的情况下，依据自己的资料客观分析事故发生的原因，依据有关合同条款，研究承包商提出的索赔证据。工程师在28天内未予答复或未对承包商做进一步要求，视为该项索赔已经认可。

工程师与承包商协商补偿：工程师审查后初步确定应予补偿的额度，往往与承包商在索赔报告中要求的额度不一致，甚至差额较大。主要原因大多为对承担事件损害责任的界线划分不一致、索赔证据不充分、索赔计算的依据和方法分歧较大等。因此，双方应就索赔的处理进行协商。通过协商达不成共识的话，承包商仅有权得到所提供的证据满足工程师认为索赔成立那部分的付款和工期延长。不论工程师是通过协商与承包商达成一致，还是他单方面做出的决定，批准给予补偿的款额将计入下月支付工程进度款的支付证书内，延长的工期加到原合同工期中去。如果批准的额度超过工程师权限，则应报请业主批准。

业主审查索赔处理：当工程师确定的索赔额超过其权限范围时，必须报请业主批准。业主应首先根据事件发生的原因、责任范围、合同条款审核承包商的索赔申请和工程师的处理报告，再依据工程建设的目的、投资控制、竣工投产日期要求及针对承包商在施工中的缺陷或违反合同规定等有关情况，决定是否批准工程师的处理意见，而不能超越合同条款的约定范围。索赔报告经业主批准后工程师即可签发有关证书。

承包商是否接受最终索赔处理：承包商接受最终的索赔处理决定，索赔事件的处理即告结束。如果承包商不同意，就会导致合同争议。通过协商双方达到互谅互让的解决方法，是最理想的结果。如果协商不成，承包商有权提交仲裁或诉讼解决。

（2）承包方未能按合同约定履行自己的各项义务或发生错误给发包方造成损失的，发包方也按以上各条款确定的时限向承包方提出索赔。

3. 施工索赔内容

（1）不利的自然条件与人为引起的索赔

在施工期间，承包商遇到不利的自然条件或人为障碍，而这些条件与障碍又是有经验的承包商也不能预见的，承包商可提出索赔。

（2）工程变更引起的索赔

在施工过程中，由于工地上不可预见的情况、环境的变化，或为了节约成本等，在造价管理者认为必要时，可以对工程或其他部分的外形、质量或数量做出变更。任何此类变更，承包商均不应以任何方式使合同作废或无效。如果造价管理者确定的工程变更单价或价格不合理，或缺乏说服承包商的依据，则承包商有权就此向业主提出索赔。

（3）工期延长和延误的费用索赔

这种索赔常包括两个方面：一是承包商要求延长工期；二是承包商要求偿付由于非承包商原因导致工程延误而造成的损失。一般这两方面的索赔并不一定同时成立，因此要分别编制索赔报告。

（4）施工中断或工效降低的费用索赔

因业主或设计原因引起的施工中断、工效降低及业主提出比合同工期提前的竣工而导致工程费用的增加，承包商可提出人工、材料及机械费用的索赔。

（5）因工程终止或放弃提出的索赔

由于业主不正当地终止或放弃工程，承包商有权提出盈利损失和补偿损失的索赔。盈利损失等于该工程合同价款与完成遗留工程所需花费的差额，其数额是承包商在被终止工程中的人工、材料、机械设备的全部支出及各项管理费、保险费、贷款利息、保函费用的支出。

（6）物价上涨引起的索赔

物价上涨是各国市场的普遍现象，尤其在一些发展中国家由于物价上涨，使人工费和材料费不断增长，引起了工程成本的增加。处理物价上涨引起的合同价格调整问题，常用的办法有以下三种：

对固定总价合同不予调整。这种方法适用于工期短、规模小的工程。

按价差调整合同价。在工程结算时，对人工费及材料费的价差，即现行价格与基础价格的差值，由业主向承包商补偿。即：

$$材料价调整数=（现行价-基础价）\times 材料数量$$

$$人工费调整数=（现时工资-基础工资）\times$$
$$（实际工作小时数+加班工作小时数\times 加班工资增加率）$$

用调价公式调整合同价。在每月结算工程进度款时，利用合同文件中的调价公式计算人工、材料等的调整数。

（7）关于支付方面的索赔

价格调整方面的索赔：价格调整的方法应在合同中明确规定。国际承包工程中价格调整有两种方式，一种是按承包商报送的实际成本的增加数加上一定比例的管理费和利润进行补偿，另一种是采用调值公式自动调整。目前国内承包工程中，一般可根据各省市工程造价管理部门规定的材料预算价格调整系数及材料价差对合同价款进行调整，也有开始应用材料价格指数进行动态结算，也有在合同中规定哪些费用一次包死，不得调整。

货币及汇率变化引起的索赔：如果在基准日期以后，工程施工所在国政府或其授权机构对支付合同价格的一种或几种货币实行货币限制或货币汇兑限制，则业主应补偿承包商因此而受到的损失。

拖延支付工程款的索赔：如果业主在规定的应付款时间内未向承包商支付应支付的款额，承包商可在提前通知业主的情况下，暂停工作或减缓工作速度，并有权获得任何误期的补偿和其他额外费用的补偿（如利息）。FIDIC 合同规定利息以高出支付货币所在国中央银行的贴现率加三个百分点的年利率进行计算。

（8）法律改变引起的索赔：如果在基准日期（投标截止日期前的 28 天）以后，由于业主国家或地方的任何法规、法令、政令或其他法律或规章发生了变更，导致承包商成本增加，对承包商由此增加的开支，业主应予补偿。

三、工程索赔费用计算

1. 索赔费用计算的原则

承包商在进行费用索赔时，应遵循以下原则：

（1）所发生的费用应该是承包商履行合同所必需的，若没有该项费用支出，合同无法履行。

（2）承包商不应由于索赔事件的发生而额外受益或额外受损，即费用索赔以赔（补）偿实际损失为原则，实际损失可作为费用索赔值。

2. 索赔费用的组成

在具体分析费用的可索赔性时，应对各项费用的特点和条件进行审核论证。

（1）人工费

索赔费用中的人工费，是指完成合同计划以外的额外工作所花的人工费用，由于非承包商责任的劳动效率降低所增加的人工费用，超过法定工作时间加班劳动及法定人工费的增长等。

（2）材料费

材料费的索赔包括两个方面：材料实际用量由于索赔事项的原因而大量超过计划用量；材料价格由于客观原因而大幅度上涨。在这种情况下，增加的材料费理应计入索赔款。

材料费中应包括运输费、仓储费及合理破损比率的费用。由于承包商管理不善，造成材料损坏失效，则不能列入索赔计价。承包商应该建立健全物资管理制度，记录建筑材料的进货日期和价格，建立领料耗用制度，以便索赔时能准确地分离出索赔事项引起的建筑材料的额外耗用量。

为了证明材料单价的上涨，承包商应提供可靠的订货单、采购单或官方公布的材料价格调整指数。

（3）施工机械费

施工机械费的索赔计价比较繁杂，应根据具体情况协商确定。

使用承包商自有的设备时，要求提供详细的设备运行时间和台数、燃料消耗记录、随机工作人员工作记录等。这些证据往往难以齐全准确，因而有时使双方争执不下。因此，在索赔计价时往往按照有关标准手册中关于设备工作效率、折旧、保养等的定额标准进行，有时甚至仅按折旧费收费标准计价。

使用租赁的设备时，只要租赁价格合理，又有可信的租赁收费单据时，就可以按租赁价格计算索赔款。

为了达到索赔目的，承包商新购设备时要慎重对待。新购设备的成本高，加上运转费，新增款额甚大。除非有工程师或业主的正式批准，承包商不可为此轻率地新购设备；否则，这项新增设备的费用是不会计入索赔款的。

施工机械的降低功效或闲置损失费用，一般也难以准确论定，或缺乏令人信服的证据。因此，这项费用一般按其标准定额费用的某一百分比进行计算，比如 50% 或 60%。

设备费用一般也包括小型工具和低值易耗品的费用，这部分费用的数量一般也难以准确论定，往往要合同双方判断确定。

（4）工地管理费

施工索赔款中的工地管理费，是指承包商完成额外工程、索赔事项工作及工期延长期间的工地现场管理，包括管理人员、临时设施、办公、通信、交通等多项费用。在分析确定索赔款时，有时把工地管理费划分成可变部分和固定部分。前者一般指在延期过程中可以调到其他工程部位（或其他工程项目）上去的那一部分管理设施或人员，如监理人员。固定部分是指在施工期间不易调动的那一部分设施或人员，如办公、食宿设施等。

（5）总部管理费

总部管理费是工程项目组向其公司总部上缴的一笔管理费，作为总部对该工程项目进行指导和管理工作的费用，它包括总部职工工资、办公大楼、办公用品、财务管理、通信设施及总部领导人员赴工地检查指导工作等项目开支。

（6）利息

在索赔款额的计算中，通常要包括利息，尤其是由于工程变更和工期延误引起的投资增加，承包商有权索取所增加的投资部分的利息，即所谓的融资成本。另外一种索赔利息的情况，是业主拖延支付工程进度款或索赔款，给承包商造成比较严重的经济损失，承包商因而提出延期付款的利息索赔，即所谓的延期付款利息。

具体来说，利息索赔通常发生于下列四种情况：延时付款（或欠款）的利息、增加投资的利息、索赔款的利息、错误扣款的利息。

至于这些利息的具体利率应是多少，在计算中可采用不同的标准，应根据工程项目的合同条款来具体确定。在国际工程承包中，索赔利率主要采用以下规定：按当时的银行贷款利率、按当时的银行透支利率、按合同双方协议的利率。

（7）利润

利润是承包商的纯收益，是承包商施工的全部收入扣除全部支出后的余额，是承包商经营活动的目的，也是对承包商完成施工任务和承担承包风险的报答。因此，从原则上说，施工索赔费用中是可以包括利润的。

但是，对于不同性质的索赔，取得利润索赔的成功率是不同的。一般来说，由于工程范围的变更（如计划外的工程，或大规模的工程变更）和施工条件变化引起的索赔，承包商是可以列入利润的，即有权获得利润索赔。由于业主的原因终止或放弃合同，承包商除有权获得已完成的工程款以外，还应得到原定比例的利润。而对于工程延误的索赔，由于利润通常是包括在每项实施的工程内容的价格之内的，而延误工期并未影响削减某些项目的实施，而导致利润减少，所以，一般监理工程师很难同意在延误的费用索赔中加进利润损失。

3. 索赔费用的计算方法

索赔费用的计算方法很多，但通常应用的有三种，即总费用法、修正的总费用法、实际费用法。

（1）总费用法

总费用法即总成本法，就是当发生多次索赔事件以后，重新计算该工程的实际总费用，实际总费用减去投标价时估算的总费用即为索赔金额。其计算公式为：

索赔金额 = 实际总费用 - 投标报价估算总费用

不少人对采用该方法计算索赔费用持批评态度，因为实际发生的总费用中可能包括了承包商的原因，如施工组织不善而增加的费用，同时投标报价估算的总费用却因为想中标而过低，所以这种方法只有在难以计算实际费用时才应用。

（2）修正的总费用法

修正的总费用法是对总费用法的改进，即在总费用计算的原则上，去掉一些不合理的因素，使其更合理。修正的内容如下：

1）将计算索赔款的时段局限于受外界影响的时间，而不是整个施工期。

2）只计算受影响时段内的某项工作所受影响的损失，而不计算该时段内所有施工工作所受的损失。

3）与该项工作无关的费用不列入总费用中。

4）对投标报价费用重新进行核算。受影响时段内该项工作的实际单价乘以实际完成的该项工作的工程量，得出调整后的报价费用。

按修正后的总费用计算索赔金额的公式如下：

索赔金额 = 某项工作调整后的实际总费用 - 该项工作的报价费用

修正的总费用法与总费用法相比，有了实质性的改进，它的准确程度已接近于实际费用。

（3）实际费用法。实际费用法是工程索赔计算时最常用的一种方法。这种方法的计算原则是以承包商为某项索赔工作所支付的实际开支为依据，向业主要求费用补偿。实际费用法计算通常分三步：

1）分析每个或每类索赔事件所影响的费用项目，不得有遗漏。这些费用项目通常应与合同报价中的费用项目一致。

2）计算每个费用项目受索赔事件影响后的数值，通过与合同价中的费用值进行比较，即可得到该项费用的索赔值。

3）将各费用项目的索赔值汇总，得到总费用索赔值。

实际费用法中索赔费用主要包括该项工程施工过程中所发生的额外人工费、材料费、施工机械使用费、相应的管理费及应得的间接费和利润等。由于实际费用法所依据的是实际发生的成本记录或单据，所以在施工过程中，对第一手资料的收集整理显得非常重要。

第六章 建设工程管理概述

第一节 建设工程管理的重要性及背景

1. 建设工程管理的重要性

在我国当前资源瓶颈制约、环境负荷沉重的条件下，要想实现工业化，就必须走资源节约型、环境友好型，以及能充分显示我国人力资源优势的新型工业化道路。在走新型工业化道路的过程中必然伴随大量企业的扩建、改建工程，加之建筑行业是资源消耗量巨大、环境污染较重的行业，这就要求我们必须在此过程中充分利用先进的工程管理技术，加强工程管理，确保资源节约、环境友好，同时又要确保工程质量，以实现工程建设目标。因而可以说加强建设工程管理是实现我国新型工业化道路的必要前提。

建设工程管理涉及我国各个产业的方方面面，并与这些产业（如房地产业、建筑业、交通运输业等）相结合，创造了极其巨大的价值。如果没有建设工程管理的有力保证，这些相关产业的产值将会大打折扣，国民经济的持续稳定发展也将受到严重制约。因此，加强建设工程管理是保证我国经济持续稳定发展的关键。

2. 建设工程管理的背景

伴随着加入世贸组织（WTO）这一伟大历史进程，中国经济正逐步成为世界经济的重要组成部分。全球经济的迅速崛起和我国经济建设的全面展开，带动了包括生产性建设和非生产性基础设施建设在内的各类工程建设的蓬勃发展。我国建设工程项目的数量和类型在不断增多，大规模、高技术、复杂型建设工程项目的出现呈加速趋势，由此加大了对建设工程项目管理的重视和对复合型建设工程项目管理人才的渴求。当前，中国出现了前所未有的投资热潮，正是这种历史潮流把建设工程项目管理推到了新时代的潮头浪尖。

3. 建设工程管理人才的现状

随着我国经济的快速发展、固定资产规模的不断扩大，各行各业尤其是在与建设工程管理相关的建筑业与房地产业持续稳定增长的大背景下，建设工程管理人才无论是在就业方面，还是在薪金水平方面都排在各行业前列。并且随着我国经济的持续、健康、稳定发展，市场对建设管理人才的需求量变得非常大，但由于各高校每年培养的人数有限，在相当长的一段时期内建设工程管理方面的人才在数量方面仍会存在巨大的缺口。

第二节　建设工程管理的历史沿革

建设工程管理的发展积淀了劳动人民数千年的工程智慧，记载和传承着人类的历史和文化，极大地推动了人类社会的文明进步。可以说，我国的灿烂文明乃至人类文明的发展史在一定程度上是一部工程发展史，而工程发展史在一定意义上又是一部建设工程管理史。总体而言，我国的建设工程管理史大致可以分为古代、近代、现代三个阶段。

1. 我国古代建设工程管理的发展

历史虽然留给了我们许多令人赞叹的奇迹工程，但是由于我国古代劳动人民不注重建设工程管理过程和方法的记载，所以很少有著书立说以传后世的建设工程管理方面的著作。尽管如此，从史书仅有的只言片语之中我们仍能挖掘到许多建设工程管理方面的智慧结晶，而这些宝贵的经验对解决当今建设工程管理中遇到的问题仍具有借鉴意义。

（1）我国古代建设工程的施工组织及施工

我国古代的建设工程一般可以分为民间工程和政府工程两种。在当时生产力水平比较低下的情况下，民间工程的规模比较小、过程也相对简单。一般就是业主设计好之后，雇佣相应的工匠和劳工进行建造，材料与费用及工程的进度等都是由业主自己掌握控制的。这种组织及施工当前在我国农村还是比较常见的，如砖瓦房的结构修建等。对于政府工程，一般为皇家工程、官府建筑等，它的规模一般比较大、结构较为复杂，而且对工程质量的要求相当严格，同时，涉及的工程费用一般由国库开支，因此它的组织和实施方式有一套独立的运作系统和规则。

我国古代政府工程的施工组织主要涉及三个层次：工官、工匠、民夫。工官是工程指挥者，主要负责原材料的采集、工程质量及进度的监督管理和控制；工匠相当于工程的技术人员，有一定的管理权限，同时也是劳动者；民夫相当于现在的农民工，当然，当时他们一般是被强制服徭役的，跟现在的农民工地位不同。

1）工官

在我国历史上，自古以来国家就设有建筑工程的管理部门，如将作监、工部等，当然更少不了这些部门里的官员。

在殷周时代设立“司空”“司工”等职位，主要管理官府建造的工程。

秦朝时设置“将作少府”，主要管理宫廷和官府的工程建造事务。

汉代的时候开始设置“将作大匠”，主要掌管宫廷、城墙、皇家陵墓等工程的计划、设计、组织施工、监督及竣工验收等工作。

隋代的时候开始在朝廷专门设置“工部”，主要掌管全国的土木工程和屯田、水利、舟车、仪仗等各种工作。工部还下设“将作寺”，以“大匠”主管营建。

唐代时除了“工部”外，还专门设有“将作监”，主要是管理土木工程建设。

明代的时候在“工部”设置“营缮司”，专门负责朝廷各项工程的建设。

清代的时候工官制度更加完善，工官集制定建筑法令、设计规划、募集工匠、采购材料、组织施工、竣工验收职能于一身。而且各州府县还均设有工房，主管营建工作。

2）工匠

作为专门的技术人员，既负责管理又负责施工，有一定的管理权限，但本质上还是劳动者。与工官制度一样，我国历朝历代都有一套工匠管理制度。早期工匠都是被政府用“户籍”登记在册固定下来的。平常的时候大部分工匠一般都是以在家务农为主、靠手艺吃饭为辅。当官府进行工程建设时，就利用权力征调他们。到了清代，工程专业化程度有所提高，工匠的分工也更加细致，出现了石匠、泥瓦匠、木匠、窑匠等。

3）民夫

一般通过派徭役的方式征调农民或者城市居民去进行工程建设，在工程中一般做一些粗重活。当然在历史上也有征调囚徒进行建设施工的，如秦始皇在修建地下皇陵和阿房宫时就征调了大量囚徒。

（2）我国古代大型工程的施工过程及管理模式

在古代生产力极端落后的情况下，每一项大工程动辄需几万、几十万人参与，如何管理控制好如此庞大的施工团队，成为工程成功的重要保证。例如在施工组织方面，当时修筑万里长城时征用全国劳力及其他的杂役数百万人。组织规模如此之大的劳动力进行施工，他们采取了一套严格甚至是残酷的组织措施作为保证。如今，在石筑城墙残基上，有的地方发现很明显的接痕墙缝，证明当时修筑长城是采用分区、分片、分段包干的办法，即先将某一段修筑任务分配给某卫所，再下分到各段、各防守据点的各个戍卒。施工时分监督管理人员和具体施工的管理人员。监督管理人员一般是职位比较高的巡抚、巡按、总督、经略、总兵官等。施工人员以千总为组织者，千总之下又设有把总分理。正是这样一条脉络清晰的直线式组织线路，才有可能保证施工期间组织管理严密、分工细致、责任明确。

（3）古代建设工程的质量管理

古代的大型工程都是“国家级”的工程，因而建设工程的质量问题是统治者最为关心的重点问题。所以古人对工程必然有预期的质量要求，有检查和控制质量的工艺流程与方法来保证工程的质量。

在《考工记》中就有取得高质量工程的条件：“天有时，地有气，材有美，工有巧，合此四者，然后可以为良。”这与现代工程质量管理的五大要素——材料、设备、工艺、环境、人员——基本上是一致的。另外，《考工记》中还比较详细地记载了各种器物（包括五金制作、木制作、皮革制作、陶器制作、绘画雕刻等）的制作方式、尺寸、用料选择、合金的配合比要求等，还包括城池的建设规划标准，主要是壕沟、仓储、城墙、房屋的施工要求等。

在长城的修复重建过程中，为了保证工程的质量，明代在隆庆以后大兴“物勒工名”（在长城墙体及其构件上标注建造责任人的名字），以此形式对整个工程实行责任制管理。考古工作者和长城专家在长城上发现和收集了一批石刻碑文，这些碑文明确记录了每次修筑的小段长城的位置、长度、高度、底顶宽度，还记录了监督管理官员的官衔、姓名、部队番号，施工组织者及石匠、泥瓦匠、木匠、铁匠、窑匠等的名字。城墙一旦出现质量问题，如倒塌、破损，就按记录来追查责任。

宋代的时候编制并颁布过一部建造标准《营造法式》，作者是宋代的将作监官员李诫。此书首次对古代建筑体系做了比较全面的技术性总结，并且规范了各种制作用料的总额和有关产品的质量标准。

（4）古代建设工程的进度控制

在漫漫的历史长河之中，历朝历代的皇帝都要兴修大规模的土木工程。但在当时的生产力和技术水平下，这些工程绝非少数人在短期内就能完成的。因而，为了保证工程的进度，这些工程的管理人员势必要进行精心的策划和安排。回顾历史，在工程进度方面，古人采取了许多技术上的创新方法来尽量节省时间。例如在修筑长城的时候，统治者要求的工期相当紧迫，建造者必须想尽各种方法以求加快工程的进度。在难以行走的地方，人们排成长队，用传递的方法把建筑材料传送到施工现场；在冬天则在地上泼水，利用结冰后摩擦力减小的原理推拉巨大的石料；在深谷中人们用“飞筐走索”的方法，把建筑材料装在筐里从两侧拉紧的绳索上滑溜或者牵引过去。这些方法都大大节省了时间，加快了进度。

（5）古代建设工程的投资控制

古人很早就用经验积累的材料消耗定额来推算建设工程的投资。因为历代君王都大兴土木，工程建设规模大、结构复杂、资源消耗大，所以官方非常重视材料消耗的计算，并形成了一些计算工程工料消耗和工程计费的方法。

2. 我国近代建设工程管理的发展

在清代末期，随着各个通商口岸的开放，许多西方的工程管理思想被引入我国，使得我国传统的工程管理发生了前所未有的变化，主要表现在引进了工程承包、招投标制度等。

（1）建设工程承包的发展

在西方，17~18 世纪开始出现工程承包企业，一般是由业主发包，然后与工程的承包商签订合同。承包商负责施工，建筑师负责规划、设计、施工监督，并负责业主和承包商之间的纠纷调解。

鸦片战争之后，随着传统工匠制度的消亡和资本主义经营方式的引入，不少建筑工匠告别传统的作坊式经营方式，成立了营造厂（工程承包企业）。这种营造厂属于私人厂商，早期大多是单包工，后期大多是工料兼包。营造厂的固定人员是比较少的，在中标与业主签订合同之后，再分工种经由大包、中包层层转包到小包，最后由包工头临时招募工人。

当然，对于营造厂的开业也有严格的法律程序和担保制度，先由工部局进行资质的审核，再去工商管理部门登记注册。营造厂被明确分为甲、乙、丙、丁四等。与现代企业一样，它有一定量的资本金限制，以及代表人的资历、学历要求，经营范围和承接工程的规模规定。

1893年由杨斯盛承建的江海关二期大楼，为当时规模最大、式样最新的西式建筑。同时我国其他企业家开设的营造厂也逐步地形成规模。

到了20世纪初期，工程的承包方式呈现出多元化的发展趋向。一方面专业分工更为细致，出现了投资咨询、工程监理、招标代理、造价咨询等；另一方面工程管理又出现了综合化，如工程总承包、项目管理承包等。

（2）工程招投标的发展

随着租界的建立，工程招标承包模式也随之被引入我国。1864年，西方某营造厂在建造法国领事馆的时候首次引进工程的招标投标模式。到了1891年江海关二期工程时，人们还是不适应这种方式，当时招标只有杨斯盛营造厂一家投标。但是1903年的德华银行、1906年的德国总会和汇中饭店、1916年的天祥洋行大楼等工程项目，都由本地营造厂中标承建。20世纪二三十年代在上海建成的33幢10层以上的建筑主体结构全部由中国营造商承包建造。

20世纪初期，工程的招投标程序已经相当完备。其招标公告、招标文件和合同内容条款、评标方式、投标的评审、合同的签订、履约保证金等与现在的工程基本相似。在1925年南京中山陵一期工程的招标中，建筑师吕彦直希望由一个资金雄厚、施工经验丰富的营造厂承建。原定投标截止时间为12月5日，但是直到10日还不见姚新记来投标。因此他一面要求丧事筹备处将招标期限延长4天，一面告知姚新记招标延期。招标结束后，姚新记的报价是白银483000两，居第二位。

（3）詹天佑和中华工程师学会

在近代中国工程建设史上，乃至我国近代社会史上，詹天佑及其负责建设的京张铁路工程具有十分重要的地位。

该工程于1905年9月动工，它是完全由中国自己独立筹资、勘测、设计、施工建造的第一条铁路，全程约两百千米。铁路要经过高山峻岭，地形、地质条件十分复杂，桥梁隧道很多，工程任务十分艰巨。詹天佑承担了这项工程，他创造性地设计出“人”字形轨道，解决了山高坡陡行车危险的问题。

在京张铁路的修筑中，詹天佑非常重视工程的标准化，主持编制了京张铁路工程标准图，包括桥梁、涵洞、轨道、路线、客车、机车房等共49项，是我国第一套铁路工程标准图，既保证了工程的质量，同时也为修筑其他铁路提供了借鉴资料。

3. 我国现代建设工程管理的发展

自20世纪50年代以来，随着社会生产力的不断提高，大型及特大型的工程项目越来越多，并且人类的工程不再仅仅局限于以前的土木工程，出现了诸如航天工程、核武器研制工程、导弹研制工程等，它们极大地推动了工程管理思想的发展和完善。

受社会经济发展相对滞后的影响，这一阶段我国的工程管理思想发展也落后于发达国家。但由于工程管理的普遍性和对社会发展的重要作用，在此期间我国在这些方面也取得了一些进展和成绩。

20 世纪 50 年代我国学习当时苏联的工程管理方法，引入了施工组织计划与设计技术。用现在的观点来看，那时的施工组织计划与设计包括业主的工程建设项目实施计划和组织（建设项目施工组织总设计），以及承包商的工程施工项目计划和组织。其内容包括施工项目的组织结构工期计划和优化、技术方案、质量保证措施、劳动力设备材料计划、后勤保障计划、施工现场平面布置等。

20 世纪 60 年代，华罗庚教授将网络计划方法引入国内，将它称为"统筹法"，并在纺织、冶金、建筑工程等领域予以推广。网络计划技术的引入给我国的工程施工组织设计中的工期计划、资源计划和优化增添了新的内涵，提供了现代化的方法和手段，而且在现代项目管理方法的研究和应用方面缩小了我国和国际上的差距。

20 世纪 70 年代，我国在重大项目工程管理实践中引入了全寿命管理概念，并派生出全寿命费用管理、一体化后勤管理、决策点控制等方法。例如，在上海的宝钢工程、秦山核电站等大型工程项目中相继运用了系统的工程管理方法，保证了工程建设项目目标的顺利实现。

20 世纪 80 年代以来，我国的工程管理体制进行了改革，在建设工程领域引进了工程项目管理的相关制度。

伴随着国家社会经济的持续发展，特别是新型工业化进程的加速推进，工程管理在基础理论和技术方法上都得到了全面的发展。一方面，系统工程、科学管理、运筹学、价值工程、网络技术、关键路线法等一系列理论和方法诞生并被应用于工程实践，逐步发展成为管理科学的核心理论和方法。另一方面，现代科学技术的飞速发展和社会经济领域对工程管理行业的巨大需求，为工程管理的进一步完善和发展提供了广阔的空间、注入了新的活力，促使工程管理理论和技术体系不断健全和完善，推动工程管理逐步成为社会经济发展中具有重要地位和作用的行业。

4. 建筑项目管理行业发展现状及前景分析

随着我国建筑业的迅猛发展，其管理水平也在不断地提升。但我国建筑业目前仍以传统密集型产业发展模式为主，其技术水平、装备设备、工业化水平仍有待提高，同时高耗能与高污染也是建筑工程的弊端。此外，不完善的组织结构管理使得工程质量仍处于中低等水平。因此，现代建筑市场体系缺乏完善性。

建筑项目管理就是在建设项目的施工周期内，用系统工程的理论、观点和方法，进行有效的规划、决策、组织、协调、控制等系统的、科学的管理活动，从而按项目既定的质量要求、控制工期、投资总额、资源限制和环境条件，圆满地实现建设项目目标。建设项目管理是指在一个总体设计或初步设计范围内，由一个或几个单项工程组成、经济上实行统一核算、行政上实行统一管理的建设单位。一般以一个企业或联合企业、事业单位或独立工程作为一个建设项目。

近年来，受益于城镇化进程的推进，我国建筑设计行业发展迅速，队伍数量、经营规模、管理水平和经济效益均得到了较快发展。建筑项目施工阶段成本控制是施工项目全过程控制的关键环节，因此，应认真分析、对待项目施工过程中的技术问题和经济问题，用切实可行的办法，最大限度控制项目成本，以获取最大的经济效益。

工程项目管理信息化在中国已经历二十几年的发展，虽然取得了一定的成绩，但目前还存在多方面问题：从企业角度来说，企业管理模式混乱，管理人员素质较低，同时对信息化的投入不够；从行业角度来说，整个行业缺少统一的标准与规定，相应的管理软件业不够完善，建筑行业存在信息孤岛现象；从国家管理角度来讲，相应的法律法规还不够完善，缺乏国家层面的技术标准和技术指标。为增强市场竞争力，提高经营管理的效率与效益，建筑建设公司必须加强项目管理的探索和研究，创造新的管理模式，提高项目管理水平。结合建筑企业的特点，全面分析面临的新形势，寻找工程项目管理的有效对策，对建筑建设公司未来发展十分必要。

第三节　建设工程管理的基本概念

正如在车水马龙的十字路口，倘若没有严格的交通法规，没有完善的指示标志，没有交警的管理和疏通，必然会导致秩序的混乱，无法实现道路的畅通及保证车辆和行人的安全。建设工程管理行业就扮演着与交通控制系统相似的角色，工程管理者为实现工程的预期目标，将管理的方法和手段适当、有效地运用于各类工程技术活动中，对工程项目进行决策计划、组织、指挥和协调控制，以确保工程建设的顺利实现。

1. 管理的概念

管理是人类共同劳动的产物。管理同人类社会息息相关，凡是人类社会活动皆需要管理。从原始部落、氏族部落到现代文明社会，从企业、学校到政府机构、科研单位，都需要组织、协作、调节、控制，都离不开管理。随着人类社会活动的广度和深度不断延伸，管理的含义、内容、理论、方法等也都在逐渐变化和发展，管理的重要性也越发突出，以致在现代社会，管理和科学技术一并成为支撑现代文明社会大厦的两大支柱，成为加速推进社会进步的动力引擎。

管理的核心和实质是促进社会系统发挥科学技术的社会功能，取得社会效益和经济效益。作为社会经济与科学技术的中间环节，管理具有中介性、科学性和社会性三项基本特征。科学技术通过管理物化为生产力的各要素，推动社会经济的发展。离开了管理的中介作用，科学技术将成为空中楼阁。要把科学技术转换为生产力，必须运用科学知识系统（如系统论、信息论、控制论、经济学等）、科学方法（如数理统计、物理实验、系统分析、信息技术等）和科学技术工具（计算机等），必须遵循社会系统的固有规律。因此，管理应当具有科学精神、科学态度、科学手段和科学方法。管理是人类的一项社会活动，人在管理过程中起着核心作用。人既是管理手段的主要成分，又是管理对象的重点内容。因此，管理活动必然受人们社会心理因素，特别是受社会成员的价值、准则、意识、观念，以及社会制度、社会结构等因素的影响。

管理成为一门科学是与社会生产力的发展紧密联系的。管理工作者在长期、大量的工作实践中总结并提出各种不同的观点和方法，不断深化管理学的理论和技术方法，拓展了管理学的应用范围，推动了社会生产力的不断发展，管理科学也在生产力发展中得到了迅速的发展。

法约尔的一般管理理论对管理学的发展产生了巨大的影响，后来成为管理过程学派的理论基础，他本人成为该学派的创始人。因此，继泰勒的科学管理理论之后，一般管理理论被誉为管理学史上的第二座丰碑。

由此可见，管理并不是脱离实际的空中楼阁，几乎所有的管理原理、原则和方法，都是学者和实业家在总结管理工作客观规律的基础上形成的。管理不仅是一门科学，更是一门艺术。管理并不能为管理者提供解决一切问题的标准答案，它要求管理者以管理理论和基本方法为基础，结合实际情况，对症下药，以求得问题的解决和目标的实现。

2. 建设工程的概念

建设工程就是在一定的建设时间内，在规定的资金总额条件下，需要达到预期规模和预定质量水平的一次性事业，如建一所医院、一所学校、一幢住宅楼等都是建设工程。所谓“一定的建设时间”是指建设工程从立项到施工安装、竣工建成直至保修期结束这样一段工程建设的时间。它是有限制的，在这段时间里，工程建设的自然条件和技术条件受地点和时间的限制。“规定的资金总额”是指用于建设工程的资金并不是无限的，它要求在达到预期规模和质量水平的前提下，把建设工程的投资控制在规定的计划内。“一次性事业”是指建设工程具有明显的单一性，它不同于现代工业工程大批量重复生产的过程。即使是通用的民用住宅工程，也会因建设地点、施工生产条件、材料和设备供应状况的不同，而表现出彼此的区别和很强的一次性。

我们在日常生活中一提到“工程”，很容易让人联想到各类土木建筑工程，这对工程本身的理解较片面，存在一定的误解，因为工程的概念是一个比较宽泛的范畴。但是这种误解又是可以理解的，因为我国工程管理的许多方法思想和制度理念，都是在建设工程领域的实践中吸收国外精华、总结经验教训后才进试点运行，然后再予以推广的。

（1）按投资再生产的性质划分

工程按投资再生产的性质可分为基本建设工程和更新改造工程两类。基本建设工程又包括新建、改建、扩建、迁建四类；更新改造工程又包括技术改造工程、技术引进工程、设备更新工程三类。

新建工程：新建工程指从无到有新开始建设的工程，即在原有固定资产为零的基础上投资建设的工程。按照国家的规定，若建设工程原有基础很小，扩大建设工程规模后，其新增固定资产价值超过原有固定资产价值 3 倍以上的，也视为新建工程。

扩建工程：扩建工程指企业、事业单位在原有的基础上投资扩大建设的工程。如在企业原场地范围内或其他地点为扩大原有产品的生产能力或者增加新产品的生产能力而建设的主要生产车间、独立的生产线或者是分厂。

改建工程：改建工程指企业、事业单位对原有的基础设施进行改造的工程。

迁建工程：迁建工程指原有企业、事业单位，为改变生产力布局，迁移到别的地方建设的工程。不论建设规模是和原来一样的还是扩大的，都属于迁建工程。

技术改造工程：技术改造工程指企业采用先进的技术、工艺、设备和管理方法，为提高产品质量、扩大生产能力、改善劳动条件而投资建设的改造工程。

技术引进工程：从国外引进专利和先进设备，再配合国内投资建设的工程。

设备更新工程：拟采用先进的设备更新、重组、装配技术进行设备改造的工程。

（2）按建设工程内部系统的构成划分

建设工程内部的系统是由单项工程、单位工程、分部工程和分项工程等子系统构成的。如一个建设项目可由多个单项工程组成，单项工程的施工条件往往具有相对独立性，因此一般单独组织施工和竣工验收，它能体现建设工程的主要建设内容、新增生产能力和工程效益的基础。一个单项工程可以由多个单位工程构成，一般指建筑工程和设备安装工程两项。一个单位工程还可以分为多个分部工程，如建筑设备安装工程可划分为建筑采暖工程和燃气工程、建筑电气安装工程等。

1）单项工程

单项工程一般是指具有独立的设计文件，建成后可独立地发挥生产能力或效益的配套齐全的工程项目。单项工程是建设工程项目的组成部分，一个建设工程项目可以仅包括一个单项工程，也可以包括几个单项工程。生产性建设工程项目的单项工程，一般是指能独立生产的车间，包括厂房建筑、设备的安装及设备、工具、器具的购置等。非生产性建设工程项目的单项工程，一般是指一幢住宅楼、教学楼、图书馆楼、办公楼等。单项工程的施工条件一般具有相对独立性，通常单独组织施工和竣工验收。单项工程体现了建设工程的主要建设内容，是新增生产能力或工程效益的基础。

2）单位工程

单位工程是单项工程的组成部分，一般是指不能独立地发挥生产能力，但具有独立设计图纸和独立施工条件的工程。

一个单位工程往往不能单独形成生产能力或发挥工程效益，只有在几个有机联系、互为配套的单位工程全部建成后才能提供生产或使用。例如，民用建筑单位工程必须与室外各单位工程构成一个单项工程才能供人们使用。

3）分部工程

在每一单位工程中，按工程的部位、设备种类和型号、使用材料和工种不同进行的分类叫分部工程，它是对单位工程的进一步分解。

4）分项工程

在每一个分部工程中，按不同施工方法、不同材料、不同规格、不同配合比、不同计量单位等进行的划分叫分项工程。土建工程的分项工程多数以工种确定，如模板工程、混凝土工程、钢筋工程、砌筑工程等；安装工程的分项工程，通常依据工程的用途、工程种类及设备装置的组别、系统特征等确定。分项工程既是建筑施工活动的基础，又是工程质量形成的直接过程。

3. 建设工程管理的概念

建设工程管理是工程管理的一个重要分支，它是指通过一定的组织形式，用系统工程的观点理论和方法对工程建设周期内的所有工作，包括项目建议书、项目决策、工程施工、竣工验收等系统运动过程进行决策、计划、组织、协调和控制，以达到保证工程质量、缩短工期、提高投资效益的目的。由此可见，建设工程管理是以建设工程项目目标控制（质量、进度和投资控制）为核心的管理活动。

（1）建设工程管理的具体职能

管理职能是指管理行为由哪些相互作用的因素构成，换言之，要实现管理的目标、提高管理的效益具体应从哪些方面努力。从项目管理的理论和我国的实际情况来看，建设工程管理的具体职能主要包括以下方面：

1）决策职能

决策是建设工程管理者在建设工程项目策划的基础上，通过调查研究、比较分析、论证评估等活动，得出结论性的意见，并付诸实施的过程。由于建设工程通常要经过建设前期工作阶段、设计阶段、施工准备阶段、施工安装阶段和竣工交付使用阶段，其建设过程是一个系统工程。因此，每一建设阶段的启动都要依靠决策。只有在做出科学正确的决策以后的启动才有可能获得成功，否则就可能是盲目建设，进而导致投资目标无法实现。

2）计划职能

决策只解决启动的决定问题，根据决策做出实施安排、设计出控制目标和实现目标的措施的活动就是计划。计划职能决定项目的实施步骤、搭接关系、起止时间、持续时间、中间目标、最终目标及实施措施。只有执行计划职能，才能使建设工程管理的各项工作成为可以预见和能够控制的。进行建设工程管理要围绕建设工程的全过程、总目标，将其全部活动都纳入计划的轨道，用动态的计划系统协调与控制整个建设工程，保证建设工程协调、有序地实现预期目标。

3）组织职能

组织职能是管理者把资源合理利用起来，把各种管理活动协调起来，并使管理需要和资源应用结合起来的行为，是管理者按计划进行目标控制的一种依托和手段。建设工程管理需要组织机构的成功建立和有效运行，从而发挥组织职能的作用。建设工程项目业主的组织既包括在项目内部建立管理组织机构，又包括在项目外部选择合适的监理单位、设计单位与施工单位，以完成建设工程项目不同阶段、不同内容的建设任务。

4）控制职能

控制职能的目标在于使项目按计划运行，它是项目管理活动最活跃的职能，其主要用于项目目标控制。建设工程项目目标控制是指项目管理者在不断变化的动态环境中，为保证既定计划目标的实现而进行的一系列检查和调整活动的过程。建设工程项目目标的实现以控制职能为主要手段，如果没有控制，就谈不上建设工程项目管理。因此，目标控制是建设工程管理的核心。

5）协调职能

协调职能就是在控制的过程中疏通关系、解决矛盾、排除障碍，从而使控制职能充分发挥作用。协调是控制的动力和保障。由于建设工程实施的各个阶段，在相关的层次、部门之间，存在大量的工作界面，构成了复杂的关系和矛盾，应通过协调职能进行沟通，排除不必要的干扰，确保建设工程的正常运行。

（2）建设工程管理的任务

建设工程管理在工程建设过程中具有十分重要的意义，建设工程管理的任务主要表现在以下几个方面：

1）合同管理

建设工程合同是业主与参与建设工程项目的实施主体之间明确责任、权利及义务关系的具有法律效应的协议文件，也是运用市场经济体制组织项目实施的基本手段。从某种意义上讲，项目的实施也就是建设工程合同订立和履行的过程。

2）组织协调

它是实现建设工程项目目标必不可少的方法和手段。在建设工程项目实施过程中，各个项目参与单位需要处理和调整众多复杂的业务组织关系。

3）目标控制

它是建设工程管理的主要职能。它是工程管理人员在不断变化的动态环境中为保证既定计划的实现而进行的一系列检查和调整活动。目标控制的主要任务就是在项目前期策划、勘察设计、施工、竣工等各个阶段采用规划、组织、协调等手段，从组织、技术、经济、合同等方面采取措施，以确保工程目标的实现。

4）风险管理

它是一个确定建设工程的风险，以及制订、选择和管理风险处理方案的过程，其目的在于通过风险分析建设工程的不确定性，以便使决策更加科学，以及在工程的建设实施阶段，保证目标控制的顺利进行，以便更好地实现工程的质量、进度和投资控制。

5）信息管理

它是建设工程管理的基础工作，亦是实施工程目标控制的基本保证。

6）环境保护

建设工程的管理者必须充分地研究和掌握不同国家和地区有关环保的法规和规定。对环保方面有要求的建设工程项目在项目可行性研究和决策阶段，必须提出环境影响报告及对策措施，并评估其措施的可行性和有效性，严格按照建设工程程序向环保部门报批。在工程的实施阶段，做到主体工程与环保措施工程同步设计、同步施工、同步投入运行。

在工程的施工过程中，必须把依法做好环保工作列为重要的合同条件加以落实，并在施工方案的审查和施工过程中，始终把落实环保措施、克服建设公害作为重要内容予以密切关注。

第四节　建设工程管理的行业特点与参与主体

1. 建设工程管理的行业特点

建设工程管理产生于、依托于和服务于建设工程项目，具有实践性强、目标精准和管理效果可验证的突出特点。就单一建设工程而言，其管理包括资金、进度、风险、质量、安全、人员、信息、环境等相对独立且相互制约的各个环节，解决建设工程管理的实际问题必须采用针对性的技术方法和手段。从此角度出发，建设工程管理可形象地称为自然科学中的“物理学”和医学中的“外科学”，是经过工程实践千锤百炼的“硬管理”。建设工程管理的工作性质决定了其行业具有综合性、系统性、公正性、复杂性、严谨性、可持续性和规范化、信息化、职业化等特点。

（1）综合性

建设工程管理行业是一个综合性的行业，涉及的范围比较广。在一个具体的建设工程项目的管理实践过程中，需要解决的问题往往涉及多门学科和多个技术领域，需要多种专业知识和工程技术来综合解决。因而为了适应这个行业综合性强的特点，工程的管理机构必须在机构设置、人力资源安排、员工培训等方面加以重视；工程的管理从业人员在具有较高专业素养的基础上，应勤于学习、善于学习，不断拓展知识领域和提高知识水平，努力适应不断发展的工作需要。

（2）系统性

建设工程管理提供的服务针对的是工程项目的决策和建设的全过程，需要根据项目的具体情况和要求，提出项目最终目标的思路、策略、方案和措施等。建设工程的管理工作系统性是很强的，要求从业者具有系统的理念和思维，把握总体目标任务，注重全过程的协调和各个局部之间的内在联系。

在项目决策阶段的管理工作中，项目建设所涉及的因素较为繁杂，但是所有的因素构成一个完整的系统，因而只有在对该系统中的每一个因素充分了解的基础上，用系统的眼光加以综合分析，才能正确判断一个项目的立项是否必要、是否合理、是否有效益、是否值得投资，使项目的决策真正做到客观、准确、科学。

在项目的建设过程中，管理工作也是一项完整的系统工程。管理的目的在于为业主做好项目的进度、质量、费用的管理和控制。要做好这一工作，管理者必须制订详细的项目建设统筹计划，有机地、合理地计划安排设计、采购、施工等各个环节的具体工作，注意各个环节的合理交叉叠加，安排和落实好质量控制要点，合理使用人工和其他费用，使项目的管理过程成为一个完整系统的有机整体。

（3）公正性

公正性是建设工程管理行业一个非常重要的特点，它可以理解为是建设工程管理者最基本、最重要的职业道德准则。作为一个建设工程管理者，其行为必须独立于工程承包商、设备制造商和材料供应商，在管理实践活动中不得有任何商业倾向，要保持独立的判断能力，不能受承包商和供应商任何影响，必须客观公正地选择合格的承包商和信誉好、产品质量优的制造商和供应商，竭诚为工程项目提供可靠的产品和公正的服务。

（4）复杂性

建设工程管理是一项具有复杂性的工作。工程通常由多个部分构成和多个组织参与。因此，工程管理工作极为复杂，需要运用多学科的知识才能解决问题。由于工程本身具有很多未知的因素，而若干因素间常常带有不确定的联系，这就需要具有不同经历、来自不同组织的人有机地组织在一个特定的组织内，在多种约束条件下实现预期目标，这就决定了建设工程管理工作是一项具有复杂性的工作，并且这种复杂性远远高于一般的生产管理。

（5）严谨性

目标精准和效果可验证是建设工程管理的显著特征。无论是建设青藏铁路、三峡工程等宏伟工程，还是修建一幢住宅楼、一个足球场等小型工程，建设工程管理的目标总是可以精确度量的。例如，我们可以利用横道图、网络计划技术、S形曲线等各种技术对进度目标进行验证，判断每道工序的进展情况及其对工期的影响，并通过调整关键工作的持续时间，实现对整个项目工期的精确控制。

我们还可以通过质量控制图、因果分析图、直方图等一系列方法来进行精确的质量目标的度量与控制。此外，国家也制定了严格的质量管理和技术规范，并设置了专门的质量监督管理机构。

通过工程量清单计价对建设工程的投资目标进行精确度量，并将实际支出与计划投资进行比较，投资控制的效果更显而易见。再加上计算机的辅助，这种过程更加简便易行。

可精确度量的管理目标，使得任何一个工程项目的管理效果都是可验证的，如项目是否按时完成、成本控制是否在预算范围内、是否出现质量缺陷、是否发生安全事故、生产效率的高低和项目收益的好坏等。正是由于工程管理具有鲜明的务实性和精确性，其结果也具有可验证性，就要求工程管理专业人员犹如外科医生一般，既要有扎实的专业基础，又必须具备丰富的实践经验，灵活运用各种技术手段，才能在工作过程中得心应手。

（6）规范化

建设工程管理是一项技术性非常强并且十分复杂的工作，为符合社会化大生产和完成精准目标的需要，其技术手段和方法必须标准化、规范化。标准化和规范化体现在工程管理的各个方面，如专业术语、名词、符号的定义和标示，管理环节全流程的程序和标准，工程费用、工程计量的测定、结算方法，信息流程、数据格式、文档系统、信息的表达形式和各种工程文件的标准化，招投标文件、合同文本的标准化等。建设工程管理全过程实现制度化、规范化和程序化管理，是现代工程管理发展的必然趋势。

（7）信息化

随着信息化时代的到来，网络走进了千家万户，建设工程管理的信息化已由探索试点发展到广泛应用。目前，计算机和软件已经成为建设工程管理极为重要的方法和手段。建设工程管理的水平、效率的进一步提高也将在很大程度上取决于信息技术的发展和工程管理软件的开发速度。目前经济发达国家的一些工程管理公司已经在项目管理中较为普遍地运用了计算机网络技术，开始探索工程管理的网络化和虚拟化。国内越来越多的工程管理工作者开始大量使用工程管理软件进行工程造价等专项管理，工程管理实用软件的开发研究工作也不断进展。信息技术的飞速发展，必将进一步提升工程管理的效率和水平。

（8）职业化

工程建设涉及面广、技术性强、责任重大，工程管理从业者需要具有良好的知识结构、全面的基础理论知识、较高的专业技术水平和较强的组织协调能力。为确保从业人员达到应有的素质水平，工程管理行业已建立起体系完善的相关执业资格考试制度。执业资格认证是政府对某些责任较大、社会通用性强、关系到公共利益的专业技术工作实行的准入控制。我国的执业资格是专业技术人员依法独立开业或从事某种专业技术工作学识技术和能力的必备标准，必须通过考试取得，考试由国家定期举行。执业资格认证体系的完备促使工程管理人才培养与市场需求紧密结合，有力地推动了工程管理学科建设和教学改革主动适应社会、市场的需求，在我国高等教育改革中走在了前列；同时，规范了行业从业人员的知识、能力评价和市场准人方式，确保了从业人员具有相应的资历和素养，为从业人员有效履行工程管理职能和提高工程建设的效益奠定了良好的基础。

2. 建设工程管理的参与主体

一个建设工程项目从策划到建成投产，通常要有多方的参与，如工程项目的业主、设计单位、建设工程的咨询单位、施工承包商、材料供应商和政府相关管理部门等。他们在建设工程项目中扮演不同的角色，发挥不同的作用。

（1）建设工程项目的投资者

建设工程项目的投资者是指通过直接投资、认购股票等各种方式向建设工程项目经营者提供资金的单位或个人。投资者可以是政府、社会组织、个人、银行财团或者是众多的股东，他们只关心项目能否成功、能否盈利。尽管他们的主要责任在投资决策上，其管理的重点在项目的启动阶段，采用的主要手段是项目的评估，但是投资者要真正取得预期的投资收益仍需要对建设工程项目的整个生命周期进行全过程的监控和管理。

（2）建设工程项目的业主（项目法人）

除了自己投资、自己开发、自己经营的项目之外，一般情况下的建设工程项目业主是指建设项目最终成果的接受者和经营者。建设工程项目的法人是指对建设工程项目策划、资金筹措、建设实施、生产经营、债务偿还和资产保值增值实现全过程负责的企事业单位或者其他经济组织。

（3）建设工程项目咨询方

建设工程项目咨询方包括工程设计公司、工程监理公司、施工项目管理公司及其他为业主或者是项目法人提供工程技术和管理服务的企业。设计公司与业主签订设计合同，并完成相应的设计任务；监理公司与业主签订监理合同，为业主提供工程监理服务；施工项目管理公司与业主签订的是项目管理合同，提供施工项目管理服务。

（4）建设工程承包方和设备制造方

建设工程承包方和设备制造方是承担建设工程项目施工和有关设备制造的公司和企业，按照承发包合同的约定，完成相应的建设任务。

（5）政府机构

工程所在地的地方政府机构主要指的是政府的规划管理部门、计划管理部门、建设管理部门、环境管理部门等，它们分别对建设工程的项目立项、建设工程的质量、建设工程对环境造成的影响等进行监督和管理。政府注重的是建设工程项目的社会效益、环境效益，希望通过工程项目促进地区经济的繁荣和社会的可持续发展，解决就业和其他社会问题，增加地方财力、改善社会形象等。

（6）与建设工程项目有关的其他主体

与建设工程项目有关的其他主体主要包括建筑材料的供应商、工程设备的租赁公司、保险公司、银行等，他们与建设工程项目业主方签订合同，提供服务、产品和资金等。

在上述的建设工程项目相关各方中，业主（项目法人）是核心，在建设工程的全过程中起主导作用。业主通过招标等方式选择建设工程项目的承包人、咨询服务方和设备材料供应商，并对他们在实施工程项目的过程中进行监督和管理。

第五节　建设工程项目的生命周期和建设程序

1. 建设工程项目的生命周期

建设工程项目是指需要一定量的投资，在一定的约束条件下（时间、质量等），经过决策、设计、施工等一系列程序，以形成固定资产为明确目标的一次性事业。

建设工程项目的时间限制和一次性特点决定了它有确定的开始和结束时间，具有一定的生命周期。建设工程项目的生命周期是指从项目的构思到整个项目竣工验收交付使用所经历的全部时间，它可以分为概念、规划设计、实施和收尾四个阶段。

（1）概念阶段

概念阶段包括项目前期策划和决策阶段，是从项目的构思到批准立项的过程。

（2）规划设计阶段

规划设计阶段包括设计准备和设计阶段，是从项目批准立项到现场开工的过程。

（3）实施阶段

实施阶段即施工阶段，是从项目现场开工到工程竣工并通过验收的过程。

（4）收尾阶段

收尾阶段是从项目的动用开始到进行项目后评价的过程。

2. 建设工程项目的建设程序

建设程序是指在建设工程项目从构思选择、评估、决策、设计、施工到竣工验收、交付使用等整个建设过程中，各项工作必须严格遵循的先后顺序和相互关系。建设程序是工程建设项目的技术经济规律的要求和工程建设过程客观规律的反映，亦是工程建设项目科学决策和顺利进行的重要保证。

按照我国现行规定及工程建设项目生命周期的特点，政府投资项目的建设程序可以分为以下几个阶段：

（1）项目建议书阶段

项目建议书是拟建项目单位向有关决策部门提出要求建设某一项目的建议文件，是投资决策前通过对拟建设项目建设的必要性、建设条件的可行性和获利的可能性进行的宏观初步分析与轮廓设想。其主要作用是推荐一个具体项目，供有关决策部门选择并确定是否进行下一步工作。

对于政府投资项目，项目建议书按要求编制完成后应根据建设规模和投资限额划分，分别报送有关部门审批。项目建议书经批准后并不表明项目可以马上建设，还需要展开详细的可行性研究。

（2）可行性研究阶段

可行性研究是项目建议书获得批准后，对拟建项目在技术、工程和外部协作条件等方面的可行性、经济（包括宏观经济和微观经济）合理性进行全面分析和深入论证，为项目决策提供依据。

可行性研究的主要任务是通过多方案比较，提出评价意见，推荐最佳方案。可行性研究的主要内容可概括为建设必要性研究、技术可行性研究和经济合理性研究三项。

在可行性研究的基础上编制可行性研究报告，它是确定建设项目和编制设计文件的重要依据，应按国家规定达到一定的深度和准确性。

（3）设计工作阶段

设计是对拟建项目的实施在技术上和经济上所做的详尽安排，是建设目标、水平的具体化和组织施工的依据，直接关系着工程质量和将来的使用效果，是工程建设中的重要环节。

一般项目进行两阶段设计，即初步设计和施工图设计。重大项目和技术上复杂又缺乏设计经验的项目需进行三阶段设计，即初步设计、技术设计和施工图设计。

初步设计：初步设计是根据可行性研究报告的要求所做的具体实施方案，其目的是阐明在指定地点、时间和投资控制数额内，拟建项目在技术上的可行性和经济上的合理性，并通过对项目所做出的技术经济规定，编制项目设计总概算。

技术设计：技术设计应根据初步设计和更详细的调查研究资料编制，以进一步解决初步设计中的重大技术问题。例如建筑结构、工艺流程、设备选型及数量确定等，使工程建设项目的设计更具体、更完善，技术经济指标更好。在此阶段需要编制项目的修正设计概算。

施工图设计：施工图设计是按照批准的初步设计和技术设计的要求，完整地表现建筑物外形、内部空间分割、结构体系及建筑群的组合和周围环境的配合关系等的设计文件，并由建设行政主管部门委托有关审查机构，进行结构安全、强制标准和规范执行情况等内容的审查。施工图一经审查批准，不得擅自修改，否则必须重新报请审查后再批准实施。在施工图设计阶段需要编制施工图预算。

（4）建设实施阶段

建设项目经批准新开工建设，项目便进入了建设施工阶段。本阶段的主要任务是将“蓝图”变成工程项目实体，实现投资决策的意图。本阶段的主要工作是针对建设项目或单项工程的总体规划安排施工活动；按照工程设计要求、施工合同条款、施工组织设计及投资预算等，在保证工程质量、工期、成本、安全目标的前提下进行施工；加强环境保护，处理好人、建筑、绿色生态环境三者之间的协调关系，以满足可持续发展的需要。项目达到竣工验收标准后，由施工承包单位移交给建设单位。

对于生产性建设项目，在建设实施阶段还要进行生产准备，它是建设程序中的重要环节，是衔接建设和生产的桥梁，是项目由建设阶段转入生产经营的必要条件。在项目投产前，建设单位应适时组成专门班子或机构做好生产准备工作，以确保项目建成后能及时投产。

（5）竣工验收阶段

建设项目依据设计文件规定的内容全部施工完成后，便可组织竣工验收。竣工验收是投资成果转入生产或使用的标志，也是全面考核建设成果、检验设计和工程质量的重要步骤，它对促进建设项目及时投产或使用、发挥投资效益及总结建设经验具有重要作用。

竣工验收工作的主要内容包括整理技术资料、绘制竣工图、编制竣工决算等。通过竣工验收，可以检查建设项目实际形成的生产能力或效益，也可避免项目建成后继续耗费建设费用。

（6）项目后评价阶段

项目后评价是指项目建成投产、生产运营一段时间后，再对项目的立项决策、设计施工、竣工投产、生产运营等全过程进行系统分析；对项目实施过程、实际所取得的效益（经济、社会环境等）与项目前期评估时预测的有关经济效果值（如净现值、内含报酬率、投资回收期等）相对比，评价与原预期效益之间的差异及其产生的原因。项目后评价是建设项目投资管理的最后一个环节，通过项目后评价可达到肯定成绩、总结经验、吸取教训、改进工作、提高决策水平的目的，并为制订科学的建设计划提供依据。

第六节　建筑业的建设工程管理

对建筑业的界定有广义和狭义之分。广义的建筑业是指建筑产品生产的全过程及参与该过程的各个产业和各类活动，包括建设规划、勘察、设计，建筑构配件生产、施工及安装，建成环境的运营、维护及管理，以及相关的技术、管理、商务、法律咨询和中介服务，相关的教育科研培训等。第一产业的产品基本上是从自然界直接取得的；第二产业的产品是通过对自然物质资料及工业品原料加工取得的；第三产业在本质上是服务性行业分类下的第二和第三产业，其产业产品不仅包括实体的建筑产品，也包括大量服务和知识产权。这种定义实际上反映了建筑业实际的经济活动空间。

狭义的建筑业属于第二产业，包括房屋和土木工程业、建筑安装业、建筑装饰业、其他建筑业等四个分行业。狭义的建筑业从行业特性及统计的可操作性出发，目的在于进行统计分析，而不是为了限制企业活动及作为政府行业管理的依据。历史的经验表明，在考虑企业发展、行业定位和行业管理时采用狭义建筑业的概念，会给建筑业的发展带来很大的束缚。实际上，工业发达国家在国民经济核算和统计时均采用了狭义建筑业的概念，而在行业管理中采用了广义建筑业的概念。

建筑业是国民经济的重要产业部门，它通过大规模的固定资产投资（包括基本建设和技术改造）活动为国民经济各部门、各行业的持续发展和人民生活的持续改善提供物质基础，是各行各业固定资产投资转化为现实生产能力和使用价值的必经环节，直接影响着国民经济的增长和社会劳动的就业状况，直接关乎社会公众的生命财产安全和生产、生活质量。

在对外承包工程企业队伍扩大的同时，经营主体结构不断优化，具体表现在以下方面：一是对外承包工程企业群体的构成开始向多元化方向发展，除了大型中央国有企业外，地方对外承包工程企业也表现不俗，部分具有很强实力的民营企业、合资企业正在积极向国外市场发展，并取得了良好的业绩。二是越来越多的开展境外直接投资、境外资源合作、境外制造加工的企业加入对外承包工程行业中来，工程服务领域继续扩大。三是大型企业的作用日益增强，部分大型企业已经在国际上确立了自己的品牌形象和专业优势，形成了稳定的市场区域和市场份额。

我国对外承包工程行业要真正转变增长方式、实现业务升级，一个重要的途径就是要在我国对外承包工程企业中大力培育工程咨询、工程管理、投资顾问类机构和专业人员，使这样的企业有能力根据所在国家经济发展需要，为业主进行项目的规划论证和可行性研究、设计技术方案和融资方案，进而进行项目的施工与运营，实现规划、设计、融资、施工、运营一体化，增强承包工程企业的整体实力和国际竞争水平，尤其要发挥我国设计咨询企业在承包工程业务中的龙头带动作用，提高行业集约效益。推动设计、施工和营运企业的联合和一体化发展，全面推广应用成熟的计算机信息管理技术，推进工程项目管理的智能化，提高项目管理水平和效率，降低管理成本，增强承包工程企业的整体实力和国际市场竞争力。

第七章 建设工程前期策划

一个好的施工前期策划会给项目部的施工管理打开一个良好的局面，但在施工过程中遇到困难时，更应该学会适时调整计划。唯有对项目进行持续动态管理，目标才会如期实现。本章对建筑工程前期策划的内容进行阐述，以期为工程的前期策划提供参考依据。

第一节 建设工程前期策划的内容与程序

前期策划阶段是指从工程构思到工程批准、正式立项为止的过程。工程前期策划就是在这一阶段所进行的总体策划。工程前期策划的主要任务是寻找并确立工程目标，定义工程，并对工程进行详细的技术经济论证，使整个工程建立在可靠的、坚实的、优化的基础之上。建设工程前期策划的根本目的是为工程决策和实施增值。增值可以反映在工程使用功能和质量的提高、实施成本和经营成本的降低、社会效益和经济效益的增长、实施周期缩短、实施过程的组织和协调强化及人们生活和工作的环境保护等诸多方面。

建设工程的前期策划工作主要是产生工程的构思、确立目标，并对目标进行论证，为工程的批准提供依据。它是工程的决策过程，不仅对工程的整个生命期、对工程的实施和管理起着决定性作用，而且对工程的整个上层系统都有极其重要的影响。

建设工程前期策划的首要任务是根据工程建设意图进行工程的定义和定位，全面构思一个拟建的工程系统。在明确工程的定义和定位的基础上，通过工程系统的功能分析，确定工程系统的组成结构，使其形成完整配套的能力。提出工程系统的构建框架，使工程的基本构想变为具有明确的内容和要求的行动方案，是进行工程决策和实施的基础。

根据建设工程的建设程序，工程投资决策是建立在工程的可行性研究的分析评价基础上的，可行性研究中的工程财务评价、国民经济评价和社会评价的结论是工程投资的重要决策依据。可行性研究的前提是建设方案本身及其所依据的社会经济环境、市场和技术水平，而一个与社会经济环境、市场和技术水平相适应的建设方案的产生并不是由投资者的主观愿望和某些意图的简单构想就能完成的，它必须通过专家的认真构思和具体策划，并对实施的可能性和可操作性进行分析，才能使建设方案建立在可运作的基础上。因此，只有经过科学周密的工程策划，才能为工程的投资决策提供客观的科学保证。

工程的建设必须符合上层系统的需要，解决上层系统存在的问题。如果上马一个工程，其结果不能解决上层系统的问题，或不能为上层系统所接受，常常会成为上层系统的包袱，给上层系统带来历史性的影响。常常由于一个工程的失败导致经济损失、社会问题、环境的破坏。工程实践证明，不同性质的工程执行程序的情况不一样。对全新的高科技工程、大型的或特大型的工程，一定要采取循序渐进的方法；而对于那些技术已经成熟、市场风险投资（成本）和时间风险都不大的工程，可加快前期工作的速度，许多程序可以简化。

任何工程都是一项创新活动。工程前期策划就是对通过工程建设获得投资效益的创新活动所进行的谋划。工程按投资目的的不同基本可分为以下两类：第一类以经济收益为投资目的，市场主导的经营性、商业性工程即属此类。在满足资源、环境、节能等制约条件下有无满意的经济收益是这类工程成立的首要判据，因此，这类工程的谋划自然包括该不该投资、该不该建及如何建的问题。第二类并不以经济收益为目的，而是以满足一定的社会效益（需求）作为投资目的，政府主导的非经营性工程即属此类。这类工程主要是谋划建成什么、如何建、如何使投资更合理的问题，因此，有无满意的效能（成本比）则为这类工程成立的重要判据。

工程前期策划是贯彻科学发展观，集经济发展、市场需求、产业前景、专利技术、工程建设、资源供给、节能环保、资本运作、财经商贸、法律政策、经济分析、效益评估等众多专业学科于一体的系统分析活动，其任务是根据不同的投资目的，谋划相应的工程构成、实施运营，在此基础上进行系统分析与评价并进行工程抉择。

工程的确立是一个极其复杂且十分重要的过程。在本书中将从工程构思到工程批准、正式立项定义为工程的前期策划阶段。尽管工程的确立主要是从上层系统（如国家、地方、企业）、从全局的和战略的角度出发的，这个阶段主要是上层管理者的工作，但这里面又有许多工程管理工作。要取得工程的成功，必须在工程前期策划阶段就进行严格的工程管理。

房屋工程建设项目前期策划是房屋工程建设项目管理的一个重要组成部分，是项目建设成功的前提。无数房屋工程建设项目成功的经验证明，科学、严谨的前期策划将为项目建设的决策和实施提供有力的保障，从而实现项目价值。

房屋工程建设项目的立项是一个极其复杂同时又是十分重要的过程。这个阶段主要是从上层系统，即从全局和战略的角度出发研究和分析问题的，主要是上层管理者的工作，其中也有许多项目管理工作的内容。要取得项目的成功，必须从这个阶段开始就进行严格的项目管理。当然，谈及项目的前期策划工作，许多人一定会想到项目的可行性研究，这是有道理的，但不完全。因为，还有如下问题存在：

1. 可行性研究意图的产生。

2. 可行性研究需要很大的资金投入。在国际房屋工程建设项目中，可行性研究的费用常常要花几十万、几百万甚至上千万美元，它本身就是一个很大的项目。所以，在它之前就应该有严格的研究和决策，不能有一个项目构思就做一个可行性研究。

3. 可行性研究尺度的确定。可行性研究是对方案完成目标程度的论证，因此在可行性研究之前就必须确定项目的目标，并以它作为衡量的尺度，同时确定一些总体方案作为研究对象。项目前期策划工作的主要任务是寻找项目机会、确立项目目标和定义项目，并对项目进行详细的技术经济论证，使整个项目建立在可靠的、坚实的和优化的基础之上。

项目的前期策划工作主要是产生项目的构思，确立目标，并对目标进行论证，为项目的批准提供依据。这是确定项目方向的过程，是项目的孕育过程。它不仅对项目全过程、对项目的实施和管理起着决定性作用，而且对工程全寿命期和项目的整个上层系统都有极其重要的影响。

1. 项目前期策划是为了确立项目方向

方向错误必然会导致整个项目的失败，而且这种失败常常是无法弥补的。项目的前期费用投入较少，项目的主要投入在施工阶段；但项目前期策划对项目全过程的影响最大，稍有失误就会导致项目的失败，产生不可挽回的损失，而施工阶段的工作对项目全过程的影响很小。房屋工程建设项目是由目标决定任务，由任务决定工程的技术方案和实施方案或措施，再由工程技术方案产生工程活动，进而形成一个完整的项目系统和项目管理系统。所以，项目目标规定着项目和项目管理的各个阶段和各个方面，形成一条贯穿始终的主线。如果目标设计出错，常常会产生以下后果：工程建成后无法进行正常运行，达不到使用效果；虽然可以正常运行，但其产品或服务没有市场，不能为社会所接受；工程运行费用高，没有效益，没有竞争力；房屋工程建设项目目标在工程建设过程中不断变动，造成超投资、超工期等问题。

2. 影响全局

房屋工程建设项目必须符合上层系统的需要，解决上层系统存在的问题。如果启动一个项目，其结果不能解决上层系统的问题，或不能为上层系统所接受，便会成为上层系统的包袱，给上层系统带来历史性的影响。一个房屋工程建设项目的失败常常会导致经济损失、社会问题和环境的破坏。

一个房屋工程建设项目的建成往往需要经过多个不同阶段。在工程建设领域，通常把房屋工程建设项目的各个阶段和各项工作的先后顺序称为房屋工程建设项目的建设程序，或称为基本建设程序。我国政府投资项目的基本建设程序包括项目建议书、可行性研究报告、设计工作、建设准备、建设实施生产准备、竣工验收和交付使用七个阶段。其中，项目建议书阶段、可行性研究报告阶段属于项目前期阶段。

项目建议书是业主（或建设单位）向政府提出的要求建设某一房屋工程建设项目的建议文件，是对拟建房屋工程建设项目的总体设想，是从拟建房屋工程建设项目的必要性、可能性进行考虑的。客观上，拟建工程要符合国家和地区国民经济社会发展规划的要求。在项目建议书阶段应编制房屋工程建设项目的投资预算。

项目建议书经批准后，业主紧接着应进行项目可行性研究。可行性研究是对房屋工程建设项目在技术上和经济上（包括微观效益和宏观效益）是否可行进行的科学分析和论证工作，是技术经济的深入论证阶段，为项目决策提供依据。可行性研究的主要任务是通过对多方案的比较，选择出最合理的方案。项目可行性研究阶段应编制房屋工程建设项目投资估算。

一般的房屋建筑工程的设计工作阶段分为方案设计阶段、初步设计阶段和施工图设计阶段。对技术上比较复杂又缺乏设计经验的项目，在初步设计阶段后还应进行技术设计。对于工业性房屋工程建设项目，其设计工作阶段一般是按总体设计、初步设计、技术设计和施工图设计进行。

建设准备的工作内容主要包括以下方面：征地、拆迁安置和场地平整；完成施工用水、电、路等协助条件；组织设备、材料订货；施工图纸的准备；组织项目招标投标，择优选定专业性服务单位（如工程监理单位、工程咨询单位等）、承包单位和设备及材料供应单位等。在建设准备阶段，按现行国家建设法规的规定，业主应办理各类工程建设手续，如办理建设工程用地许可证、建设工程用地规划许可证、建设工程规划许可证、工程施工许可证。对于大型项目或跨地区项目，在具备开工条件以后，业主需向中央或省级政府主管部门（如发展与改革委员会及建设、铁路、水利、公路等部门）申请办理开工报告。

房屋工程建设项目办理施工许可证（或开工报告）后，项目进入建设实施阶段。施工活动应严格按设计文件、施工合同、施工组织设计要求，在保证质量、工期、投资等目标的前提下进行，达到竣工标准，经竣工验收合格后，移交给业主。若房屋工程建设项目为生产性项目，在实施阶段还要做好生产准备（或运营准备）。生产准备（或运营准备）是项目投产前由业主进行的一项重要工作，它是连接建设和生产的桥梁，是建设阶段转入生产经营的必要条件。

当房屋工程建设项目按设计文件的规定内容和承包合同约定的内容全部完成以后，业主便可组织竣工验收。竣工验收是建设过程的最后一道程序，是投资成果转入生产或使用的标志，也是检验房屋工程建设项目的生产能力或效益、质量、投资、收益等情况及交付新增固定资产的过程。竣工验收对促进房屋工程建设项目及时投产、发挥投资效益及总结建设经验有重要作用。

项目使用阶段要进行设施管理，以确保项目的运行或运营，使项目能保值和增值。需要说明的是，保修期的项目管理与运营期的设施管理在时间上是交叉的。从项目管理的角度，应把保修阶段的管理工作纳入项目实施阶段管理的范畴。一般建设项目竣工投产经过1~2年生产运营后，要进行一次系统的项目后评价，主要包括效益评价和过程评价。项目后评价一般按三个层次组织实施，即项目法人的自我评价、项目行业的评价、计划部门（或主要投资方）的评价。项目后评价应分析合理、评价公正，以达到肯定成绩、总结经验、吸取教训、提出建议、改进工作、不断提高项目决策水平和项目管理水平的目的。

按照投资体制改革的要求，政府不再审批企业投资项目的可行性研究报告，项目的市场前景、经济效益、资金来源、产品技术方案等都由企业自主决策。尽管不需再报政府审批，但为了防止和减少投资失误、保证投资效益，企业在进行自主决策时，仍应编制可行性研究报告，对上述内容进行分析论证，作为投资决策的重要依据。因此，投资体制改革之后，可行性研究报告的主要功能是满足企业自主投资决策的需要，其内容和深度可由企业根据决策需要和项目情况相应确定。

第二节 建设工程的工程构思

一、项目构成界定

上层系统有许多问题，相关各方对项目都有许多需求，边界条件又有很多约束，所以目标因素名目繁多，形成非常复杂的目标系统。但并非所有的目标因素都可以纳入项目范围，因为一个项目不可能解决所有问题，必须对项目范围做出决策。

（一）目标因素的解决办法

通常所分析出来的目标因素可以通过以下手段解决：

1. 由本项目解决。

2. 用其他手段解决，如协调上层系统、加强管理、调整价格、加强促销手段。

3. 采用其他项目解决，或分阶段通过远期项目解决。

4. 目前不予考虑，即尚不能顾及。

（二）目标因素的范围划分

对目标因素按照性质可以划分为三个范围：

1. 最大需求范围。它包括前面提出的所有目标因素的集合 U1。

2. 最小需求范围。它由必需的、强制性的目标因素构成，是项目必须解决的问题和必须满足的目标因素的集合 U2。

3. 优化的范围。它是在目标优化基础上确定的目标因素的集合 U3，可行性研究和设计都在做这个优化工作，通常将 U3 作为项目的范围。当然，优化的范围必须包括强制性的目标因素，所以由 U3 所确定的项目目标决定了项目的系统范围，具体如图 7-1 所示。

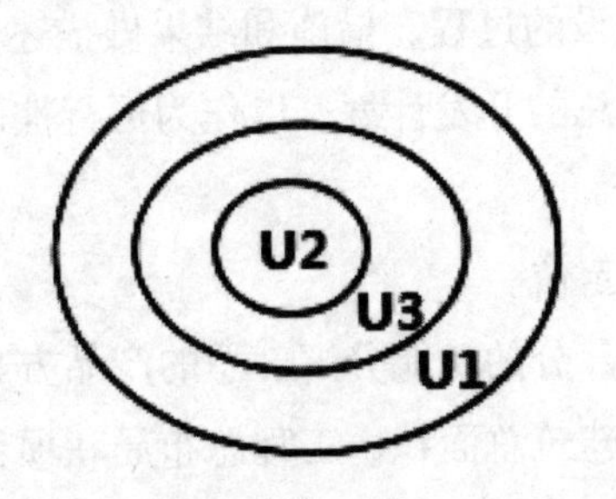

图 7-1 目标因素的三个范围关系

项目的目标系统必须具有完备性和协调性，有最佳的结构。目标的遗漏常常会造成项目系统的缺陷，如缺少一些子项目等。在确定项目构成中，目标因素应有重点，数目又不能太多，否则会造成协调和优化的困难。应避免将不经济的又非必需的附加约束条件作为目标因素引入项目，造成项目膨胀和不切实际，或不能有效地利用资源的结果。例如，企图通过一个项目建设过多地安排企业富余人员，这样的目标因素会导致项目不经济。

二、项目定义

在确定项目构成及系统界定以后即可进行项目定义。项目定义是指以书面的形式描述项目目标系统，并初步提出完成方式。它是将原直觉的项目构思和期望引导到经过分析、选择的有根据的项目建议中，是项目目标设计的里程碑。项目定义以报告的形式提出，它是对项目目标研究成果的总结，是作为项目目标设计结果的检查和阶段决策的基础。它应足够详细，应包括以下内容：

1. 提出问题，说明问题的范围和问题的定义。

2. 说明解决这些问题对上层系统的影响和意义。

3. 项目的构成和界定，说明项目与上层系统其他方面的界面，确定对项目有重大影响的环境因素。

4. 系统目标和最重要的子目标及近期、中期、远期目标，对近期目标应定量说明。

5. 边界条件，如市场分析、所需资源和必要的辅助措施、风险因素。

6. 提出项目可能的解决方案和实施过程的总体建议，包括方针或总体策略、原则、组织安排和实施时间总安排、项目融资的设想等。

7. 经济性说明，如投资总额、财务安排、预期收益、价格水准和运行费用等。

三、提出项目的总体方案

目标设计的重点是针对工程建成以后运行阶段的效果，如产品市场占有份额、利润率等。项目的任务是提供达到这种状态所必需的条件和措施。例如，要增加产品的市场份额，必须增加产品销售数量，项目的任务是提高生产能力，进行生产能力（工厂或生产设施）的建设，则必须对生产能力建设的过程、措施和结果做描述。在可行性研究之前必须提出实现项目总目标的总体方案或总的开发计划，以作为可行性研究的依据。

总体方案包括以下内容：

1. 项目产品或服务的市场定位。

2. 工程总的功能定位和各部分的功能分解、总的产品方案。

3. 工程总体的建设方案、建筑总面积、工程总布局和项目实施阶段的划分。

4. 总的融资方案、设计、施工和运行方面的组织策划。

5. 工程经济、安全、高效率运行的条件和过程，建设和运行中环境保护和工作保护措施等。

四、项目的审查和选择

（一）项目的审查

项目定义后必须对项目进行评价和审查。这里的审查主要是风险评价、目标决策、目标设计价值评价及对目标设计过程的审查。财务评价和详细的方案论证在可行性研究和设计（计划）过程中进行。在审查中应防止自我控制、自我审查。一般由未直接参加目标设计、与项目没有直接利害关系，但对上层系统（大环境）有深入了解的人进行审查。审查必须有书面审查报告，并补充审查部门的意见和建议。审查后由上层组织批准是否进行可行性研究。审查的关键问题是指标体系的建立，这与具体的项目类型有关。一般常见的投资项目审查指标如下：

1. 问题的定义，包括：

①项目的名称、总目标的介绍。

②和其他项目的界限和联系。

③目标优先级及边界约束条件。

④时间和财务条件介绍。

2. 目标系统和目标因素的价值评价，包括：

①项目的起因和可信度、前提条件、基础和边界条件；项目问题的现实性和项目产品市场的可行性。

②项目预计总投入与效用关系研究。

③审查量化目标因素的可实现性和变更的可能性（如由于边界因素变化对目标的影响），主要分析因时间推移、市场竞争、技术进步和经济发展对各个目标的影响。

④目标因素的必要性、可实现性，如果放弃某个目标因素会带来什么问题和缺陷，目标因素是否可以合并。

⑤确定在可行性研究中的各个细节和变量。

⑥市场和企业经营期望（长、中、短期的）。

⑦风险界定。比如可能的市场风险、实施风险和环境风险，避免风险的策略。如果估计系统中有高度危险性及不确定性，应提出要求做进一步探讨，或在可行性研究中做重点研究。项目目标与企业战略目标的关系，项目系统目标与子目标、短期目标与长期目标之间的协调性。

3. 对项目构思、情况和问题的调查及分析、目标设计的过程和结果的审查。

4. 项目的初步评价，包括：

①项目问题的现实性和项目产品市场的可行性。

②财务的可能性、融资的可能性。

③设计、施工、运行方面的组织和承担能力。

④可能的最终费用、最终投资。

⑤项目实施的限制条件，如法律、法规、相关者目标和利益的争执。

⑥环境保护和工作保护措施。

⑦其他影响。如实施中出现问题或时间推迟的后果，对其他项目的影响。

（二）项目的选择

从上层系统（如国家、企业）的角度，对一个项目的决策不仅限于一个有价值的项目构思的选择，以及目标系统的建立、项目构成的确定，而且常常面临许多项目机会的选择。由于一个企业面临的项目机会可能很多（如许多招标工程信息和投资方向），但企业资源是有限的，不能四面出击、抓住所有的项目机会，一般只能在其中选择自己的主攻方向。应该确定一些指标，作为项目的选择依据。选择的总体指标通常有以下几种：

1. 通过项目能够最有效地解决上层系统的问题，满足上层系统的需要。对于提供产品或服务的项目，应着眼于有良好的市场前景，如市场占有份额、投资回报等。

2. 使项目符合上层系统的战略，以项目对战略的贡献作为选择尺度，如对竞争优势、长期目标、市场份额和利润规模等的影响，有时可由项目达到一个新的战略。由于企业战略是多方面的，如市场战略、经营战略和工艺战略等，可以详细并全面地评价项目对这些战略的贡献。

3. 企业的现有资源和优势能得到最充分的利用。必须考虑自己实施项目的能力，特别是财务能力。现在人们常常通过合作（如合资、合伙和国际融资等）进行大型的、特大型的、自己无法独立进行的项目，这是有重大战略意义的。要考虑各方面优势在项目上的优化组合，达到各方面都有利的结果。

4. 项目本身成就的可能性最大和风险最小，选择成就（如收益）期望值大的项目。在这个阶段就必须进行项目的风险分析。

第三节　建设工程的目标设计

一、房屋工程建设项目构思的产生与选择

（一）项目构思的产生

任何房屋工程建设项目都从构思开始，项目构思常常来自项目的上层系统现存的需求、问题战略和可能性。根据不同的项目和不同的项目参加者，项目构思的起因也不同。

1. 通过市场研究发现新的投资机会、有利的投资地点和投资领域。例如，通过市场调查发现某种产品有庞大的市场容量或潜在市场，应该开辟这个市场；企业要发展，要扩大

销售，扩大市场占有份额，必须扩大生产能力；企业要扩大经营范围，增强抗风险能力，搞多种经营、灵活经营，向其他领域、地域投资；出现了新技术、新工艺、新专利产品；市场出现新的需求；当地某种资源丰富，可以开发利用这些资源。

以上情况产生对项目所提供的最终产品或服务的市场需求，都是新的项目机会。房屋工程建设项目应以市场为导向，分析市场的可行性和可能性。

2. 上层系统运行中存在的问题或困难。例如，某地方交通拥挤不堪、住房特别紧张、能源紧张，由于能源供应不足影响工农业生产和居民生活；市场上某些物品供应紧张；环境污染严重等。

以上问题和困难如果必须用房屋工程建设项目解决，就会产生对房屋工程建设项目的需求。

3. 为了实现上层系统的发展战略。例如，为了解决国家、地区的社会发展问题，使经济腾飞，则必然有许多房屋工程建设项目。战略目标和计划常常都是通过房屋工程建设项目实施的，所以一个国家或地区的发展战略或发展计划常常包容许多新的房屋工程建设项目。对国民经济计划、产业结构和布局、产业政策、社会经济增长状况的分析可以预测项目的机会。在做项目目标设计和项目评价时必须考虑对总体战略的贡献。一个国家、一个地区、一个产业如果正处于发展时期、上升时期，有很好的发展前景，则它必然包容或将有许多房屋工程建设项目机会。

4. 项目业务机会。许多企业以房屋工程建设项目作为基本业务对象，如工程承包公司、成套设备的供应公司、咨询公司、造船企业、国际合作公司和一些跨国公司，在它们业务范围内的任何工程信息（如招标公告），都是它们承接业务的机会，都可能产生项目。

5. 通过生产要素的合理组合，产生项目机会。现在许多投资者项目策划者常常通过国际的生产要素的优化组合，策划新的项目。最常见的是通过引进外资，引进先进的设备、生产工艺与当地的廉价劳动力、原材料和已有的厂房组合，生产符合国际市场需求的产品，产生高效益的房屋工程建设项目。在国际经济合作领域，这种“组合”的艺术已越来越为人们所重视，能演绎出各式各样的项目，能取得非常高的经济效益。在国际工程中，许多承包商通过调查研究，在业主尚没有项目意识时就提出项目构思，并帮助业主进行目标设计、可行性研究和技术设计，以获得这个项目的总承包权。这样业主和承包商都能获得非常高的经济效益。

6. 其他因素。例如，现代企业的资产重组、资本运作、变更管理和创新都会产生项目机会。项目构思的产生是十分重要的。它在初期可能仅仅是一个“点子”，却是一个项目的萌芽，投资者、企业家及项目策划者要有敏锐的感觉，要有艺术性、远见和洞察力。

（二）项目构思的选择

项目的机会很多，项目的构思丰富多彩，有时甚至是“异想天开”的，所以不可能将每一个构思都付诸更深入的研究，对那些明显不现实或没有实用价值的构思必须淘汰；同时由于资源的限制，即使是有一定的可实现性和实用价值的构思，也不可能都转化成项目，一般只能选择少数几个进行更深入的研究优化。由于构思产生于对上层系统直观的了解，而且仅仅是比较朦胧的概念，以至于采用什么方法（或项目）能够满足需求还不知道，所以也很难进行系统的定量的评价和筛选，一般只能从以下几个方面来把握：

1. 上层系统问题和需求的现实性。即上层系统的问题和需要是实质性的，而不是表象性的，同时预计通过采用项目手段可以顺利地解决这些问题。

2. 考虑环境的制约，充分利用资源和外部条件。

3. 充分发挥自己的长处，运用自己的竞争优势，或在项目中达到合作各方竞争优势的最优组合。这样综合考虑“构思—环境—能力”之间的平衡，以求达到主观和客观的最佳组合。经过认真研究后，觉得这个房屋工程建设项目的建设是可行的、有利的，经过上层组织的认可，项目的构思转化为目标建议，可做进一步的研究，进行项目的目标设计。

二、目标管理方法

（一）目标管理的必要性和重要性

目标是对预期结果的描述。要取得房屋工程建设项目的成功，必须有明确的目标。房屋工程建设项目不同于一般的研究和革新项目研究（如科研），革新项目的目标在项目初期常常是不太明确的。它通过在项目过程中分析遇到的新问题和新情况，对项目的中间成果进行分析、判断和审查，探索新的解决办法，做出决策，逐渐明确并不断修改目标，最终达到一个结果——可能是成功的、一般的或不成功的，甚至可能是新的成果或意外的收获，所以对这类项目必须加强变更管理、阶段决策和阶段计划工作。房屋工程建设项目采用严格的目标管理方法，这主要体现在以下几个方面：

1. 在项目实施前就必须确定明确的目标，精心优化和论证，经过批准，作为设计、计划和控制的依据。不允许在项目实施中仍存在目标的不确定性和对目标过多地修改。当然，在实际工程中，调整、修改甚至放弃项目目标也是有的，但那常常预示着项目的失败。

2. 项目目标设计必须按系统工作方法有步骤地进行。通常在项目前期进行项目总体目标设计，建立项目目标系统的总体框架，再采用系统方法将总目标分解成子目标和可执行目标。更具体、更详细、更完整的目标设计在可行性研究阶段及在设计和计划阶段进行。所以，广义地说，项目的目标设计是一个连续反复循环的过程。

3. 目标系统必须包括项目实施和运行的所有主要方面，并能够分解落实到各阶段和项目组织的各个层次，将目标管理同职能管理高度结合起来，使目标与组织任务、组织结构相联系，建立由上而下、由整体到部分的目标控制体系，并加强对项目组织的各层次目标的完成情况进行考核和业绩评价，鼓励人们竭尽全力地实现他们的目标。所以，采用目标管理方法能调动各方面的积极性，使项目目标顺利实现。

4. 将项目目标落实到项目的各阶段。项目目标是可行性研究的尺度，经过论证和批准后作为项目技术设计和计划、实施控制的依据，最后又作为项目后评价的标准，使计划和控制工作十分有效。

5. 在现代项目中人们强调工程全寿命期集成管理，它的重点在于以工程全寿命期为对象建立项目的目标系统，再分解到各个阶段，进而保证在工程全寿命期中目标、组织、过程、责任体系的连续性和整体性。

（二）在项目管理中推行目标管理存在的问题

1. 项目早期目标系统的合理性和科学性受到限制。在项目前期就要求设计完整的、科学的目标系统是十分困难的。

（1）项目是一次性的，项目目标设计没有直接可用的参照系。

（2）项目初期人们所掌握的信息还不多，项目决策是根据不全面的信息做出的。

（3）项目前期，设计目标系统的指导原则、政策不够明确，很难做出正确的综合评价和预测。

（4）人们对问题的认识还不深入、不全面。

（5）项目系统环境复杂、边界不清楚、不可预见的干扰多。

（6）项目目标因素多、相互之间的关系复杂，容易引起混乱。

2. 项目批准后，由于种种原因使目标的刚性非常大，不能随便改动，也很难改动，这种目标的刚性对房屋工程建设项目常常是十分危险的。产生目标刚性的原因如下：

（1）由于目标变更的影响很大，管理者对变更目标往往犹豫不决。

（2）由于行政机制的惯性，目标变更必须经过复杂的程序。

（3）项目决策者常常不愿意否定过去、不愿意否定自己等。

3. 在目标管理过程中，人们常常注重近期的、局部的目标，因为这是其首要责任，是对其考核、评价的依据。例如，在建设期人们常常过于注重建设期的成本目标、工期目标，而较少注重运行问题；承包商比较注重自己的经济效益，降低成本，加快施工速度。这有时会损害项目的总目标。

（三）提出目标因素

1. 问题的定义

项目构思所提出的主要问题和需求表现为上层系统的症状，而进行进一步的研究可以得到问题的原因、背景和界限。问题定义是目标设计的诊断阶段，从问题的定义中确定项目的目标和任务。对问题的定义必须从上层系统的角度出发，并抓住问题的核心。问题定义的步骤如下：

（1）对上层系统问题进行罗列、结构化，即上层系统有几个大问题，一个大问题又可分为几个小问题。例如，企业存在利润下降、生产成本提高、废品增加和产品销路不好等问题。

（2）对原因进行分析，将症状与背景、起因联系在一起，可用因果关系分析法。如产品销路不好的原因可能是：该产品陈旧老化，市场上已有更好的新产品出现；产品的售后服务不好，用户不满意；产品的销售渠道不畅，用户不了解该产品等。

（3）分析这些问题将来的发展趋势和对上层系统的影响。有些问题会随着时间的推移逐渐减轻或消除，但有的问题却会逐渐严重。例如，如果产品处于发展期，则销路会逐渐扩大；而如果处于衰退期，则销路会越来越窄。由于工程在建成后才有效用，所以必须分析和预测工程投入运行后的状况。

2. 目标因素的来源

目标因素通常由以下几个方面决定：

（1）问题的定义。按问题的结构，解决其中各个问题的程度，即为目标因素。

（2）有些边界条件的限制也形成项目的目标因素，如资源限制、法律的制约和房屋工程建设项目的相关者（如投资者、项目周边组织）的要求等。

（3）对于为完成上层系统战略目标和计划的项目，许多目标因素是由上层组织设置的，上层战略目标和计划的分解可直接形成项目的目标因素。由于问题的多样性和复杂性，同时也由于边界条件的多方面约束，造成了目标因素的多样性和复杂性。如果目标因素的数目太多，则系统分析、优化和评价工作将十分困难，同时会降低计划和控制工作的效率。

3. 常见的目标因素

一个房屋工程建设项目的目标因素可能有以下三类：

（1）问题解决的程度

这是工程建成后所实现的功能，或者所达到的运行状态。例如：

1）项目产品的市场占有份额；

2）项目产品的年产量或年增加量；

3）新产品开发达到的销售量、生产量、市场占有份额和产品竞争力；

4）拟解决多少人口的居住问题，或提高当地人均居住面积等；

5）增加道路的交通流量，或预期达到的行车速度；

6）拟达到的服务标准或质量标准。

（2）项目自身的（与建设相关）目标

1）工程规模、项目所能达到的生产能力规模。例如，建成一定产量的工厂、生产流水线，一定规模、等级和长度的公路，一定吞吐能力的港口，一定建筑面积或居民容量的小区。

2）经济性目标，主要包括项目的投资规模、投资结构、运行成本，项目投产后的产值目标、利润目标、税收和该项目的投资净生产力等。

3）项目时间目标，包括短期（建设期）、中期（产品寿命期、投资回收期）和长期（厂房或设施的寿命期）的目标。

（3）其他目标因素

1）工程的技术标准、技术水平。

2）提高劳动生产率，如达到新的人均产量、产值水平。

3）人均产值利润额。

4）吸引外资数额。

5）降低生产成本或达到新的成本水平。

6）提高自动化、机械化水平。

7）增加就业人数。

8）对自然和生态环境的影响，环境保护，对烟尘、废气、热量、噪声和污水排放的要求。

9）对企业或当地其他产业部门的连带影响，对全企业或对国民经济和地方发展的贡献。

4. 各目标因素指标的初步确定

目标因素应尽可能定量化，能够用时间、成本（费用、利润）、产品数量和特性指标表示，且尽可能明确，以便能进一步地定量化分析、对比和评价。在这里仅初步确定各目标因素指标，对项目规模和标准进行初步定位，然后才能进行各目标因素之间的相容性分析，构成一个协调的目标系统。确定目标因素指标应注意以下几点：

（1）真实反映上层系统的问题和需要，应以情况分析和问题定义为基础。

（2）切合实际、实事求是，既不好大喜功，又不保守，目标应经过努力能够实现。如果指标定得太高，则难以实现，会将许多较好的、可行的项目淘汰；定得太低，则失去优化的可能，失去更好的投资机会。要顾及项目产品或服务的市场状况、自己的能力，顾及边界条件的制约，避免出现完全出自主观期望的指标。

（3）目标因素指标的提出、评价和结构化并不是在项目初期就可以办到的。按正常的系统过程，在目标系统优化、可行性研究、设计和计划中，还需要对它们做进一步的分析、讨论和对比，并逐渐修改、联系、变异和优化。

（4）目标因素的指标要有一定的可变性和弹性，应考虑环境的不确定性和风险因素、有利的和不利的条件；应设定一定的变动范围，如划定最高值、最低值区域。这样，在进一步的研究论证（如目标系统分析、可行性研究和设计）中可以按具体情况进行适当的调整。

（5）项目的目标因素必须重视时间限定。一般目标因素都有一定的时效，即目标实现的时间要求。这个问题通常需要分三个层次来考虑。

1）通常工程的设计水准是针对项目对象的使用期，如工业厂房一般为 30~50 年。

2）基于市场研究基础上提出的产品方案有它的寿命期。一般在工程建成并投产后一段时间，由于产品的过时，或有新产品取代，必须进行更新改造或以新的产品方案取代。所以，现有的产品方案一般为 5~10 年。由于竞争激烈、科学技术进步，现在产品方案的周期越来越短。

3）项目的建设期，即项目启动到工程建成投产的时间，这是项目的近期。与时间相关的目标因素的指标应有足够的可变性和广泛的适用性，既要防止短期优化行为，同时又要防止在长时间内仍未达到最优的利用（如一次性投资太大、投资回收期过长）。一般房屋工程建设项目的目标因素的确立以新产品的寿命期为重点。

（6）项目的目标是通过对问题的解决最大限度地满足项目相关者对项目的需要，所以许多目标因素都是由项目相关各方提出来的。只有在目标设计时考虑各方面利益，项目的实施才有可能使各方面满意，才能顺利。在这一阶段必须向项目相关方面调查询问，征求他们的意见。在项目初期有些相关者尚未具体确定，则必须向有代表性的或潜在的相关者调查。例如，可能购买项目最终产品或服务的用户、潜在的承包商和供应商等。

（7）目标因素指标可以采用相似情况（项目）比较法、指标（参数）计算法、费用-效益分析法、智暴法和价值工程等方法确定。

（四）目标系统的建立

对目标因素按照它们的性质进行分类、归纳、排序和结构化，形成目标系统，并对目标因素进行分析、对比和评价，使项目的目标协调一致。

1. 目标系统的结构

房屋工程建设项目目标系统至少有以下三个层次：

（1）系统目标

系统目标由项目的上层系统决定，对整个房屋工程建设项目具有普遍的适用性和影响。系统目标通常可以分为以下几种：

1）功能目标：项目建成后所达到的总体功能。功能目标可能是多样性的。例如，通过一个高速公路建设项目使某地段的交通达到日通行量 4 万辆，通行速度为 120km/h。

2）技术目标：对工程总体的技术标准的要求或限定。例如，该高速公路符合中国公路建设标准。

3）经济目标：如总投资、投资回报率等。

4）社会目标：如对国家或地区发展的影响、对其他产业的影响等。

5）生态目标：如对环境的影响、对污染的治理程度等。

（2）子目标

系统目标需要由子目标来支持或补充。子目标通常由系统目标导出或分解得到，或是自我成立的目标因素，或是边界条件对系统目标的约束，它仅适用于项目的某一方面。例如，生态目标可以分解为废水、废气、废渣的排放标准、环境绿化标准、生态保护标准。如三峡工程的功能目标可能分解为防洪、发电、水运和调水等子目标。有些子目标可用于确定子项目的范围。例如，生态目标（标准）常常决定了“三废”处理装置和配套的环境绿化工程（子项目）的要求。

（3）可执行目标

子目标可再分解为可执行目标。它们决定了项目的详细构成。可执行目标及更细的目标因素的分解，一般在可行性研究以及技术设计和计划中形成、扩展、解释和定量化，逐渐转变为与设计、施工相关的任务。例如，为达到废水排放标准所应具备的废水处理装置规模、标准、处理过程和技术等，可执行目标经常与解决方案（技术设计或施工方案）相联系。

2. 目标因素的分类

（1）按性质分类

1）强制性目标：必须满足的目标因素，通常包括法律和法规的限制、官方的规定、技术规范的要求等。例如，环境保护法规定的排放标准，事故的预防措施，技术规范所规定系统的完备性、安全性和设计标准等。这些目标必须纳入项目的目标系统中，否则项目不能成立。

2）期望的目标：尽可能满足的、有一定范围弹性的目标因素。例如，总投资、投资净生产力和就业人数等。

（2）按照目标因素的表达分类

1）定量目标：定量目标指能用数字表达的目标因素，它们常常是可考核的目标。如工程规模、投资回报率和总投资等。

2）定性目标：定性目标指不能用数字表达的目标因素，它们常常是不可考核的目标。如改善企业或地区形象，改善投资环境，使用户满意。

3. 目标因素之间的争执

诸多目标因素之间存在复杂的关系，可能有相容关系、相克关系和其他关系（如模糊关系、混合关系）。所谓相克关系，即目标因素之间存在矛盾、存在争执。例如，环境保护标准和投资净生产力、自动化水平和就业人数技术标准与总投资等。通常在确定目标因素时还不能排除目标之间的争执，但在目标系统设计、可行性研究、技术设计和计划中必须解决目标因素之间的相容性问题，必须对各目标因素进行分析、对比、逐步修改、联系、增删和优化，这是一个反复的过程。

（1）强制性目标与期望目标发生争执

如果强制性目标和期望目标发生争执，例如，最常见的是环境保护要求和经济性（投资净生产力、投资回收期和总投资等），则首先必须满足强制性目标的要求。

（2）强制性目标因素之间发生争执

如果强制性目标因素之间存在争执，则说明本项目存在自身的矛盾性，可能有两种处理方法。

1）判定这个项目构思是不可行的，可以重新构思或重新进行情况调查。

2）消除某一个强制性目标，或将它降为期望目标。在实际工作中，不同的强制性目标的强制程度常常是不一样的。例如，国家法律是必须满足的，但有些地方政府的规定、地方的税费，尽管也对项目有强制性，但有时有一定的通融余地，或有一定的变化幅度，则可以通过一些措施将它降为期望的目标，或降低该目标因素的水准。

（3）期望目标因素之间的争执

1）如果定量目标因素之间存在争执，可采用优化的办法，追求技术经济指标最有利（如收益最大、成本最低和投资回收期最短）的解决方案。具体优化工作是可行性研究的任务。

2）定性目标因素的争执可通过确定优先级，寻求它们之间的妥协和平衡。有时可以通过定义权重将定性的目标转化为定量的目标进行优化。

（4）目标的优先级

在目标系统中，系统目标优先于子目标，子目标优先于可执行目标。

4. 目标系统设计的几个问题

房屋工程建设项目的目标系统应体现工程的社会价值、历史价值，应有综合性和系统性。项目目标最重要的是满足用户和其他相关者明确的和隐含的需要。由于许多目标因素是项目相关各方提出的，所以许多目标争执实质上又是不同群体的利益争执。许多用户、投资者、业主和其他相关者的目标或利益在项目初期常常是不明确的，或是隐含的，或是随意定义、估计的。甚至在项目初期，业主或决策者对顾客和相关者的对象和范围都不清楚，这样的项目目标设计是盲目的。因此，应进行认真的调查研究，以界定、评价用户和其他相关者的要求，以确保目标体系能够满足他们的需要。在整个项目过程中，应一直关注他们的需求。

项目相关者之间的利益可能会有矛盾。在项目目标系统设计中必须承认和照顾到与项目相关的不同群体和集团的利益，必须体现利益的平衡。没有这种平衡，项目是不可能顺利进行的。

项目的顾客和投资者的利益（或要求）应优先考虑到，它们的权重较大。当项目产品或服务的顾客和其他相关者的需求发生矛盾时，应首先考虑满足用户的需求，考虑用户的利益和心理。

在实际工作中，有许多项目所属企业的部门人员参与项目的前期策划，他们极可能将自己部门的利益和期望带入项目目标设计中，进而造成项目目标设计中部门之间的讨价还价，容易使子目标与总目标相背离，因此，应防止因部门利益的冲突而导致项目目标因素的冲突。

在目标系统设计阶段尽管没有项目管理小组和项目经理，但它确实是一项复杂的项目管理工作，需要大量的信息、项目管理知识和各学科专业知识，应防止盲目性，防止思维僵化和思维的“近亲繁殖”。所以，大型项目应在有广泛代表性的基础上构成一个工作小组负责这方面工作，同时吸引许多上层系统的部门工作人员在其周围，形成一个外围组织，广泛倾听外部各方面的咨询、意见，接收信息。工作小组应包括目标系统设计的组织和管理（如文件起草、会议组织和协调等）人员、市场分析人员、与项目相关的技术人员、产品开发人员等。外部圈子应包括法律（专利、合同）人员，销售组织，企业经营、财务、现场、后勤人员和人力资源管理人员等。

在确定房屋工程建设项目的功能目标时，经常还会出现预测的市场需求与经济生产规模的矛盾。对一般的工业生产项目，工程只有达到一定的生产规模才会有较高的经济效益。但按照市场预测，可能在一定的时间内，产品的市场容量较小。这对矛盾在许多房屋工程建设项目中都存在，而且常常不易圆满地解决。

减少一次性的资金投入，前期工程投产后可以为后期工程筹集资金，降低项目的财务风险；逐渐积累建设经验，培养工程管理和运行管理人员；使工程建设进度与市场逐渐成熟的过程相协调，降低项目产品的市场风险。当然，分阶段实施房屋工程建设项目会带来管理上的困难和工程建设成本的增加。分阶段建设的工程在项目前期就应有一个总体的目标、系统的设计，考虑到扩建、改建及自动化的可能性等，使长期目标与近期目标协调一致。

第四节 建设工程的可行性研究

项目申请报告是指企业投资建设应报政府核准的项目时，为获得项目核准机关对拟建项目的行政许可，按核准要求报送的项目论证报告。项目申请报告重点阐述项目的外部性、公共性等事项，包括维护经济安全、合理开发利用资源、保护生态环境、优化重大布局、保障公众利益、防止出现垄断等内容。编写项目申请报告时，应根据政府公共管理的要求，对拟建项目从规划布局、资源利用、征地移民、生态环境、经济和社会影响等方面进行综合论证，为有关部门对企业投资项目进行核准提供依据。至于项目的市场前景、经济效益、资金来源、产品技术方案等内容，不必在项目申请报告中进行详细分析和论证。

一、项目申请报告与可行性研究报告的区别

项目核准申请报告与可行性研究报告在分析论证的角度、包含的内容和发挥的作用等方面，都有着很多区别。可行性研究报告主要是从微观角度对项目本身的可行性进行分析论证，侧重于项目的内部条件和技术分析，包括市场前景是否看好、投资回报是否理想、技术方案是否合理和先进、资金来源是否落实、项目建设和运行的外部配套条件是否有保障等主要内容，主要作用是帮助投资者进行正确的投资决策、选择科学合理的建设实施方案。项目核准申请报告主要是从宏观角度对项目的外部影响进行论述，侧重于经济和社会分析，主要包括拟建项目的基本情况和该项目的外部影响，如该项目对国家经济安全、地区重大布局、资源开发利用、生态环境保护、防止行业垄断和保护公共利益等方面会造成哪些有利或不利的影响。项目申请报告是政府对项目进行审查以决定是否允许其投资建设的重要依据。

二、可行性研究的内容

（一）市场和工厂生产能力

1. 市场需求分析和调研

分析过去和目前项目产品的市场需求情况、市场容量、生产能力、进出口状况和存在的主要问题，预测将来需求的增长情况和规模。

2. 销售预测和营销策略

按照市场预测，确定本项目产品的销售计划，主要包括以下内容：

（1）预测对该项目产品现有的及潜在的、当地和国外生产者及供应者的竞争状况。

（2）确定本项目的产品方案（质量、规格和产量）、产品的销售计划与销售策略。

（3）产品和副产品年销售收入和费用估计（本国货币或外币）。

3. 生产计划

根据产品销售计划，确定项目产品和副产品的生产计划。

4. 工厂生产能力

按照销售和生产计划，确定工厂正常的生产能力。

（二）厂址选择

1. 项目对选址的要求，列出可选地点并加以说明。

2. 说明最合适的地点（所在的国家、地理位置、地区及城镇）及选择建议。

3. 说明所选择的厂址的基本情况和环境条件（位置、占地面积、地形地貌、气候、地震情况、工程地质与水文地质条件、征地拆迁及移民安置条件、交通运输条件、水电供应条件、生态环境条件、法律条件、生活设施和施工条件等）及选择理由。

4. 与选址有关的费用估算。

（三）工程方案

1. 按照产品方案、生产计划和选址确定工程建设规模、工程范围，以及生产系统、公用工程、辅助工程及运输设施的总体布局。

2. 工程技术方案、设备方案

（1）所采用的工艺技术的类型、来源、规格和流程。

（2）拟用主要设备（生产设备、辅助设备和服务设施等）的数量、型号、规格、生产能力、来源及供应方式。

（3）技术和设备费用及年均运行费用估计。

3. 土建工程

（1）土建工程（建筑物、构筑物）的数量、规格、类型及总体布置。

（2）土建工程费用和年均运行费用估算。

4. 总体运输与公用辅助工程

（1）场内外运输方案。根据工艺流程、工程布局，确定产品市场所需要的内外部运输方案，选择运输方式，合理布置运输路线，选择运输设备和建设运输设施等。

（2）公用工程与辅助工程方案。公用工程主要包括给水、排水、供电、通信、供热和通风等工程；辅助工程包括维修、化验、检测和仓储等工程。

（四）原材料和供应

1. 按照预定的生产能力、工艺和设备方案，确定工程正常生产所需要的材料，如原材料、半成品、部件、辅助材料和用品及公用设施等的供应状况、年均需要量。

2. 各种可选的供应方案，说明所选原材料和投入的类型、规格、质量、数量、来源、可获得性、价格、供应方式和运输方式等。

3. 供应计划。上述投入物资的数量、来源渠道、交付时间和储存情况等。

4. 成本估算。估算各种原材料投入的年成本。

（五）工厂组织机构和人员配置

1. 按照生产能力和企业运营要求，确定工厂组织机构设置，包括生产、销售、行政和管理部门等的设置。

2. 工厂、技术人员和管理人员的需要量和配置方案，包括相关人员的培训要求。

3. 企业管理费用估算和人员相关的费用估算。

（六）工程建设计划

1. 按照产品生产计划和工程计划，确定工程建设计划，确定项目实施的主要阶段时间目标和主要工作。例如，项目前期工作（建立项目管理机构、资金筹集、技术获得与转让）、勘察设计、设备订货施工准备、土建施工、设备安装和生产准备、试车及投产等。

2. 各工作的实施计划和实施时间表，说明项目实施的先后次序。

3. 工程建设的费用估算，包括建设单位管理费、生产筹备费、建立管理机构和生产职工培训费、办公和生活家具购置费、勘察设计费及物资供应、土建施工等费用。

4. 根据工程建设计划确定“时间—费用”计划。

（七）财务和经济评价

1. 总投资测算

按照上述建设规模产品方案和工程方案，估算项目所需总投资，包括地皮购价、场地清理、土木工程、技术设备、投产前资本费用和周转资金等。

2. 生产成本和销售收入估算

该项包括达到正常生产能力时的生产总成本、单位成本和销售收入估算。

3. 项目资金筹措

（1）项目的资金流及需筹措的资金量（本国货币或外币）。

（2）资金来源渠道、筹措方式、融资结构、融资成本和融资风险，通过财务分析比选推荐项目的融资方案。

（3）投资使用计划、偿还计划和融资成本分析。

4. 财务评价

预测项目的财务效益与费用，通过计算财务评价指标，考查拟建项目的盈利能力、偿债能力，以判断项目在财务上的可行性。主要财务评价指标包括清偿期限、简单收益率、收支平衡点和内含报酬率等。

5. 国民经济评价

从资源合理配置的原则出发，计算项目对国民经济和社会福利的贡献，主要运用影子价格、影子汇率、影子工资和社会折现率等参数，采用国民经济盈利能力分析、外汇效果分析、就业机会、社会保障和教育等主要评价指标。对于公共房屋工程建设项目、资源开发项目和涉及国家经济安全的项目，这个评价十分重要。

分析拟建项目对当地社会的影响和当地社会条件对项目的适应性和可接受程度，评价项目的社会可行性。评价内容包括社会影响分析项目与所在地区的互适性分析和社会风险分析等。

针对上述预测和估算，分析其中不确定性与风险因素对项目的影响，以评价项目的风险承受能力、识别项目的关键风险因素。不确定性分析包括本量利分析和敏感性分析，风险分析过程包括风险识别、风险评价和风险应对等。

三、可行性研究的基本要求

可行性研究作为项目的一个重要阶段，它不仅起细化项目目标的承上启下作用，而且其研究报告是项目决策的重要依据。只有正确的、符合实际的可行性研究，才可能有正确的决策。

1. 关键问题是项目产品或服务的市场定位。重点研究市场，按照市场确定生产规模、工程范围、技术方案和融资方案等，必须从工程全寿命期的角度研究问题。

2. 大量的调查研究，以第一手资料为依据，客观地反映和分析问题，不应带任何主观观点和其他意图。可行性研究的科学性常常是由调查的深度和广度所决定的。项目的可行性研究应从市场、法律和技术经济的角度来论证项目可行或不可行，而不只是论证其可行，或已决定上马该项目了，再找一些依据证明决定的正确性。

3. 可行性研究应详细、全面，定性和定量分析相结合，用数据说话，多用图表表示分析依据和结果，可行性研究报告应十分透彻和明了。研究和分析方法应是科学和可靠的，人们常用的方法有数学方法、运筹学方法、经济统计和技术经济分析方法，如边际分析法、成本效益分析法等。

4. 多方案比较。无论是项目的构思，还是市场战略、产品方案、工程规模、技术措施、厂址的选择、时间安排和筹资方案等，都要进行多方案比较。应大胆地设想各种方案，进行精心的研究论证，按照既定目标对备选方案进行评价，以便选择经济合理的方案。房屋工程建设项目所采用的技术方案应是先进的，同时又是成熟可行的；而研究开发项目则追求技术的新颖性、技术方案的创新性。

5. 在可行性研究中，许多分析和研究是基于对将来情况预测的基础上的，而预测结果包含着很大的不确定性。例如，项目的产品市场、项目的环境条件，参加者在技术、经济和财务等各方面都可能有风险，所以要加强风险分析（敏感性分析）。

6. 可行性研究的结果作为项目的一个中间研究和决策文件，在项目立项后应作为设计和计划的依据，在项目后评价中又作为项目实施成果评价的依据。可行性研究报告经上层组织审查、评价、批准和立项，这是工程全寿命期中最关键的一步。

第八章　建设工程管理组织

随着建设工程项目数量越来越多、体量越来越大、各专业系统组成越来越复杂，项目实施过程中的各种不可预见性变化多样，这就要求管理工作越来越需要很强的专业性，参与各方的组织人员配置明晰、职能任务明晰、组织结构高效，以及动态控制措施的科学合理，以保证预定总目标的成功实现。

第一节　建设工程管理组织的设计

1. 建设工程管理组织的基本概念

“组织”一词，其含义比较宽泛，人们通常所用的“组织”一般有两个意义:其一为“组织工作”，表示对一个过程的组织，对行为的筹划、安排、协调、控制和检查，如组织一次会议、组织一次活动；其二为结构性组织，是人们（单位、部门）为某种目的以某种规则形成的职务结构或职位结构，如建设工程组织、企业组织。而本书中的组织是人们为了实现某种既定目标，根据一定的规则，通过明确分工协作关系，建立不同层次的权利、责任、利益制度而有意形成的职务结构或职位结构。组织是一种能够一体化运行的人、资源、信息的复合系统。

组织有两重含义：组织机构和组织行为。

组织机构是按一定的领导体制、部门设置、层次划分、职责分工、规章制度和信息系统而构成的有机整体。

组织行为又称组织活动，即为达到一定目标，运用组织所赋予的权利和影响力，对所需的资源进行合理配置，是指为实现项目的组织职能而进行的组织系统的设计、建立、运行和调整。

建设工程管理组织是指为完成特定的建设工程而建立起来的从事建设工程具体工作的组织。

建设工程管理组织的基本结构一般分为建设工程所有者（战略层）、建设工程管理者（组织层）、建设工程承担者（操作层）三个层次。

（1）建设工程所有者（或建设工程的上层领导者）

该层是建设工程的发起者，一般包括企业经理、对建设工程投资的财团、政府机构、社会团体领导。他们居于建设工程组织的最高层，对整个建设工程负责，最关心的是建设工程的整体经济效益。

建设工程所有者组织一般又分为两个层次，即战略决策层（投资者）和战略管理层（业主）。投资者通常委托一个建设工程管理主持人，即业主，由他承担建设工程实施全过程的主要责任和任务，通过确立目标、选择不同的战略方案、制订实现目标的计划，对建设工程进行宏观控制，保证建设工程目标的实现。

（2）建设工程管理者（项目组织层）

建设工程管理者通常是一个由项目经理领导的项目经理部（或小组）。建设工程管理者由业主选定，其为业主提供有效的、独立的管理服务，负责建设工程实施中具体的事务性管理工作。他的主要责任是实现业主的投资意图，保护业主利益，保证建设工程整体目标的实现。

（3）建设工程承担者（建设工程操作层）

建设工程操作层包括承担建设工程工作的专业设计单位、施工单位、供应商和技术咨询工程师等，他们的主要任务和责任有：

1）参与或进行建设工程设计、计划和实施控制。

2）按合同规定的工期、成本、质量完成自己承担的建设工程任务，为完成自己的责任进行必要的管理工作，如质量管理、安全管理、成本控制、进度控制。

3）向业主和建设工程管理者提供信息和报告。

4）遵守建设工程管理规则。

当然，建设工程管理组织中还有可能包括上层系统（如企业部门）的组织，与建设工程有合作关系或与建设工程相关的政府、公共服务部门。

2. 建设工程管理组织的特点

建设工程管理组织是为了完成建设工程总目标和总任务，建设工程的目标和任务是决定建设工程组织结构和组织运行的重要因素。

由于建设工程各参与者来自不同企业或部门，各自有独立的经济利益和权力，他们各自承担一定范围的建设工程责任，按建设工程计划进行工作。因此在建设工程中存在尖锐的共同目标与不同利益群体目标之间的矛盾。要取得建设工程的成功，在建设工程目标设计、实施和运行过程中必须承认并顾及不同群体的利益，建设工程管理组织的建立应能考虑到，或能反映在建设工程实施过程中各参加者之间的合作，任务和职责的层次，工作流、决策流和信息流，上下之间的关系，代表关系，以及建设工程其他的特殊要求。

建设工程管理组织的设置、建立应能够确保完成建设工程的所有工作，即建设工程管理组织应确保通过建设工程结构分解得到的所有工作单元，都能落实到具体的完成者。

建设工程管理组织的设置应能完成建设工程的所有工作（工作包）和任务，即通过建设工程结构分解得到的所有单元，都应无一遗漏地落实到完成责任者身上。所以建设工程系统结构对建设工程的组织结构有很大的影响，它决定了建设工程管理组织工作的基本分工，决定了组织结构的基本形态。同时，建设工程管理组织又应追求结构的最简和最少组成。增加不必要的机构，不仅会增加建设工程管理费用，而且常常会降低组织运行效率。每个参加者在建设工程管理组织中的地位是由他所承担的任务决定的，而不是由他的规模级别或所属关系决定的。

由于建设工程的一次性，建设工程管理组织也是一次性的、暂时的，且具有临时组合的特点。

建设工程管理组织的寿命与它在建设工程中所承担的任务（由合同规定）的时间长短有关。建设工程结束或相应建设工程任务完成后，建设工程管理组织就会解散或重新构成其他建设工程管理组织。有一些经常从事相近建设工程任务或建设工程管理任务的机构（如建设工程管理公司、施工企业），尽管建设工程管理班子或队伍人员未变，但由于不同的建设工程有不同的目的性、不同的对象、不同的合作者（如业主、分包单位等），所以也应该认为这个组织是一次性的。

建设工程管理组织的一次性和暂时性，是它区别于企业组织的一大特点，这对建设工程管理组织的运行和沟通、参加者的组织行为、组织控制有很大的影响。

建设工程管理组织与企业组织之间存在复杂关系。

这里的企业组织不仅包括业主的企业组织（建设工程上层系统组织），而且包括承包商的企业组织。建设工程管理组织成员通常有两个角色，其既是建设工程组织成员，又是原所属企业中的一个成员。研究和解决企业对建设工程的影响，以及它们之间的关系，在企业管理和建设工程管理中都有十分重要的地位。企业组织与建设工程管理组织之间的障碍是导致建设工程失败的主要原因之一。

无论是企业内的建设工程（如研究开发建设工程），还是由多企业合作进行的建设工程（如建设工程、合资建设工程），企业和建设工程之间都存在如下复杂的关系：

由于企业组织是现存的，是长期的、稳定的组织，建设工程管理组织常常依附于企业组织，建设工程的人员常常由企业提供，有些建设工程任务直接由企业部门完成。一般建设工程管理组织必须适应而不能调整企业组织。企业的运行方式、企业文化、责任体系、运行机制、分配形式管理机制直接影响建设工程管理组织的行为。

建设工程和企业之间存在一定的责、权、利关系，这种关系决定着建设工程的独立程度。既要保证企业对建设工程的控制，使建设工程实施和运行符合企业战略和总计划，又要保证建设工程的自主权，这是建设工程顺利成功的前提条件。企业对建设工程的控制，即建设工程的实施和运行符合企业战略防止失控。所以企业战略对建设工程的影响很大，建设工程运行常常受到上层系统的干预。

由于企业资源有限，则在企业与建设工程之间及企业同时进行的多项建设工程之间存在十分复杂的资源优化分配问题。

企业管理系统和建设工程管理系统之间存在十分复杂的信息交往。

建设工程参加者和部门通常有建设工程的和自己原部门工作的双重任务，甚至同时承担多项建设工程任务，则不仅存在建设工程和原工作之间资源分配的优先次序问题，而且工作中常常要改变思维方式。

建设工程管理组织还受环境的制约，如政府行政部门、质检部门等按照法律对建设工程的干预。建设工程管理组织受建设工程所处环境的制约和影响较大。

建设工程管理组织结构的内部是根据各要素之间对差异性资源（物质、能量、信息）的需求，而资源又受到外部环境的影响和制约，从而使建设工程管理组织受建设工程所处环境的制约和影响大。

建设工程具有自身的组织结构，建设工程内的组织关系存在多种形式。主要的关系有以下几种。

专业和行政方面的关系。这与企业内的组织关系相同，上下之间为专业和行政的领导和被领导的关系，在企业内部（如承包商、供应商、分包商、建设工程管理公司内部）的建设工程组织中，主要存在这种组织关系。

合同关系或由合同定义的管理关系。建设工程管理组织是由许多不同隶属关系（不同法人），不同经济利益，不同组织文化，不同区域、地域的单位构成的，他们之间以合同作为组织关系的纽带。合同签订和解除（结束）表示组织关系的建立和脱离。所以，一个建设工程的合同体系与建设工程的组织结构有很大程度的一致性。如业主与承包商之间的关系，主要由合同确立。签订了合同，则该承包商为建设工程管理组织成员之一，未签订合同，则不作为建设工程管理组织成员。建设工程参加者的任务、工作范围、经济责权利关系、行为准则均由合同规定。

虽然承包商与建设工程管理者（如监理工程师）没有合同关系，但他们的责任和权力的划分、行为准则仍由管理合同和承包合同限定。

所以在建设工程管理组织的运行和管理中合同十分重要。建设工程管理者必须通过合同手段运作建设工程，遇到问题通常不能通过行政手段来解决，而必须通过合同、法律、经济手段解决。

除了合同关系外，建设工程参加者在建设工程实施前通常还订立该建设工程管理规则，使各建设工程参加者在建设工程实施过程中能更好地协调、沟通，使建设工程管理者能更有效地控制建设工程。

建设工程管理组织具有高度的弹性和可变性。它不仅表现为许多组织成员随建设工程任务的承接和完成，以及建设工程的实施过程而进入或退出建设工程组织，或承担不同的角色，而且采用不同的建设工程组织策略、不同的建设工程实施计划，则有不同的建设工程管理组织形式。对于一个建设工程而言，早期组织比较简单，在实施阶段会十分复杂。

由于建设工程的一次性和建设工程管理组织的可变性，因此建设工程管理组织难以建立自己的企业文化。由于建设工程管理组织是一次性的，因此建设工程管理组织很难建立自己的组织文化。因为文化的建设需要一个比较长的过程，需要一个文化沉淀和创新，而短暂的建设工程管理组织并不具备这个条件。在这里，建设工程管理组织的建立是为完成某一建设工程任务而存在的，建设工程的目标是很明确的，时间是紧迫的，很难有经历和资源建立组织文化。

3. 建设工程管理组织的基本原则

（1）目标统一原则

建设工程有总目标，但建设工程的参加者隶属于不同的单位（企业）且有不同的目标，所以建设工程运行的组织障碍较大。为了使建设工程能顺利实施，达到建设工程的总目标，必须做到以下几点：

1）建设工程参加者应就总目标达成一致。

2）在建设工程的设计、合同、计划、组织管理规则等文件中贯彻总目标。

3）在建设工程的全过程中顾及各方面的利益，使建设工程参加者各方满意。为了达到统一的目标，则建设工程的实施过程必须有统一的指挥、统一的方针和政策。

（2）责权利平衡原则

1）权责对等。参加者各方责任和权力互相制约，互为前提条件。

2）权力的制约。组织成员有一项权力，如果他不确当地行使该权力就应承担相应的责任。

3）一组织成员有一项责任或工作任务，则他也应有为完成这个责任所必需的，或由这个责任引申的相应的权力。

4）应该通过合同、组织规则奖励政策保护建设工程参加者各方的权益，特别是承包商、供应商。

5）按照责任、工作量、工作难度、风险程度和最终的工作成果给予相应的报酬或奖励。

6）公平地分配风险。

（3）适用性和灵活性原则

1）选择与建设工程的范围、建设工程的大小、环境条件及业主的建设工程战略相应的建设工程组织结构和管理模式。

2）建设工程组织结构应考虑与原组织（企业）的适应性。

3）顾及建设工程管理者过去的建设工程管理经验，应充分利用这些经验，选择最合适的组织结构。

4）建设工程组织结构应有利于建设工程所有的参与者的交流和合作。

5）组织机构简单、人员精简，建设工程组要保持最小规模，并最大限度地使用现有部门中的职能人员。

（4）组织制衡原则

由于建设工程和建设工程组织的特殊性要求，组织设置和运作中必须有严密的制衡，它包括：

1）权职分明，任何权力须有相应的责任和制约。

2）设置责任制衡和工作过程制衡。

3）加强过程的监督。

4）通过组织结构、责任矩阵、建设工程管理规则、管理信息系统设计保持组织界面的清晰。

5）通过其他手段达到制衡，如保险和担保。

（5）保证组织人员和责任的连续性和统一性

在过去的建设工程中，建设单位、承包商和项目经理对建设工程的最终成果不负责，工程建成后移交运营单位，这就带来了许多问题。由于建设工程存在阶段性，而组织任务和组织人员的投入又是分阶段的且是不连续的，容易造成责任体系的中断、责任盲区和人们不负责任的短期行为。因此，必须保持建设工程管理的连续性、一致性、同一性（人员、组织、过程、信息系统）。

许多建设工程工作最好由一个单位或部门全过程、全面负责。

建设工程的主要承担者应对工程的最终效果负责，让他与建设工程的最终效益挂钩。现代建设工程中业主希望承包商能提供全面的（包括设计、施工、供应）、全过程的（包括前期策划、可行性研究、设计和计划、工程施工、物业管理等）服务，甚至希望承包商参与建设工程融资。采用目标合同，使他的工作与建设工程的最终效益相关。

防止责任盲区。即出现无人负责的情况和问题，无人承担的工作任务。对于业主来说，会出现非业主自身责任的原因造成损失，而最终由业主承担。

在这种工程中如果出现问题，责任的分析是极为困难的，而且计划和组织协调十分困难。

保证建设工程管理组织的稳定性，包括建设工程组织结构、人员、组织规则、程序的稳定性。

（6）建立适度的管理跨度与管理层次

管理跨度是指建设工程成员或项目经理、某个人或某个机构，在一段时期内，成熟地运用其综合控制的能力。管理跨度在一段时期内具有限定性，拥有一定的弹性扩张潜力，但弹性扩张潜力也有限定性。许多建设工程失败，是由于项目经理既不了解自己的管理跨度，也不了解团队成员的管理跨度，一意孤行造成的。长期超负荷运转只能造成项目经理乃至团队成员都成为被动的“消防队员”，四处“救火”，而不是主动地、游刃有余地控制建设工程。有的项目经理，不了解自己的管理跨度，设立过高或过低的建设工程目标，管理跨度窄造成组织层次多；反之，管理跨度宽则会造成组织层次少。有的项目经理，不了解建设工程成员的管理跨度，错位用才；有的建设工程成员，不了解自己的管理跨度，在事务中迷失自己，不能有效地完成任务。现代企业要想建立适合自己的组织结构形式，必须综合考虑管理跨度和管理层次两个方面。

第二节　建设工程管理组织的结构

1. 建设工程管理组织的概念、作用及构成

（1）建设工程管理组织的概念

建设工程管理组织是在整个建设工程中从事各种管理工作的人员的组合。

建设工程的业主、承包商、设计单位、材料设备供应单位都有自己的建设工程管理组织，这些组织之间存在各种联系，有各种管理工作、责任和任务的划分，形成建设工程总体的管理组织系统。这种组织系统和建设工程组织存在一致性，故一般情况下并不明确区分建设工程组织和建设工程管理组织，而将其视为同一个系统。

在建设工程中，业主建立的或委托的项目经理部居于整个建设工程管理组织的中心位置，在整个建设工程实施过程中起决定性作用。项目经理部以项目经理为核心，有自己的组织结构和组织规则。

（2）建设工程管理组织的作用

从组织与建设工程目标关系的角度来看，建设工程管理组织的根本作用是保证建设工程目标的实现。其主要体现在以下几点。

1）合理的管理组织可以提高项目团队的工作效率

建设工程管理组织可以采用不同的形式，对于同一建设工程来说，在某一特定的建设工程环境采取不同的管理组织结构形式，项目团队的工作效率会有不同的结果。积极、有效的管理组织结构形式将更有利于提高和调动项目团队成员的积极性，减少不必要的决策层次。

2）管理组织的合理确定，有利于建设工程目标的分解与完成

任何一个建设工程的目标都是由不同的子目标构成的。合理的管理组织将会使建设工程目标得到合理的分解，使各组织单元的目标与建设工程总体目标之间有机协调，保障建设工程最终目标的实现。

3）合理的建设工程管理组织可以优化资源配置，避免资源浪费

建设工程管理组织是在考虑建设工程自身特点、建设工程承担单位的情况等各方面因素后确定的。它要在保证承担单位总体效益和保证委托方利益之间做出平衡。合理的建设工程管理组织将有利于各种资源的优化配置与利用，有利于建设工程目标的完成。

4）有利于建设工程工作的管理

组织结构形式确定后，项目团队成员可以在建设工程管理组织结构图中找到自身的位置与工作责任，使项目团队成员对建设工程有一种依赖与归属感，这为建设工程工作带来了相对的稳定，这种相对稳定是完成建设工程目标所必需的。随着建设工程工作的持续开展，原有的组织结构形式可能不能完全适应需要，原来的稳定需要打破，需要进行组织调

整或组织再造，使建设工程管理组织的结构更加适合建设工程、资源和工作环境。例如，可行性研究阶段的组织结构形式就不适合设计阶段的组织结构形式，同样，设计阶段的组织结构形式也不适合施工阶段的组织结构形式。良好的建设工程管理组织在建设工程工作的稳定与调整中会发挥重要的平衡作用。

5）有利于建设工程内外关系的协调

合理的建设工程管理组织有利于建设工程内外关系的协调。建设工程管理组织要求对建设工程的组织结构形式、权力机构、组织层次等方面进行深入的研究，对相互的责任、权利与义务进行合理的分配与衔接，为项目经理在指挥协调等各方面工作都创造良好的组织条件，使建设工程保持高效的内外部信息交流。有利于建设工程在积极、和谐的环境中开展，保障建设工程目标的顺利实现。

（3）建设工程管理组织的构成

按照组织效率原则，应建立一个规模适度、组织结构层次较少、结构简单、能高效率运作的建设工程管理组织。现代建设工程规模大，参加单位多，造成组织结构非常复杂。组织结构设置常常要在管理跨度与管理层次之间进行权衡。

从一定意义上来讲，管理层次是一种不得已的产物。其存在本身带有一定的副作用。首先，层次多意味着费用也多。层次的增加势必要配备更多的管理者，管理者又需要一定的设施和设备的支持。而管理人员的增加，加大了协调和控制的工作量，所有这些都意味着费用的不断增加。其次，随着管理层次的增加，沟通的难度和复杂性也将加大。一道命令在经由各层次自上而下传达时，不可避免地会产生曲解、遗漏和失真。由下往上的信息流动同样困难，也存在扭曲和速度慢等问题。此外，众多的部门和层次也使得计划和控制活动更为复杂。一个在高层显得清晰完整的计划方案会因为逐层分解而变得模糊不清。随着层次和管理者人数的增多，控制活动会更加困难，但也更为重要。显然，当组织规模一定时，管理层次和管理幅度之间存在着一种反比例的关系。管理幅度越大，管理层次就越少；反之，管理幅度越小，则管理层次就越多。这两种情况相应地对应着两种类型的组织结构形态，前者被称为扁平型结构，后者则被称为高耸型结构。

2. 建设工程管理组织结构形式

（1）直线型组织结构

直线型组织结构是出现最早、最简单的一种组织形式。

1）直线型组织结构的特点

组织中上下级呈直线型的权责关系，各级均有主管，主管在其所辖范围内具有指挥权，组织中每一个人只接受上级的指示。

2）直线型组织结构的优点

结构简单，责权分明，命令统一，反应迅速，联系、沟通简捷，工作效率高。

3）直线型组织结构的缺点

分工欠合理，横向联系差，对主管的知识及能力要求高。这种组织结构形式适用于建设工程的现场作业管理。

（2）职能型组织

职能型组织形式是最基本的，目前使用比较广泛的建设工程管理组织的形式。

职能式建设工程管理组织形式有两种具体的表现形式：

将一个大的建设工程按照公司行政、人力资源、财务、各专业技术、营销等职能部门的特点与职责，分成若干个子建设工程，由相应的各职能单元完成各方面的工作。

对于一些中小建设工程，在人力资源、专业等方面要求不宽的情况下，根据建设工程专业特点，直接将建设工程安排在公司某一职能部门内部进行，在这种情况下项目团队成员主要包括该职能部门的相关人员，这种形式目前经常在国内各咨询公司中见到。

3. 影响组织结构选择的因素

（1）建设工程的规模

建设工程的规模直接影响专业化程度（部门设置的多少）、管理层次、集权程度、规范化以及人员结构等。一般而言，建设工程的整体规模越大，组织结构就越复杂，管理层级就越多，分权程度就越高。如果建设工程规模较小，建设工程实施采用较为简单的组织结构即可达到目的。

（2）环境因素

环境包括一般环境和特定环境。一般环境是指对组织管理目标产生间接影响的那些经济、文化以及技术等环境条件。特定环境是指对组织管理目标产生直接影响的那些因素，如政府、顾客、竞争对手、供应商等。

（3）战略因素

高层管理人员的战略选择会影响组织结构的设计。

所谓战略，是指决定和影响组织活动性质及根本方向的总目标，以及实现这一目标的途径和方法。

（4）技术因素

任何组织都需要通过技术将投入转化为产品，因而组织结构就要随着技术的变化而变化。

（5）组织规模

组织规模是影响组织结构的重要因素之一。研究表明，组织规模的扩大，会提高组织的复杂化程度。

（6）人的行为

有证据表明，人可以适应不同的组织结构，可以在不同的组织结构中高效率地工作并获得较高的满足感。但是，由于个人之间的差异，不同的人在不同的组织结构和氛围中的工作效率各不相同。

组织结构还受组织内的生产技术活动和组织所处的周围环境的影响。“技术”在这里主要是指组织中投入到产出的过程，组织中技术活动的确定性程度决定了对组织结构有不同的管理和协调要求，确定性程度高，可以加强组织结构的正规化和集中化；反之，则需要组织结构具有较强的灵活性。环境因素包括外部的竞争、购销状况与市场需求，也包括整个社会文化背景的要求与影响。

第三节　建设工程的项目经理

1. 项目经理的地位和职责

（1）项目经理的地位

项目经理就是建设工程负责人，负责建设工程的组织、计划、执行和控制工作，以保证建设工程目标的成功实现。

项目经理是一个项目团队的核心人物，他的能力、素质和工作绩效直接关系建设工程的成败。

建设工程管理的主要责任是由项目经理承担的，项目经理的根本职责是确保建设工程的全部工作在建设工程预算的范围内按时、优质地完成，从而使建设工程的业主或客户满意。

（2）项目经理的职责

1）确保建设工程全部工作在预算范围内按时、优质地完成。

2）保证建设工程的目标符合上级组织目标。

3）充分利用和保管上级分配给建设工程的资源。

4）及时与上级就建设工程进展进行沟通。

5）对项目团队成员负责。

6）使客户满意，改善客户关系。

7）使其他利益相关者满意。

2. 项目经理的角色与任务

（1）项目经理的角色

现代项目组织中越来越强调对职员的授权，这是因为项目的环境更加动荡不定，满足客户需求变得更加重要，以至于需要给职员授予更多的权力，使他们能迅速决策。同时让他们能更多地接触客户，了解客户的要求。传统组织中领导命令下级的方式已成为过去，取而代之的是项目经理处于顾问、协调者、老师、支持者的位置上。项目经理的作用是帮助职员有效地完成任务，展现他们的才华。项目经理从传统组织的“塔尖”走到了“塔底”，成了支持成员发展的力量。

现代项目管理中，项目经理作用的转变，使他们在团队中扮演的角色也发生了变化，他们要努力使自己成为指导者、支持者、协调者和激励者。

1）指导者

项目经理应当指导项目资源的合理使用，达到项目目标；帮助工作有困难的员工，发现他们存在的问题，经常与员工讨论解决问题的方法。

2）支持者

项目经理应当通过运用权力支持有困难的员工，使他们走出困境；鼓励员工为项目献计献策，对创造性的思维给予积极的回应。给予支持会让员工感到备受重视，他们会做出更好的反应。

3）协调者

项目经理应当化解矛盾，解决冲突，理顺资源和进度上的关系，使团队成员的主要精力转向自己的工作，及时发现可能存在的问题，通过良好的沟通渠道化解矛盾。

4）激励者

为保证团队成员对工作尽心尽责，确保良好的工作业绩，就需要项目经理明白什么能激励员工，了解他们真正的需要，提高团队成员的工作积极性。对工作努力的员工给予赞赏，就好比在给他们加油。告诉员工他们的重要性，试着满足他们的需要，很快就会发现他们个个都是“千里马”。

（2）项目经理的任务

1）确定建设工程管理组织的构成并配备人员，制定规章制度，明确有关人员的职责，组织项目经理部开展工作。

2）确定建设工程目标和阶段目标，进行目标分解。

3）及时、适时地做出决策，包括投标报价决策、人员任免决策、重大技术组织措施决策、财务工作决策、资源调配决策、进度决策、合同签订及变更决策等。

4）协调组织内外的协作配合及经济、技术关系，在授权范围内代理企业法人进行有关签证，并进行相互监督、检查，确保质量、工期、成本控制。

5）建立和完善建设工程信息管理系统。

实施合同，处理好合同变更，洽商纠纷和索赔，处理好总分包关系，搞好有关单位的协作配合。

3. 项目经理的素质和能力

由于建设工程具有唯一性、复杂性，在其实施过程中始终面临着各种各样的冲突和问题，这就给项目经理带来了巨大的挑战。要想高效地完成工作，项目经理必须具备勇于承担责任、积极创新的精神，实事求是、任劳任怨、积极肯干的作风和很强的自信心。除了上述素质之外，项目经理还应该具备以下八种能力。

（1）获得充分资源的能力

项目经理在建设工程开始之初，要先确定建设工程所需的资源，由于企业的资源是有限的，项目经理要获得充分的资源首先要有合适的预算。通常情况下，由于建设工程实施过程中的不确定性，以及建设工程发起人的过分乐观，建设工程初始的预算经常是不足的。

如果建设工程的支出超出建设工程本身的预算，项目经理就需要借助关系，依靠其谈判技巧去向上级部门积极争取完成建设工程所需资源。因此，做好适当的预算，并在需要的时候及时获得所需资源是项目经理所必须具备的能力。

（2）组织及组建团队的能力

项目经理必须了解组织是如何运作的，应该如何与上级组织打交道。组织能力在建设工程的形成及起始阶段非常重要，因为在这一阶段，项目经理需要从组织内部的各职能部门集合人才，组成一个有效的团队，这不是简单地画一个建设工程管理组织图的问题，而需要定义建设工程组织内部的报告关系，定义各个成员所需要承担的责任、权力关系以及信息需求、信息流动关系。组织能力需要与计划、沟通、解决冲突的能力相互支持。此外，还需要清楚地定义建设工程目标，构建开放的沟通渠道，获取高层管理人员的支持。

组建团队是项目经理的首要责任，一个建设工程要取得好的绩效，一个关键的要素就是项目经理应该具备把各方人才聚集在一起，组建一个有效的团队的能力。团队建设包括确定建设工程所需人才，从有关职能部门获得人才，向建设工程成员分配相关任务，把成员按任务组织起来，最终形成一个有效的建设工程小组。

要建立这样一个有效的团队，项目经理起关键的作用。首先，要在建设工程小组内部建立一个有效的沟通机制。其次，不但自己要以最大的热情投身于建设工程，也要教育建设工程组的其他成员建立投身于建设工程的热情。最后，项目经理要关心建设工程成员的成长，对建设工程组成员进行激励。

（3）权衡建设工程目标的能力

建设工程目标具有多重性，如建设工程具有时间目标、成本目标及技术性能目标，这三者之间往往存在着权衡关系，而且在建设工程生命期的不同阶段，建设工程目标的相对重要性也不同。如在建设工程的初期，技术性能目标最重要，每个建设工程组成员都应明确本建设工程最终要达到的技术目标；到了建设工程中期，成本目标往往被优先考虑，此时项目经理的一项重要任务就是要控制成本；到了建设工程后期，时间目标则最为重要，此时项目经理所关注的是，在预算范围内，在实现技术目标的前提下，如何保证建设工程按期完成。另外，建设工程目标与企业目标及个人目标之间也存在着权衡关系。如果项目经理同时负责几个建设工程，则项目经理就需要在不同建设工程之间进行权衡。总之，在建设工程实施过程中，处处存在这种权衡关系，项目经理应该具备这种权衡的能力。

（4）应对危机及解决冲突的能力

建设工程的唯一性意味着建设工程常常会面临各种风险和不确定性，会遇到各种各样的危机，如资源的危机、人员的危机等。项目经理应该具有对风险和不确定性进行评价的能力，同时通过经验的积累及学习过程提升果断应对危机的能力。另外，项目经理还应通过与建设工程成员之间的密切沟通及早发现问题，预防危机的出现。

建设工程的特征之一就是冲突性。在建设工程管理过程中存在着建设工程组成员之间、建设工程组与公司之间、建设工程组与职能部门之间、建设工程与顾客之间的各种各样的冲突。冲突的产生会造成混乱。如果不能有效地解决或解决问题的时间过长，就会影响团队成员的凝聚力，最终会影响建设工程实施的结果。然而，冲突又是不可避免的，唯一可行的就是如何去解决它。

冲突得到有效解决的同时还可以体现出它有益的一面，它可以增强建设工程组成员的参与性，促进信息的交流，提高人们的竞争意识。了解这些冲突发生的关键并有效地解决它是项目经理所应具备的一项重要能力。

项目经理要学会在建设工程冲突的旋涡中进行斡旋，努力实现建设工程的和谐管理。

（5）谈判及广泛沟通的能力

由于建设工程在整个生命期中存在各种各样的冲突，项目经理的谈判能力就成为顺利解决冲突的关键。上述几个方面的能力都需要项目经理具备谈判的技巧，只有这样才能获得充分的资源，解决建设工程实施中存在的问题，最终保证建设工程的成功实施。

项目经理是建设工程的协调者，其大部分精力都应花费在沟通管理上，这包括与企业高层管理人员的沟通、与外部顾客的沟通、与职能部门经理的沟通以及与建设工程组织成员的沟通。项目经理必须充分理解建设工程的目标，对建设工程的成功与失败有一个清楚的定义，在必要的时候做必要的权衡。衡量建设工程是否成功的一个重要方面就是顾客是否接受建设工程的结果，项目经理要明确这一点，就必须保持与顾客持续不断的沟通，时刻了解顾客的需求及其变化。

（6）领导才能及管理技能

由于项目经理权力有限，却又不得不面对复杂的组织环境，肩负保证建设工程成功的责任，因此，项目经理需要具有很强的领导才能。具体而言，他要有快速决策的能力，即能够在动态的环境中收集并处理相关信息，制定有效的决策。

由于建设工程有其一定的生命期，通常只持续一段时间，因此，有关决策的制定必须快速而有效，这就要求项目经理应该能够及时发现对建设工程结果产生影响的问题，并迅速决策。

项目经理在具备领导才能的基础上，还应掌握一定的管理技能，如计划、人力资源管理、预算、进度安排及其他控制技术。其中，计划能力是一项对项目经理的最基本的管理技能要求，特别是当项目经理在管理一个大型的、复杂的建设工程时。在建设工程开始之前，项目经理有必要制订一个建设工程的总体计划，计划是一个蓝本，是建设工程整个生命中的指导性文件。

项目经理应该意识到，在建设工程的实施过程中，变化是不可避免的，应该允许在计划的基础上做必要的改变，此外，太过具体的计划有可能抑制创造力。制订有效的建设工程计划，同时需要项目经理具备如下能力：信息处理能力、沟通能力、渐进计划能力、确定里程碑事件的能力、争取高层领导的参与与支持的能力。

对于一个非常大型的建设工程，项目经理不可能掌握所有的管理技术，但项目经理应该了解公司的运作程序及有关的管理工具，在必要的时候，项目经理应该懂得授权，从管理的细节中脱离出来。建设工程的行政管理工具有会议、报告、总结、预算和进度安排、控制，项目经理应该对这些管理工具十分熟悉，以便知道如何有效地运用它们。

（7）技术能力

对项目经理的另一个最基本的要求就是他应该懂技术，具有较强的技术背景，而且要了解市场，对建设工程及企业所处的环境有充分的理解，这样有助于有效地寻找建设工程的技术解决方案并进行技术创新。项目经理不必是该领域的技术带头人，但要求他对有关技术比较精通，这样有助于项目经理对建设工程的技术问题有一个全面的了解，并及时做出有关的技术决策。

项目经理的技术能力应该包括：技术的参与能力；能够运用有关的技术工具；能够理解顾客对建设工程的技术要求；了解产品（建设工程）的技术应用价值；了解技术的演变趋势；懂得各项支持技术之间的关系。

（8）自我管理的能力

自我管理不是指使用某种特定的时间管理系统，它是指了解自己如何工作，然后充分利用自己的优势，同时弥补自己的弱点。自我管理的重点是分辨轻重缓急。自我管理不但要使自己在目前的工作中向成功迈进，更要使自己能够决定几年之后的状态，不断充实自己、完善自己、推销自己。良好的自我管理能使人顺利完成自己的工作，处理好意外事件等所有自身要做的事情。

4. 建设工程项目经理的岗位职业资格等级划分

项目经理岗位职业资格共分为 A、B、C、D 四个等级：

A 级为建设工程总承包项目经理；

B 级为大型建设工程项目经理；

C 级为中型建设工程项目的施工项目经理；

D 级为小型建设工程项目的施工项目经理。

第九章　建设工程实施控制与管理

施工项目管理就是运用各种知识、技能、手段和方法去满足工程项目利益关系各方的要求和期望，而工程项目实施控制作为项目管理的一个独特阶段，其作用是保证工程项目在施工过程中按预定的计划实施保证项目总目标的圆满实现。

第一节　建设工程实施控制与管理要素、任务

1. 建设工程实施控制与管理要素

（1）建设工程实施控制的对象

现代工程项目需要进行系统的、综合的控制，形成一个由总体到细节，包括各个方面、各种职能的严密的、多维的控制体系。

项目控制的深度和广度完全依赖于设计和计划的深度和广度以及计划的适用性。一般来说，计划越详细，则控制就会越严密。

为了便于有效地控制和检查，对控制对象要设置一些控制点。控制点通常都是关键点，能最佳地反映目标。

（2）建设工程实施控制的内容

项目实施控制包括极其丰富的内容，以前人们将它归纳为三大控制，即进度（工期）控制、成本（投资、费用）控制、质量控制，这是由项目管理的三大目标引导出的。这三个方面包括了工程实施控制最主要的工作，此外还有一些重要的控制工作，如合同控制、风险控制项目变更管理及项目的形象管理。控制经常要采取调控措施，而这些措施必然会造成项目目标、对象系统、实施过程和计划的变更，造成项目形象的变化。

在分析问题、做项目实施状况诊断时必须综合分析成本、进度、质量、工作效率状况并做出评价。在考虑调整方案时也要综合地采取技术、经济、合同、组织、管理等措施，对进度、成本、质量进行综合调整。如果仅控制一两个参数会容易造成误差。

2. 建设工程实施控制与管理的任务

在现代管理理论和实践中，控制有着十分重要的地位。在管理学中，控制包括提出问题、研究问题、计划、控制、监督、反馈等工作内容。实质上它已包括了一个完整的管理全过程，是广义的控制。而本节中的控制指在计划阶段后对项目实施阶段的控制工作，即

实施控制，它与计划一起形成了一个有机的项目管理过程。

工程项目控制的主要任务有两个方面：一是把计划执行情况与计划目标进行比较，找出差异，对比较的结果进行分析，排除产生差异的原因，使总体目标得以实现。这个过程可归纳为出现偏差—纠偏—再偏—再纠偏，其被称为被动控制。二是预先找出项目目标的干扰因素，预先控制中间结果对计划目标的偏离，以保证目标的实现，这被称为主动控制。项目实施控制的总任务是保证按预定的计划实施项目，保证项目总目标的圆满实现。

施工方是工程实施的一个重要参与方，许许多多的工程项目，特别是大型重点建设工程项目，工期要求十分紧迫，施工方的工程进度压力非常大。数百天的连续施工、一天两班制施工，甚至24小时连续施工时有发生，这不是正常有序的施工，而是盲目赶工，难免会导致施工质量问题和施工安全问题的出现，并且会引起施工成本的增加。因此，施工进度控制不仅关系施工进度目标能否实现，它还直接关系工程的质量和成本。在工程施工实践中，必须树立和坚持一个最基本的工程管理原则，即在确保工程质量的前提下，控制工程的进度。

为了有效地控制施工进度，尽可能地避免因进度压力而造成工程组织的被动，施工方有关管理人员应深入理解下列问题：

（1）整个建设工程项目的进度目标如何确定；

（2）影响整个建设工程项目进度目标实现的主要因素；

（3）如何正确处理工程进度和工程质量的关系；

（4）施工方在整个建设工程项目进度目标实现中的地位和作用；

（5）影响施工进度目标实现的主要因素；

（6）施工进度控制的基本理论、方法、措施和手段等。

第二节　建设工程的进度控制

对于一个工程项目，其建设进度安排是否合理，在实施过程中能否按计划执行，将直接关系工程项目的经济效益的好坏。因此，进度管理是工程项目管理的中心任务之一。工程项目活动是指为完成工程项目而必须进行的具体工作。在施工项目管理中，活动的范围可大可小，一般应根据工程具体情况和管理的需要来确定。例如，可将混凝土拌制、混凝土运输、混凝土浇筑和混凝土养护各定义为一项活动，也可将这些活动综合定义为一项混凝土工程。工程项目活动是编制进度计划、分析进度状况和控制进度的基本工作单元。

1.工程进度

所谓进度，是指活动或工作进行的速度。工程进度即工程进行的速度。工程进度计划则是指根据已批准的建设文件或签订的发承包合同，将工程项目的建设进度做进一步的具体安排。进度计划可分为设计进度计划、施工进度计划和物资设备供应进度计划等。施工进度计划，可按实施阶段分解为逐年、逐季、逐月等不同阶段的进度计划；也可按项目的结构分解为单位（项）工程、分部分项工程的进度计划。

2. 工期

工期可分为建设工期和合同工期。建设工期是指工程项目或单项工程从正式开工到全部建成投产或交付使用所经历的时间。建设工期一般按日历月计算，有明确的起止年月，并在建设项目的可行性研究报告中有具体规定。建设工期是具体安排建设计划的依据。合同工期是指完成合同范围工程项目所经历的时间，它从承包商接到监理工程师开工通知令的日期算起，直到完成合同规定的工程项目为止。监理工程师发布开工通知令的时间和工程竣工时间在投标书附件中都已做出详细规定，但合同工期除了有规定的天数外，还应计因工程内容或工程量的变化、自然条件不利的变化、业主违约及应由业主承担的风险等不属于承包商责任事件的发生，且经过监理工程师发布变更指令或批准承包商的工期索赔要求而允许延长的天数。

3. 工程进度控制

工程进度控制，是指在规定的建设工期或合同工期内，以事先拟订的合理且经济的工程进度计划为依据，对工程建设的实际进度进行检查、分析，若发现偏差，及时分析原因，调整进度计划和采取纠偏措施的过程。在建设项目实施过程中，业主或监理工程师、承包商均涉及进度控制的问题，但他们的控制目标、控制依据和控制手段均有差别。进度控制是一项系统工程，业主或监理工程师的进度控制，涉及勘察设计、施工、土地征用、材料设备供应、安装调试等多项内容，各方面的工程都必须围绕着一个总进度有条不紊地进行，按照计划目标和组织系统，对系统各部分应按计划实施、检查比较、调整计划和控制实施，以保证实现总进度目标。而承包商的进度控制，涉及施工合同环境、施工条件、施工方案、劳动力和各种施工物资的组织与供应等多项内容，应围绕合同工期，选择和运用一切可能利用的管理手段，实现合同规定的工期目标。

进度控制的目的是通过控制以实现工程的进度目标。如只重视进度计划的编制，而不重视进度计划必要的调整，则进度无法得到控制。为了实现进度目标，进度控制的过程也就是随着项目的进展不断调整进度计划的过程。

各方进度控制的任务如下所示：

1）业主方进度控制的任务。控制整个项目实施阶段的进度，包括控制设计准备阶段的工作进度、设计工作进度、施工进度、物资采购工作进度，以及项目动用前准备阶段的工作进度。

2）设计方进度控制的任务。依据设计任务委托合同对设计工作进度的要求控制设计工作进度，这是设计方履行合同的义务。另外，设计方应尽可能使设计工作的进度与招标、施工和物资采购等工作进度相协调。在国际上，设计进度计划主要是各设计阶段设计图纸（包括有关的说明）的出图计划，在出图计划中标明每张图纸的名称、规格、负责人和出图日期。出图计划是设计方进度控制的依据，也是业主方控制设计进度的依据。

3）施工方进度控制的任务。依据施工任务委托合同对施工进度的要求控制施工进度，这是施工方履行合同的义务。在进度计划编制方面，施工方应视项目的特点和施工进度控制的需要，编制深度不同的控制性、指导性和实施性施工的进度计划，以及不同计划周期（年度、季度、月度等）的施工计划等。

4）供货方进度控制的任务。依据供货合同对供货的要求控制供货进度，这是供货方履行合同的义务。供货进度计划应包括供货的所有环节，如采购、加工制造、运输等。

4. 建设工程项目总进度目标

建设工程项目总进度目标指的是整个工程项目的进度目标，它是在项目决策阶段项目定义时确定的。项目管理的主要任务是在项目的实施阶段对项目的目标进行控制。建设工程项目总进度目标的控制是业主方项目管理的任务（采用建设项目工程总承包的模式，协助业主进行项目总进度目标的控制也是建设项目工程总承包方项目管理的任务）。在进行建设工程项目总进度目标控制前，首先应分析和论证进度目标实现的可能性。若项目总进度目标不可能实现，则项目管理者应提出调整项目总进度目标的建议，并提请项目决策者审议。

在项目的实施阶段，项目总进度应包括设计前准备阶段的工作进度、设计工作进度、招标工作进度、施工前准备工作进度、工程施工和设备安装工作进度、工程物资采购工作进度、项目动用前的准备工作进度等。

建设工程项目总进度目标论证应分析和论证上述各项工作的进度，以及上述各项工作进展的相互关系。

在建设工程项目总进度目标论证时，往往还未掌握比较详细的设计资料，也缺乏比较全面的有关工程的发包组织、施工组织和施工技术等方面的资料，以及其他有关项目实施条件的资料。因此，总进度目标论证并不是单纯的总进度规划的编制工作，它涉及许多工程实施的条件分析和工程实施策划方面的问题。

大型建设工程项目总进度目标论证的核心工作是通过编制总进度纲要论证总进度目标实现的可能性。总进度纲要的主要内容包括项目实施的总体部署、总进度规划、各子系统进度规划、确定里程碑事件的计划进度目标、总进度目标实现的条件和应采取的措施等。

建设工程项目总进度目标论证的具体工作步骤如下：调查研究和收集资料；项目结构分析；进度计划系统的结构分析；项目的工作编码；编制各层进度计划；协调各层进度计划的关系，编制总进度计划；若所编制的总进度计划不符合项目的进度目标，则设法调整；若经过多次调整，进度目标仍无法实现，则报告项目决策者。

5. 影响建设工程施工进度的因素

为了对建设工程进行有效的控制，监理工程师必须在施工进度计划实施之前对影响建设工程施工进度的因素进行分析，进而提出保证施工进度计划成功实施的措施，以实现对建设工程施工进度的主动控制。影响建设工程施工进度的因素主要包括以下几点。

（1）工程建设相关单位的影响。影响建设工程施工进度的单位不只是承包单位。事实上，凡是与工程建设有关的单位，如政府、业主、设计、物资供应、贷款，以及运输、通信、供电部门等，其工作进度的拖后必将对施工进度产生影响。因此，控制施工进度仅仅考虑承包单位是不够的，必须充分发挥监理的作用，协调各相关单位之间的进度关系。对于无法进行协调控制的进度关系，在进行进度计划安排时应留有足够的机动时间。

（2）物资供应进度的影响。施工过程中需要的材料、构配件、机具和设备等如果不能按期运抵施工现场或者是运抵施工现场后发现其质量不符合有关标准的要求，都会对施工进度产生影响。因此，监理工程师应严格把关，采取有效的措施控制好物资供应进度。

（3）资金的影响。工程施工的顺利进行必须有足够的资金做保障。一般来说，资金的影响主要来自业主，如未及时拨付工程预付款、拖欠工程进度款等，都可能影响承包单位流动资金的运转，进而影响工程进度。监理工程师应根据业主的资金供应能力，安排好施工进度计划，并督促业主及时拨付工程预付款和工程进度款，尽量避免由此而影响进度，导致工期索赔。

（4）设计变更的影响。在施工过程中出现设计变更是难免的，如原设计出现问题需要修改，或者业主提出了新的要求等，监理工程师应加强对图纸的审查，严格控制随意变更，特别应对业主提出的非必要变更要求进行制约。

（5）施工条件的影响。在施工过程中一旦遇到气候、水文、地质及周围环境等方面的不利因素，必然会影响施工进度。此时，承包单位应利用自身的技术与组织能力予以克服。监理工程师应积极进行协调，协助承包单位解决那些自身不易解决的问题。

（6）各种风险因素的影响。风险因素包括政治、经济、技术及自然等方面的各种可预见或不可预见的因素，如内乱、罢工、延迟付款、通货膨胀、工程事故、标准变化、地震、洪水等。监理工程师必须对各种风险因素进行分析，提出控制风险、减少风险损失及对施工进度影响的措施。

（7）承包单位自身管理水平的影响。施工现场的情况千变万化，如承包单位的施工方案不当、计划不周、管理不善、解决问题不及时等，都会影响工程的施工进度。承包单位应通过分析、总结，吸取教训，及时改进。而监理工程师应通过服务，协助承包单位解决问题，以确保施工进度控制目标的实现。

总之，在进度控制时可充分利用有利因素，预防和克服不利因素，使进度目标制订得更加可行；在进度控制实施过程中，事先制定预防措施，事中采取有效办法，事后进行妥善补救，缩小实际进度与计划进度的偏差，争取对工程进度实施主动控制和动态控制。

6. 施工进度计划的检查与监督

工程项目在施工过程中，由于受到各种因素的影响，其进度计划在执行过程中往往会出现偏差。

如果偏差不能及时得到纠正，工程项目的总工期将会受到影响。因此，监理工程师应定期、经常地对进度计划的执行情况进行检查、监督，及时发现问题，及时采取纠偏措施。施工进度的检查与监督，主要包括以下几项工作。

（1）在施工进度计划的执行过程中，定期收集反映实际进度的有关数据。在施工过程中，监理工程师可以通过以下三种方式全面而准确地掌握进度计划的执行情况：

1）定期、经常收集由承包单位提交的有关进度的报表资料；

2）常驻施工工地，现场跟踪检查工程项目的实际进展情况；

3）定期召开现场会议。

（2）对收集的数据进行整理、统计、分析。收集到有关的进度资料后，应进行必要的整理、统计，形成与计划进度具有可比性的数据资料。例如，根据本期实际完成的工程量确定累计完成的工程量等，根据本期完成的工程量百分率确定累计完成的工程量百分率。

（3）对比实际进度与计划进度。当出现进度偏差时，分析该偏差对后续工作及总工期产生的影响，并做出是否要进行进度调整的判断。

在建设工程实施进度监测过程中，一旦发现实际进度偏离计划进度，即出现进度偏差时，必须认真分析产生偏差的原因及其对后续工作和总工期的影响，必要时采取合理、有效的进度计划调整措施，确保进度总目标的实现。

第三节 建设工程成本管理

一、成本管理的内容

施工项目成本管理是建筑业企业项目管理系统中的一个子系统，这一系统的具体工作内容包括成本预测、成本决策、成本计划、成本控制、成本核算、成本检查和成本分析等。

施工项目经理部在项目施工过程中对所发生的各种成本信息，通过有组织、有系统地进行预测、计划、控制、核算和分析等工作，促使施工项目系统内各种要素按照一定的目标运行，使施工项目的实际成本能够控制在预定的计划成本范围内。

1. 施工项目的成本预测

施工项目的成本预测是通过成本信息和施工项目的具体情况，并运用一定的方法，对未来的成本水平及可能的发展趋势做出科学的估计，其实质就是在施工以前对成本进行预测及核算。通过成本预测，可以使项目经理部在满足建设单位和企业要求的前提下，选择成本低、效益好的最佳成本方案，并能够在施工项目成本形成过程中，针对薄弱环节，加强成本控制，克服盲目性，提高预见性。因此，施工项目的成本预测是施工项目成本决策与计划的依据。

2. 施工项目的成本计划

施工项目的成本计划是项目经理部对项目施工成本进行计划管理的工具。它是以货币形式编制施工项目在计划期内的生产费用、成本水平、成本降低率以及为降低成本所采取的主要措施和规划的书面方案，它是建立施工项目成本管理责任制、开展成本控制和核算的基础。

一般来说，一个施工项目的成本计划应包括从开工到竣工所必需的施工成本，它是该施工项目降低成本的指导文件，是设立目标成本的依据。

3. 施工项目的成本管理

施工项目的成本管理是指在施工过程中，对影响施工项目成本的各种因素加强管理，并采取各种有效措施，将施工中实际发生的各种消耗和支出严格控制在成本计划范围内，随时提示并及时反馈，严格审查各项费用是否符合标准，计算实际成本和计划成本之间的差异并进行分析，避免施工中的损失浪费现象，发现和总结先进经验。

通过成本管理，最终实现甚至超过预期的成本节约目标。

施工项目的成本管理应贯穿在施工项目从招投标阶段开始直到项目竣工验收的全过程，它是企业全面成本管理的重要环节。

4. 施工项目的成本核算

施工项目的成本核算是指项目施工过程中所发生的各种费用和形成施工项目成本的核算。施工项目的成本核算所提供的各种成本信息，是成本预测、成本计划、成本控制、成本分析和成本考核等各个环节的依据。因此，加强施工项目成本核算工作，对降低施工项目成本、提高企业的经济效益有积极的作用。

5. 施工项目的成本分析

施工项目的成本分析是在成本形成过程中，对施工项目成本进行的对比评价和剖析总结工作，它贯穿于施工项目成本管理的全过程，也就是说施工项目成本分析主要利用施工项目的成本核算资料，与目标成本、预算成本以及类似施工项目的实际成本等进行比较，了解成本的变动情况，同时也要分析主要技术经济指标对成本的影响。

6. 施工项目的成本考核

所谓成本考核，就是完成施工项目后，对施工项目成本形成中的各责任者，按施工项目成本目标责任制的有关规定，将成本的实际指标与计划、定额、预算进行对比和考核，评定施工项目成本计划的完成情况和各责任者的业绩，并以此给以相应的奖励和处罚。

二、成本管理的原则

1. 成本最低原则

施工项目成本管理的根本目的，在于通过成本管理的各种手段，不断降低施工项目成本，以期能实现最低目标成本的要求。但是，在实行成本最低化原则时，应注意研究降低成本的可能性和合理的成本最低化。一方面挖掘各种降低成本的潜力，使可能性变为现实；另一方面要从实际出发，确定一个通过主观努力可能达到的合理的最低成本水平。

2. 全面成本管理原则

在施工项目成本管理中，普遍存在“三重三轻”问题，即重实际成本的计算和分析，轻全过程的成本管理和对其影响因素的管理；重施工成本的计算分析，轻采购成本、工艺成本和质量成本；重财会人员的管理，轻群众性日常管理。因此，为了确保不断降低施工项目成本，达到成本最低化的目的，必须实行全面成本管理。全面成本管理是全企业、全员和全过程的管理，亦称“三全”管理。

3. 成本责任制原则

为了实行全面成本管理，必须对施工项目成本进行层层分解，以分级、分工、分人的成本责任制为保证。施工项目经理部应对企业下达的成本指标负责，班组和个人对项目经理部的成本目标负责，以做到层层保证，定期考核评定。实行成本责任制的关键是划清责任，并要与奖惩制度挂钩，使各部门、各班组和个人都来关心施工项目成本。

4. 成本管理有效化原则

所谓成本管理有效化，主要有两层意思。一是促使施工项目经理部以最少的投入，获得最大的产出；二是以最少的人力和财力，完成最多的管理工作，提高工作效率。

5. 成本管理科学化原则

成本管理是企业管理学中一个重要内容，企业管理要实行科学化，必须把有关自然科学和社会科学中的理论、技术和方法运用于成本管理。在施工项目成本管理中，可以运用预测与决策方法、目标管理方法、量本利分析方法和价值方法等。

三、材料物资采购管理

1. 材料采购供应

一般工程中，材料的价值约占工程造价的 70%，材料控制的重要性显而易见。材料供应分为业主供应和承包商采购。

（1）建设单位（业主）供料管理。建设单位供料的供应范围和供应方式应在工程承包合同中事先加以明确，由于设计变更，施工中大都会发生实物工程量和工程造价的增减变化，因此，项目的材料数量必须以最终的工程结算为依据进行调整，对于业主（甲方）未交足的材料，需按市场价列入工程结算，向业主收取。

（2）承包企业材料采购供应管理。工程所需材料除部分由建设单位（业主）供应外，其余全部由承包企业（乙方）从市场采购，许多工程甚至全部材料都由施工企业采购。在选择材料供应商的时候，应坚持“质优、价低、运距近、信誉好”的原则，否则就会给工程质量、工程成本和正常施工带来无穷的隐患。要结合材料进场入库的计量验收情况，对材料采购工作中各个环节进行检查和管理。

2. 材料价格的管理

由于材料价格由买价、运杂费、运输中的损耗等组成，因此材料价格应主要从以下三个方面加以管理。

（1）买价管理。买价的变动主要是由市场因素引起的，但在内部管理方面还有许多工作可做。应事先对供应商进行考察，建立合格供应商名册。采购材料时，必须在合格供应商名册中选定供应商，货比三家，在保质保量的前提下，选择最低买价。同时实现项目监理，项目经理部对企业材料部门采购的物资有权过问与询价，对买价过高的物资，可以根据双方签订的合同处理。

（2）运费管理。就近购买材料，选用最经济的运输方式都可以降低材料成本。材料采购通常要求供应商在指定的地点按合同约定交货，若供应单位变更指定地点而引起费用增加，供应商应予以支付。

（3）损耗管理。严格管理材料的损耗可节约成本，损耗可分为运输损耗、仓库管理损耗、现场损耗。

3. 材料用量的管理

在保证符合设计要求的前提下，合理使用材料和节约材料，通过定额管理、计量管理以及施工质量管理等手段，有效控制材料物资的消耗。

（1）定额与指标管理。对于有消耗定额的材料，项目以消耗定额为依据，实行限额发料制度，施工项目各工长只能依据限额分期分批领用，如需超限领用材料，应办理有关手续后再领用。对于没有消耗定额的材料，按企业计划管理办法进行指导管理。

（2）计量管理。为准确核算项目实际材料成本，保证材料消耗数量准确，在采购和班组领料过程中，要严格计量，防止出现差错造成损失。

（3）以钱代物，包干控制。在材料使用过程中，可以考虑对不易管理且使用量少的零星材料（如铁钉、铁丝等）采用以钱代物、包干管理的方法。根据工程量算出所需材料数量并将其折算成现金，发给施工班组，一次包死。班组用料时，再向项目材料员购买，出现超支由班组承担，若有节约也归班组所得。

四、现场设施管理

施工现场临时设施费用是工程直接成本的组成部分之一。施工现场各类临时设施配置规模直接影响工程成本。

1. 现场生产及办公、生活临时设施和临时房屋的搭建数量、形式的确定，在满足施工基本需要的前提下，尽可能做到简洁适用，节约施工费用。

2. 材料堆场、仓库的类型、面积的确定，尽可能在满足合理储备和施工需要的前提下合理配置。

3. 临时供水、供电管网的铺设长度及容量确定，要尽可能合理。

4. 施工临时道路的修筑、材料工器具放置场地的硬化等，在满足施工需要的前提下，数量尽可能最少，尽可能利用永久性道路路基，不足时再修筑施工临时道路。

五、施工机械的管理

合理使用施工机械设备对工程项目的顺利施工及其成本管理具有十分重要的意义，尤其是高层建筑施工。据统计，高层建筑地面以上部分的总费用中，垂直运输机械费用占6%~10%。正确地拟定施工方法和选择施工机械是合理地组织施工的关键。因为它直接影响着施工速度、工程质量、施工安全和工程的成本。所以在组织工程项目施工时，应首先予以解决。

各个施工过程可以采用多种不同的施工方法和多种不同类型的建筑机械进行施工，而每一种方法都有其优缺点，应从若干个可以实现的施工方案中，选择适合本工程、较先进合理而又最经济的施工方案，以达到成本低、劳动效率高的目的。

施工方法的选择必然要涉及施工机械的选择。特别是现代工程项目中，机械化施工作为实现建筑工业化的重要因素，施工机械的选择，就成为施工方法选择的中心环节。

选择施工机械时，应首先选择主导工程的机械。结合工程特点和其他条件确定其最合适的类型，如装配式单层工业厂房结构安装用起重机类型的选择；当工程量较大而又集中时，可以采用生产效率较高的塔式起重机；当工程量较小或工程量虽大却又相当分散时，可采用自行式起重机。选用的起重机型号应满足起重量、起重高度和起重半径的要求。

选择与主导机械配套的各种辅助机械或运输工具时，应使它们的生产能力互相协调一致，使主导机械的生产能力得到充分发挥。例如在土方工程中，若采用汽车运土，汽车容量一般是挖土机斗容量的整倍，汽车数量应保证挖土机连续工作；又如在结构安装施工中，运输机械的数量及每次运输量，应保证起重机连续工作。

在一个建筑工地上，如果机械的类型很多，会使机械修理工作复杂化。为此，在工程量较大、适宜专业化生产的情况下，应该采用专业机械；工程量小而分散的情况下，尽量采用多用途的机械，使一种机械能适应不同分部分项工程的需要。例如挖土机既可用于挖土，又可用于装卸、起重和打桩。这样既便于工地上的管理，又可以减少机械转移时的工时消耗。同时还应考虑充分发挥施工单位现有机械的能力，并争取实现综合配套。

所选机械设备必须在技术上是先进的，在经济上则是合理有效的，而且符合施工现场的实际情况。

六、分包价格的管理

现在专业分工越来越细，对工程质量的要求越来越高，对施工进度的要求也越来越高。因此工程项目的某些分项就能分包给某些专业公司。分包工程价格的高低，对施工成本影响较大，项目经理部应充分做好分包工作。当然，由于总承包人对分包人选择不当而发生的施工失误由总承包人承担，因此，要对分包人进行二次招标，总承包人对分包的企业进行全面认真的分析，综合判定选择分包企业，但分包应征得业主同意。项目经理部确定施工方案的初期就需要对分包予以考虑，并定出分包的工程范围。决定这一范围的控制因素主要是考虑工程的专业性和项目规模。

第四节　建设工程质量控制

一、施工质量控制的内涵

（一）施工质量控制的基本概念

1. 质量

质量是反映产品、体系或过程的一组固有特性满足要求的程度，质量有广义与狭义之分。广义的质量包括工程实体质量和工作质量。工程实体质量不是靠检查来保证的，而是通过工程质量来保证的。狭义的质量是指产品的质量，即工程实体的质量。

2. 施工质量控制

施工是形成工程项目实体的过程，也是形成最终产品质量的重要阶段。所以，施工阶段的质量控制是工程项目质量控制的重点。

（二）施工项目质量控制的特点

由于项目施工涉及面广，是一个极其复杂的综合过程，再加上项目位置固定、生产流动、结构类型不同、质量要求不同、施工方法不同、体型大、整体性强、建设周期长、受自然条件影响大等特点，因此，施工项目的质量比一般工业产品的质量更难以控制，其主要表现在以下几个方面：

1. 影响质量的因素多

如设计、材料、机械、地形、地质、水文、气象、施工工艺、操作方法、技术措施、管理制度等，均直接影响施工项目的质量。

2. 容易产生质量变异

因项目施工不像工业产品生产，有固定的自动性和流水线，有规范化的生产工艺和完善的检测技术，有成套的生产设备和稳定的生产环境，有相同系列规格和相同功能的产品；同时，由于影响施工项目质量的偶然性因素和系统性因素都较多，因此，很容易产生质量变异。如材料性能微小的差异、机械设备正常的磨损、操作微小的变化、环境微小的波动等，均会引起偶然性的质量变异，当使用材料的规格、品种有误，施工方法不当，操作不按规程，机械故障，测量仪表失灵，设计计算错误等，均会引起系统性的质量变异，造成工程质量事故。因此，在施工中要严防出现系统性因素的质量变异，要把质量变异控制在偶然性因素的范围内。

3. 容易产生第一、第二判断错误

施工项目工序交接多，中间产品多，隐蔽工程多，若不及时检查实际情况，事后再看表面，就容易产生第二判断错误，也就是说，容易将不合格的产品认成是合格的产品；反之，若检查不认真、测量仪表不准、读数有误，就会产生第一判断错误，也就是说容易将合格的产品认成是不合格的产品。尤其在进行质量检查验收时，应特别注意。

4. 质量检查不能解体、拆卸

工程项目建成后，不可能像某些工业产品那样，再拆卸或解体检查内在的质量，或重新更换零件，即使发现质量有问题，也不可能像工业产品那样实行“包换”或“退款”。

5. 质量要受投资、进度的制约

施工项目的质量受投资、进度的制约较大。一般情况下，投资大、进度慢，质量就好；反之，质量则差。因此，项目在施工过程中，还必须正确处理质量、投资、进度三者之间的关系，使其达到对应的统一。

（三）施工质量控制的依据

1. 工程合同文件（包括工程承包合同文件、委托监理合同文件等）。

2. 设计文件“按图施工”是施工阶段质量控制的一项重要原则。

3. 国家及政府有关部门颁布的有关质量管理方面的法律、法规性文件。

4. 有关质量检验与控制的专门技术法规性文件，这类专门的技术法规性文件的依据主要有以下四类：

（1）工程项目施工质量验收标准。

（2）有关工程材料、半成品和构配件质量控制方面的专门技术法规性依据，有关工程材料及其制品质量的技术标准，有关材料或半成品的取样、试验方面的技术标准或规程等，有关材料验收、包装、标识及质量证明书的一般规定等。

（3）控制施工作业活动质量的技术规程。

（4）凡采用新工艺、新技术、新材料的工程，事先应试验，并应有权威性技术部门的技术鉴定书及有关的质量数据、指标，在此基础上制定有关质量标准和施工工艺规程，以此作为判断与控制质量的依据。

（四）施工质量控制的全过程

为了加强对施工项目的质量控制，明确各施工阶段质量控制的重点，可把施工项目质量分为事前质量控制、事中质量控制和事后质量控制三个阶段。

1. 事前质量控制

事前质量控制是指在正式施工前进行的质量控制，其控制重点是做好施工准备工作，且施工准备工作要贯穿于施工全过程。

（1）施工准备的范围

全场性施工准备，是以整个项目施工现场为对象而进行的各项施工准备。

单位工程施工准备，是以一个建筑物或构筑物为对象而进行的施工准备。

分项（部）工程施工准备，是以单位工程中的一个分项（部）工程或冬雨期施工为对象而进行的施工准备。

项目开工前的施工准备，是在拟建项目正式开工前所进行的一切施工准备。

项目开工后的施工准备，是在拟建项目开工后，每个施工阶段正式开工前所进行的施工准备。如混合结构住宅施工，通常分为基础工程、主体工程和装饰工程等施工阶段，每个阶段的施工内容不同，其所需的物质技术条件、组织要求和现场布置也不同，因此，必须要做好相应的施工准备。

（2）施工准备的内容

技术准备，包括项目扩大初步设计方案的审查；熟悉和审查项目的施工图纸；项目建设地点自然条件、技术经济条件的调查分析；编制项目施工图预算和施工预算；编制项目施工组织设计等。

物质准备，包括建筑材料准备、构配件和制品加工准备、施工机具准备、生产工艺设备的准备等。

组织准备，包括建立项目组织机构、集结施工队伍、对施工队伍进行入场教育等。

施工现场准备，包括控制网、水准点、标桩的测量；“五通一平”，生产、生活临时设施等；组织机具、材料进场；拟定有关试验、试制和技术进步项目计划；编制季节性施工措施；制定施工现场管理制度等。

2. 事中质量控制

事中质量控制是指在施工过程中进行的质量控制。事中质量控制的策略是全面控制施工过程，重点控制工序质量。其具体措施是：工序交接有检查；质量预控有对策；施工项目有方案；技术措施有交底；图纸会审有记录；配制材料有试验；隐蔽工程有验收；计量器具校正有复核；设计变更有手续；钢筋代换有制度；质量处理有复查；成品保护有措施；行使质控有否决（如发现质量异常、隐蔽未经验收、质量问题未处理、擅自变更设计图纸、擅自代换或使用不合格材料、未经资质审查的操作人员无证上岗等，均应对质量予以否决）；质量文件有档案（凡是与质量有关的技术文件，如水准、坐标位置，测量、放线记录，沉降、变形观测记录，图纸会审记录，材料合格证明，试验报告，施工记录，隐蔽工程记录，设计变更记录，调试、试压运行记录，试车运转记录，竣工图等都要编目建档）。

3. 事后质量控制

事后质量控制是指在完成施工过程后形成产品的质量控制，其具体工作内容包括：

（1）组织联动试车。

（2）准备竣工验收资料，组织自检和初步验收。

（3）按规定的质量评定标准和办法，对完成的分项工程、分部工程、单位工程进行质量评定。

（4）组织竣工验收，其标准是按设计文件规定的内容和合同规定的内容完成施工，质量达到国家质量标准，能满足生产和使用的要求。

主要生产工艺设备已安装配套，联动负荷试车合格，形成设计生产能力。

竣工验收的建筑物要窗明、地净、水通、灯亮、气来、采暖通风设备运转正常。

二、施工质量控制的原则

商品经营的原则是“质量第一，用户至上”。建筑产品作为一种特殊的商品使用年限较长，是百年大计，直接关系人民生命财产的安全。所以，工程项目在施工中应自始至终地把“质量第一，用户至上”作为质量控制的基本原则。

人是质量的创造者，质量控制必须“以人为核心”，把人作为控制的动力，调动人的积极性、创造性；增强人的责任感，树立“质量第一”观念；提高人的素质，避免人的失误，以人的工作质量保工序质量、促工程质量。

“以预防为主”就是要从对质量的事后检查把关，转向对质量的事前控制、事中控制；从对产品质量的检查，转向对工作质量的检查、对工序质量的检查、对中间产品质量的检查，这是确保施工项目质量的有效措施。

质量标准是评价产品质量的尺度，数据是质量控制的基础和依据。产品质量是否符合质量标准，必须通过严格检查，用数据说话。

建筑施工企业的项目经理，在处理质量问题的过程中，应尊重客观事实，尊重科学，正直、公正，不持偏见；遵纪、守法，杜绝不正之风；既要坚持原则、严格要求、秉公办事，又要谦虚谨慎、实事求是、以理服人、热情帮助他人。

三、施工质量控制的措施

（一）对影响质量因素的控制

1. 人员的控制。项目质量控制中人员的控制，是指对直接参与项目的组织者、指挥者和操作者的有效管理和使用。人，作为控制对象能避免产生失误，作为控制动力能充分调动人的积极性和发挥人的主观能动性。为达到以工作质量保工序质量、促工程质量的目的，除加强纪律教育、职业道德教育、专业技术知识培训、健全岗位责任制、改善劳动条件、制定公平合理的奖惩制度外，还需要根据项目特点，从确保质量出发，本着人尽其才、扬长避短的原则控制人的使用。

2. 材料及构配件的质量控制。建筑材料品种繁杂，质量及档次相差悬殊，对于用于项目实施的主要材料，运到施工现场时必须具备正式的出厂合格证和材质化验单，如不具备或对检验证明有疑问时，应进行补验。检验所有材料合格证时，均须经监理工程师验证，否则一律不准使用。材料质量检验的方法，是通过一系列的检测手段，将所取得的材料质量数据与材料的质量标准相对照，借以判断材料质量的可靠性，能否使用于工程中；同时，还有利于掌握材料质量信息。一般有书面检验、外观检验、理化检验和无损检验等四种方法。

3. 机械设备控制。制订机械化施工方案，应充分发挥机械的效能，力求获得较好的综合经济效益。从保证项目施工质量角度出发，应着重从机械设备的选型、机型设备的主要性能参数和机械设备的使用操作要求等三方面予以控制。机械设备的选择，应本着因地制宜、因工程制宜的原则，按照技术上先进、经济上合理、生产上适用、性能上可靠、使用上安全、操作上轻巧和维修上方便的要求，贯彻执行机械化、半机械化与改良工具相结合的方针，突出机械与施工相结合的方针。机械设备正确地进行操作，是保证项目施工质量的重要环节，应贯彻“人机固定”的原则，实行定机、定人、定岗位责任的“三定”制度。操作人员必须执行各项规章制度，遵守操作规程，防止出现安全质量事故。

4. 方案控制。在审批项目实施方案时，必须结合项目实际，从技术、组织、管理、经济等方面进行全面分析、综合考虑，确保方案在技术上可行，在经济上合理，以确保工程质量。

5. 施工环境与施工工序控制。施工工序是形成施工质量的必要因素，为了把工程质量从事后检查转向事前控制，达到“以预防为主”的目的，必须加强对施工工序的质量控制。

（二）项目实施阶段的质量

1. 事前质量控制

事前质量控制以预防为主，审查其是否具有能完成工程并确保其质量的技术能力及管理水平，检查工程开工前的准备情况，对工程所需原材料、构配件的质量进行检查与控制，杜绝在工程中使用无产品合格证和抽检不合格的材料，并在抽检、送检原材料时需有一方见证取样，清除工程质量事故发生的隐患，联系设计单位和施工单位进行设计交底和图纸会审，并对个别关键和施工较难部位共同协商解决。施工时应采用最佳方案，重审施工单位提交的施工方案和施工组织设计，审核工程中拟采用的新材料、新结构、施工新工艺、新技术鉴定书，对于施工单位提出的图纸疑问或施工困难，热情给予帮助指导，并提出合理化的建议，积极协助解决。

2. 事中质量控制

事中质量控制坚持以标准为原则，在施工过程中，施工单位是否按照技术交底、施工图纸、技术操作规程和质量标准的要求实施，直接影响工程产品的质量好坏，是项目工程成败的关键。因此，管理人员要进行现场监督，及时检查，严格把关，强有力地保证工程质量，其中，在土建施工中，模板工程、钢筋工程、混凝土工程、砌体工程、抹灰工程、装饰工程等施工工序质量是项目质量管理与控制的重点。

3. 事后质量控制

事后质量控制是指竣工验收控制，即对于通过施工过程所完成的具有独立的功能和使用价值的最终产品（单位工程或整个工程项目）及有关方面（如质量文档）的质量控制，其目的是确认工程项目实施的结果达到预期要求，实现工程项目的移交与清算。其包括施工质量检验、工程质量评定和质量文件建档。

施工过程要从各个环节、各个方面落实质量责任，确保建设工程质量。作为施工的管理者，要通过科学的手段和现代技术，从基础工作做起，注意施工过程中的细节，加强对建筑施工工程的质量管理和控制。

四、施工质量控制的手段

施工阶段，监理工程师对工程项目进行质量监控主要是通过审核施工单位所提供的有关文件、报告或报表；现场落实有关文件，并检查确认其执行情况；现场检查和验收施工质量；质量信息的及时反馈等手段实现的。

1. 审核施工单位有关技术文件、报告或报表

这是对工程质量进行全面监督、检查与控制的重要途径。审查的具体文件包括：

（1）施工单位提交的有关材料、半成品和公平机构配件质量证明文件（出厂合格证、质量检验或试验报告等）；

（2）新材料、新技术、新工艺的现场试验报告以及永久设备的技术性能和质量检验报告；

（3）施工单位提交的反映工序施工质量的动态统计资料或管理图表，审核施工单位的质量管理体系文件，包括对分包单位质量控制体系和质量控制措施的审查；

（4）施工单位提交的有关工序产品质量的证明文件，包括检验记录及试验报告、工序交接检查（自检）、隐蔽工程检查、分部分项工程质量检验报告等文件、资料；

（5）有关设计变更、修改设计图纸等；

（6）有关工程质量缺陷或质量事故的处理报告；

（7）和签署现场有关的质量技术签证、文件等。

2. 现场落实有关文件，并检查确认其执行情况

工程项目在施工阶段形成的许多文件需要得到落实，如多方形成的有关施工处理方案、会议决定，来自质量监督机构的质量监督文件或要求等。施工单位上报的许多文件经监理单位检查确认后，如得不到有效落实，会使工程质量失去控制。因此，监理工程师应认真检查并确认这些文件的执行情况无误。

3. 现场检查和验收施工质量

人的因素主要是指领导者的素质，操作人员的理论、技术水平，生理缺陷，粗心大意，违纪违章等。施工时，首先要考虑对人的因素的控制，因为人是施工过程的主体，工程质量的形成受所有参加工程项目施工的工程技术干部、操作人员、服务人员共同作用，他们是形成工程质量的主要因素。首先，应提高他们的质量意识。施工人员应当树立五大观念，即质量第一的观念，预控为主的观念，为用户服务的观念，用数据说话的观念及社会效益、企业效益（质量、成本、工期相结合）、综合效益的观念。其次，是提高人的素质。领导层、技术人员素质高，决策能力就强，就有较强的质量规划、目标管理、施工组织和技术指导、质量检查的能力；管理制度完善，技术措施得力，工程质量就高。操作人员应有精湛的技术技能、一丝不苟的工作作风、严格执行质量标准和操作规程的法制观念；服务人员应做好技术和生活服务，以出色的工作质量，间接地保证工程质量。提高人的素质，可以依靠

质量教育、精神和物质激励的有机结合，也可以靠培训和优选，进行岗位技术练兵。

材料（包括原材料、成品、半成品、构配件）是工程施工的物质条件，材料质量是工程质量的基础，材料质量不符合要求，工程质量也就不可能符合要求。所以，加强材料的质量控制，是提高工程质量的重要保证。影响材料质量的因素主要是材料的成分、物理性能、化学性能等。材料控制的要点有：

1）优选采购人员，提高他们的政治素质和质量鉴定水平，挑选那些有一定专业知识、忠于事业的人担任该项工作；

2）掌握材料信息，优选供货厂家；

3）合理组织材料供应，确保正常施工；

4）加强材料的检查验收，严把质量关；

5）抓好材料的现场管理，并做到合理使用；

6）搞好材料的试验、检验工作。

据资料统计，建筑工程中材料费用占总投资的 70% 或更多。正因为这样，一些承包商在拿到工程后，为谋取更多利益，不按工程技术规范要求的品种、规格、技术参数等采购相关的成品或半成品，或因采购人员素质低下，对原材料的质量不进行有效控制，放任自流，从中收取回扣和好处费。还有的企业没有完善的管理机制和约束机制，无法杜绝假冒、伪劣产品及原材料进入工程施工中，给工程留下了质量隐患。科学技术的高度发展，为材料的检验提供了科学的方法。国家相关部门在有关施工技术规范中对其进行了详细的介绍，实际施工中只要我们严格执行，就能确保施工所用材料的质量。

机械的控制包括施工机械设备、工具等控制。要根据不同工艺特点和技术要求，选用合适的机械设备；正确使用、管理和保养好机械设备。为此要健全"人机固定"制度、"操作证"制度、岗位责任制度、交接班制度、"技术保养"制度、"安全使用"制度、机械设备检查制度等，确保机械设备处于最佳使用状态。

施工过程中的方法包含整个建设周期内所采取的技术方案、工艺流程、组织措施、检测手段、施工组织设计等。施工方案正确与否，直接影响工程质量控制能否顺利实现。往往由于施工方案考虑不周而拖延进度，影响质量，增加投资。因此，在制订和审核施工方案时，必须结合工程实际，从技术、管理、工艺、组织、操作、经济等方面进行全面分析、综合考虑，力求方案技术可行、经济合理、工艺先进、措施得力、操作方便，这样有利于提高质量、加快进度、降低成本。

影响工程质量的环境因素较多，有工程地质、水文、气象、噪声、通风、振动、照明、污染等。环境因素对工程质量的影响具有复杂而多变的特点，如气象条件的变化万千，温度、湿度、大风、暴雨、严寒都直接影响工程质量，往往前一工序就是后一工序的环境，前一分项、分部工程也就是后一分项、分部工程的环境。因此，根据工程特点和具体条件，应对影响质量的环境因素，采取有效的措施严加控制。此外，冬雨期、炎热季节、风季施工时，还应针对工程的特点，尤其是混凝土工程、土方工程、水下工程及高空作业等，拟定季节性的有效措施保证施工质量，以免工程质量受到冻害、干裂、冲刷等的危害。同时，要不断改善施工现场的环境，尽可能减少施工对环境的污染，健全施工现场管理制度，实行文明施工。

为了工程质量，应重视新技术、新工艺的先进性、适用性。在施工的全过程中，要建立符合技术要求的工艺流程质量标准、操作规程，建立严格的考核制度，不断改进和提高施工技术和工艺水平，确保工程质量。建立严密的质量保证体系和质量责任制，各分部、分项工程均要全面实行，到位管理，施工队伍要根据自身情况和工程特点及质量通病，确定质量目标和相关内容。

第五节　建设工程安全管理

一、建设工程安全管理的概念

1. 安全

安全是指没有危险、不出事故的状态。其包括人身安全、设备与财产安全、环境安全等。通俗地讲，安全就是指安稳，即人的平安无事，物的安稳可靠，环境的安定良好。

2. 安全生产

安全生产就是指在劳动生产过程中，努力改善劳动条件，克服不安全因素，防止伤亡事故发生，使劳动生产在保障劳动者安全健康和国家财产不受损失的前提下顺利进行。

安全生产一直以来是我国的重要国策。安全与生产的关系可用“生产必须安全，安全促进生产”这句话来概括。二者是有机的整体，不能分割，更不能对立。

对于国家来说，安全生产关系国家的稳定、国民经济健康持续的发展以及构建和谐社会目标的实现。

对于社会来说，安全生产是社会进步与文明的标志。一个伤亡事故频发的社会不能被称为文明的社会。

对于企业来说，安全生产是企业效益的前提。一旦发生安全生产事故，将会造成企业有形和无形的经济损失，甚至会给企业造成致命的打击。

对于家庭来说，一次伤亡事故，可能造成一个家庭的支离破碎。这种打击往往会给家庭成员带来经济、心理、生理等多方面的创伤。

对于个人来说，最宝贵的便是生命和健康，而频发的安全生产事故使两者受到了严重的威胁。

由此可见，安全生产的意义非常重大。“安全第一，预防为主”早已成为我国安全生产管理的基本方针。

3. 安全管理

管理是指某组织中的管理者，为了实现组织既定目标而进行的计划、组织、指挥、协调和控制的过程。

安全管理可以定义为管理者为实现安全生产目标对生产活动进行的计划、组织、指挥、协调和控制的一系列活动，以保护员工的安全与健康。

建筑工程安全管理是安全管理原理和方法在建筑领域的具体应用。所谓建筑工程安全管理，是指以国家的法律、法规、技术标准和施工企业的标准及制度为依据，采取各种手段，对建筑工程生产的安全状况实施有效制约的一切活动，是管理者对安全生产进行建章立制，进行计划、组织、指挥、协调和控制的一系列活动，是建筑工程管理的一个重要部分。它包括宏观安全管理和微观安全管理两个方面。

宏观安全管理主要是指国家安全生产管理机构以及建设行政主管部门从组织、法律法规、执法监察等方面对建设项目的安全生产进行管理。它是一种间接的管理，同时也是微观管理的行动指南。实施宏观安全管理的主体是各级政府机构。

微观安全管理主要是指直接参与对建设项目的安全管理，它包括建筑企业、业主或业主委托的监理机构、中介组织等对建筑项目安全生产的计划、组织、实施、控制、协调、监督和管理。微观管理是直接的、具体的，是安全管理法律法规以及标准指南的体现。实现微观安全管理的主体主要是施工企业及其他相关企业。

宏观和微观的建筑安全管理对建筑安全生产都是必不可少的，它们是相辅相成的。为了保护建筑业从业人员的安全，保证生产的正常进行，就必须加强安全管理，消除各种危险因素，确保安全生产。只有抓好安全生产，才能提高生产经营单位的安全程度。

二、建筑工程安全管理的特点

1. 管理面广

由于建设工程规模较大，生产工艺复杂、工序多，遇到的不确定因素多，因此安全管理工作涉及范围广、控制面广。

2. 管理的动态性

建设工程项目的单件性使得每项工程所处的条件不同，所面临的危险因素和防范措施也会有所改变，有些工作制度和安全技术措施也会有所调整，员工需要有个熟悉的过程。

3. 管理系统的交叉性

建设工程项目是开放系统，受自然环境和社会环境影响很大，安全控制需要把工程系统、环境系统及社会系统结合起来。

4. 管理的严谨性

安全状态具有触发性，其控制措施必须严谨，一旦失控，就会造成损失和伤害。

三、建筑工程安全管理的意义

1. 做好安全管理是防止伤亡事故和职业危害的根本对策。

2. 做好安全管理是贯彻落实“安全第一，预防为主”方针的基本保证。

3. 有效的安全管理是促进安全技术和劳动卫生措施发挥应有作用的动力。

4. 安全管理是施工质量的保障。

5. 做好安全管理，有助于改进企业管理，全面推动企业各方面工作的进步，促进经济效益的提高。安全管理是企业管理的重要组成部分，与企业的其他管理密切相关、互相影响、互相促进。

四、安全检查制度

1. 安全检查的目的

安全检查制度是清除隐患、防止事故、改善劳动条件的重要手段，是企业安全生产管理工作的一项重要内容。通过安全检查可以发现企业及生产过程中的危险因素，以便有计划地采取措施，保证安全生产。

2. 安全检查的方式

安全检查方式有企业组织的定期安全检查，各级管理人员的日常巡回检查、专业性检查、季节性检查、节假日前后的安全检查、班组自检、交接检查、不定期检查等。

3. 安全检查的内容

安全检查的主要内容包括：查思想、查管理、查隐患、查整改、查伤亡事故处理等。安全检查的重点是检查“三违”和安全责任制的落实。检查后应编写安全检查报告，报告应包括以下内容：已达标项目、未达标项目、存在问题、原因分析、纠正和预防措施。

4. 安全隐患的处理程序

对于查出的安全隐患，不能立即整改的要制订整改计划，定人、定措施、定经费、定完成日期，在未消除安全隐患前，必须采取可靠的防范措施，如有危及人身安全的紧急险情，应立即停工，应按照“登记→整改→复查→销案”的程序处理安全隐患。

五、建设工程施工安全措施

（一）施工安全控制

1. 安全控制的概念

安全控制是生产过程中涉及的计划、组织、监控、调节和改进等一系列致力于满足生产安全所进行的管理活动。

2. 安全控制的目标

安全控制的目标是减少和避免生产过程中的事故，保证人员健康安全和财产免受损失。具体应包括：

（1）减少或消除人的不安全行为的目标；

（2）减少或消除设备、材料的不安全状态的目标；

（3）改善生产环境和保护自然环境的目标。

3. 施工安全控制的特点

建设工程施工安全控制的特点主要有以下几个方面：

（1）控制面广。由于建设工程规模较大，生产工艺复杂、工序多，因此在建造过程中流动作业多，高处作业多，作业位置多变，遇到的不确定因素多，安全控制工作涉及范围大，控制面广。

（2）控制的动态性。由于建设工程项目的单件性，使得每项工程所处的条件都不同，所面临的危险因素和防范措施也会有所改变，员工在转移工地后，熟悉一个新的工作环境需要一定的时间，有些工作制度和安全技术措施也会有所调整，员工同样需要有个熟悉的过程。

由于建设工程项目施工的分散性，现场施工分散于施工现场的各个部位，尽管有各种规章制度和安全技术交底的环节，但是面对具体的生产环境时，仍然需要自己的判断和处理，有经验的人员还必须适应不断变化的情况。

控制系统交叉性，建设工程项目是开放系统，受自然环境和社会环境影响很大，同时也会对社会和环境造成影响，安全控制需要把工程系统、环境系统及社会系统结合起来。

控制的严谨性，由于建设工程施工的危害因素复杂、风险程度高、伤亡事故多，因此，预防控制措施必须严谨，如有疏漏就可能发展失控而酿成事故，造成损失和伤害。

4. 施工安全的控制程序

（1）确定每项具体建设工程项目的安全目标。按“目标管理”方法在以项目经理为首的项目管理系统内进行分解，从而确定每个岗位的安全目标，实现全员安全控制。

（2）编制建设工程项目安全技术措施计划。工程施工安全技术措施计划是对生产过程中的不安全因素，用技术手段加以消除和控制的文件，是落实“预防为主”方针的具体体现，是进行工程项目安全控制的指导性文件。

（3）安全技术措施计划的落实和实施。安全技术措施计划的落实和实施包括建立健全安全生产责任制，设置安全生产设施，采用安全技术和应急措施，进行安全教育和培训、安全检查、事故处理，沟通和交流信息，通过一系列安全措施的贯彻，使生产作业的安全状况处于受控状态。

（4）安全技术措施计划的验证。安全技术措施计划的验证是通过施工过程中对安全技术措施计划实施情况的安全检查，纠正不符合安全技术措施计划的情况，保证安全技术措施的贯彻和实施。

（5）持续改进。根据安全技术措施计划的验证结果，对不适宜的安全技术措施计划进行修改、补充和完善。

（二）施工安全技术措施的一般要求和主要内容

1. 施工安全技术措施的一般要求

（1）施工安全技术措施必须在工程开工前确定。施工安全技术措施是施工组织设计的重要组成部分，应在工程开工前与施工组织设计一同编制。为保证各项安全设施的落实，在工程图纸会审时，就应特别注意安全施工的问题，并在开工前确定好安全技术措施，使用于该工程的各种安全设施有较充分的时间进行采购、制作和维护等准备工作。

（2）施工安全技术措施要有全面性。按照有关法律法规的要求，在编制工程施工组织设计时，应当根据工程特点制定相应的施工安全技术措施。对于大中型工程项目、结构复杂的重点工程，除必须在施工组织设计中编制施工安全技术措施外，还应编制专项工程施工安全技术措施，详细说明有关安全方面的防护要求和措施，确保单位工程或分部分项工程的施工安全。对于爆破、拆除、起重吊装、水下、基坑支护和降水、土方开挖、脚手架、模板等危险性较大的作业，必须编制专项安全施工技术方案。

（3)施工安全技术措施要有针对性。施工安全技术措施是针对每项工程的特点制定的，编制安全技术措施的技术人员必须掌握工程概况、施工方法、施工环境、条件等一手资料，并熟悉安全法规、标准等，这样才能制定有针对性的安全技术措施。

（4）施工安全技术措施应力求全面、具体、可靠。施工安全技术措施应把可能出现的各种不安全因素考虑周全，制定的对策方案应力求全面、具体、可靠，这样才能真正做到预防事故的发生。但是，全面具体不等于罗列一般通常的操作工艺、施工方法以及日常安全工作制度、安全纪律等。这些制度性规定，在安全技术措施中不需要再做抄录，但必须严格执行。对于大型群体工程或一些面积大、结构复杂的重点工程，除必须在施工组织总设计中编制施工安全技术总体措施外，还应编制单位工程或分部分项工程安全技术措施，详细地制定出有关安全方面的防护要求和措施，确保该单位工程或分部分项工程的安全施工。

（5）施工安全技术措施必须包括应急预案。由于施工安全技术措施是在相应的工程施工实施之前制定的，所涉及的施工条件和危险情况大都是建立在可预测的基础上，而建设工程施工过程是开放的过程，在施工期间的变化是经常发生的，还可能出现预测不到的突发事件或灾害（如地震、火灾、台风、洪水等）。因此，施工技术措施计划必须包括面对突发事件或紧急状态的各种应急设施、人员逃生和救援预案，以便在紧急情况下，能及时启动应急预案，减少损失，保护人员安全。

（6）施工安全技术措施要有可行性和可操作性。施工安全技术措施应能够在每个施工工序之中得到贯彻实施，既要考虑保证安全要求，又要考虑现场环境条件和施工技术条件能够做得到。

2. 施工安全技术措施的主要内容

（1）进入施工现场的安全规定。

（2）地面及深槽作业的防护。

（3）高处及立体交叉作业的防护。

（4）施工用电安全。

（5）施工机械设备的安全使用。

（6）在采取“四新”技术时，采取针对性的专门安全技术措施。

（7）有针对自然灾害预防的安全措施。

（8）预防有毒、有害、易燃、易爆等作业造成危害的安全技术措施。

（9）现场消防措施。

安全技术措施中必须包含施工总平面图，在图中必须对危险的油库、易燃材料库、变电设备、材料和构（配）件的堆放位置，塔式起重机、物料提升机（井架、龙门架）、施工用电梯、垂直运输设备位置，搅拌台的位置等，按照施工需求和安全规程的要求明确定位，并提出具体要求。

结构复杂、危险性大、特性较多的分部分项工程，应编制专项施工方案和安全措施。如基坑支护与降水工程、土方开挖工程、模板工程、起重吊装工程、脚手架工程、拆除工程、爆破工程等，必须编制单项的安全技术措施，并要有设计依据、有计算、有详图、有文字要求。

季节性施工安全技术措施，就是考虑夏季、雨期、冬期等不同季节的气候对施工生产带来的不安全因素可能造成的各种突发性事故，而从防护上、技术上、管理上采取的防护措施。一般工程可在施工组织设计或施工方案的安全技术措施中编制季节性施工安全措施；危险性大、高温期长的工程，应单独编制季节性的施工安全措施。

六、安全技术交底

1. 安全技术交底的内容

安全技术交底是一项技术性很强的工作，对于贯彻设计意图、严格实施技术方案、按图施工、循规操作、保证施工质量和施工安全至关重要。安全技术交底主要内容如下：

（1）施工项目的施工作业特点和危险点；

（2）针对危险点的具体预防措施；

（3）应注意的安全事项；

（4）相应的安全操作规程和标准；

（5）发生事故后应及时采取的避难和急救措施。

2. 安全技术交底的要求

（1）项目经理部必须实行逐级安全技术交底制度，纵向延伸到班组全体作业人员；

（2）技术交底必须具体、明确，针对性强；

（3）技术交底的内容应针对分部分项工程施工中给作业人员带来的潜在危险因素和问题确定；

（4）应优先采用新的安全技术措施；

（5）对于涉及“四新”项目或技术含量高、难度大的单项技术设计，必须经过两阶段技术交底，即初步设计交底和实施性施工图技术设计交底；

（6）应将工程概况、施工方法、施工程序、安全技术措施等，向工长、班组长进行详细交底；

（7）定期向由两个以上作业队和多工种进行交叉施工的作业队伍进行书面交底；

（8）保存书面安全技术交底签字记录。

3. 安全技术交底的作用

（1）让一线作业人员了解和掌握该作业项目的安全技术操作规程和注意事项，减少因违章操作而导致事故的可能；

（2）是安全管理人员在项目安全管理工作中的重要环节；

（3）安全管理内业的内容要求，同时做好安全技术交底也是安全管理人员自我保护的手段。

第十章　建设工程信息管理与组织协调

建设项目协调是建设项目管理的重要工作，贯穿于整个项目和项目管理过程中。项目中的协调管理工作主要包括：项目目标因素之间的协调管理；项目各子系统内部、子系统之间、子系统与环境之间的协调管理；各专业技术层面的协调管理；项目实施进程的协调管理；各种管理方法、管理过程的协调管理；项目参与者之间的协调管理等。本章主要介绍了建设工程的信息管理和组织协调，希望能为整个工程的良好管理和组织提供参考。

第一节　建设工程信息管理的概念和工具

1. 建设工程信息管理的概念

（1）建设工程信息管理的内涵

1）信息

信息指的是用口头的、书面的或电子的方式传输（传达、传递）的知识新闻，可靠的或不可靠的情报。声音、文字、数字和图像等都是信息表达的形式。建设工程的实施需要人力资源和物质资源，应认识到信息资源也是建设工程实施的重要资源之一。

可从不同的角度对建设工程的信息进行分类，如：

按工程管理工作的对象，即按工程的分解结构，如子工程 1、子工程 2 等进行信息分类。

按工程实施的工作过程，如设计准备、设计、招投标和施工过程等进行信息分类。

按工程管理工作的任务，如投资控制、进度控制、质量控制等进行信息分类。

按信息的内容属性，如组织类信息、管理类信息、经济类信息、技术类信息和法规类信息等进行分类。

为满足工程管理工作的要求，往往需要对建设工程信息进行综合分类，即按多维进行分类，如：

第一维：按工程的分解结构。

第二维：按工程实施的工作过程。

第三维：按工程管理工作的任务。

2）信息管理

信息管理指的是信息传输的合理组织和控制。施工方在投标过程中、承包合同洽谈过程中、施工准备工作中、施工过程中、验收过程中，以及在保修期工作中形成了大量的各种信息。这些信息不但在施工方内部各部门间流转，其中许多信息还必须提供给政府建设主管部门、业主方、设计方、相关的施工合作方和供货方等，还有许多有价值的信息应有序地保存，以供其他建设工程施工借鉴。上述过程包含了信息传输的过程，由谁（哪个工作岗位或工作部门等）在何时向谁（哪个工程主管和参与单位的工作岗位或工作部门等）以什么方式提供什么信息属于信息传输的组织和控制，这就是信息管理的内涵。

信息管理不能被简单理解为仅对产生的信息进行归档和一般的信息领域的行政事务管理。为充分发挥信息资源的作用和提高信息管理的水平，施工单位和其建设工程管理部门都应设置专门的工作部门（或专门的人员）负责信息管理。

3）建设工程信息管理

建设工程信息管理是通过对各个系统、各项工作和各种数据的管理，使项目的信息能方便和有效地获取、存储（存档是存储的一项工作）、处理和交流。

上述“各个系统”可视为与建设工程的决策、实施和运行有关的各系统，它可分为建设工程决策阶段管理子系统、实施阶段管理子系统和运行阶段管理子系统。其中，实施阶段管理子系统又可分为业主方管理子系统、设计方管理子系统、施工方管理子系统和供货方管理子系统等。

（2）建设工程信息管理的分类

建设工程信息依据不同标准可划分如下。

1）按照建设工程的目标划分

投资控制信息。其是指与投资控制直接有关的信息。如各种估算指标、类似工程造价物价指数；设计概算、概算定额；施工图预算、预算定额；建设工程投资估算；合同价组成；投资目标体系；计划工程量、已完成工程量、单位时间付款报表、工程量变化表、人工、材料调差表；索赔费用表；投资偏差已完工程结算；竣工决算、施工阶段的支付账单；原材料价格、机械设备台班费、人工费、运杂费等。

质量控制信息。其是指与建设工程质量有关的信息，如国家有关的质量法规、政策及质量标准、工程建设标准；质量目标体系和质量目标的分解；质量控制工作流程、质量控制的工作制度、质量控制的方法；质量控制的风险分析；质量抽样检查的数据；各个环节工作的质量（建设工程决策的质量、设计的质量、施工的质量）；质量事故记录和处理报告等。

进度控制信息。其是指与进度相关的信息，如施工定额、工程总进度计划、进度目标分解、工程年度计划、工程总网络计划和子网络计划、计划进度与实际进度偏差；网络计划的优化；网络计划的调整情况；进度控制的工作流程、进度控制的工作制度、进度控制的风险分析等。

2）按照建设工程信息的来源划分

工程内部信息。其是指建设工程各个阶段、各个环节、各有关单位发生的信息总体。内部信息取自建设工程本身，如工程概况、设计文件、施工方案、合同结构、合同管理制度、信息资料的编码系统、信息目录表、会议制度、工程的投资目标、工程的质量目标、工程的进度目标等。

3）按照信息的稳定程度划分

固定信息。固定信息是指在一定时间内相对稳定不变的信息，包括标准信息、计划信息和查询信息。标准信息主要指各种定额和标准，如施工定额、原材料消耗定额、生产作业计划标准、设备和工具的耗损程度等。计划信息反映在计划期内已定任务的各项指标情况。查询信息主要指国家和行业颁发的技术标准、不变价格、监理工作制度、监理工程师的人事卡片等。

流动信息。流动信息是指在不断变化的动态信息。如工程实施阶段的质量、投资及进度的统计信息；反映在某一时刻，工程建设的实际进程及计划完成情况，工程实施阶段的原材料实际消耗量、机械台班数、人工工日数等。

2. 建设工程信息管理的工具

（1）信息管理手册

业主方和建设工程参与各方都有各自的信息管理任务，各方都应编制各自的信息管理手册。信息管理手册描述和定义信息管理做什么、谁做、什么时候做和其工作成果是什么等。

（2）信息管理部门

在国际上，许多建设工程都专门设立了信息管理部门（或称为信息中心），以确保信息管理工作的顺利进行；也有一些大型建设工程专门委托咨询公司从事项目信息动态跟踪和分析，以信息流指导物质流，从宏观上对工程的实施进行控制。工程管理班子中各个工作部门的管理工作都与信息处理有关。

（3）信息管理任务的工作流程

信息管理手册编制和修订的工作流程；为形成各类报表和报告收集信息、录入信息、审核信息、加工信息、信息传输和发布的工作流程；工程档案管理的工作流程等。

（4）基于网络的信息管理平台

由于建设工程大量数据处理的需要，在当今的时代应重视利用信息技术的手段进行信息管理。其核心的手段是基于网络的信息处理平台。

第二节　建设工程信息的编码和处理方法

1. 建设工程信息编码的方法

编码由一系列符号（如文字）和数字组成，编码是信息处理的一项重要的基础工作。一个建设工程有不同类型和不同用途的信息，为有组织地存储信息，方便信息的检索和信息的加工整理，必须对工程信息进行编码，如工程的结构编码、工程管理组织结构编码、工程的政府主管部门和各参与单位编码（组织编码）、工程实施的工作项编码（工程实施的工作过程的编码）、工程的投资项编码（业主方）/成本项编码（施工方）、工程的进度项（进度计划的工作项）编码、工程进展报告和各类报表编码、合同编码、工程档案编码等。

以上这些编码是因不同的用途而编制的，如投资项编码（业主方）/成本项编码（施工方）服务于投资控制工作/成本控制工作，进度项编码服务于进度控制工作。但是有些编码并不是针对某一项管理工作而编制的，如投资控制/成本控制、进度控制、质量控制、合同管理、编制工程进展报告等都要使用工程的结构编码，因此就需要进行编码的组合。

工程的结构编码依据工程结构图，对工程结构的每一层的每一个组成部分进行编码。工程管理组织结构编码依据工程管理的组织结构图，对每一个工作部门进行编码。工程的政府主管部门和各参与单位均需要进行编码，其中包括：政府主管部门；业主方的上级单位或部门；金融机构；工程咨询单位；设计单位；施工单位；物资供应单位；物业管理单位等。

工程实施的工作项编码应覆盖工程实施的工作任务目录的全部内容，它包括设计准备阶段的工作项、设计阶段的工作项、招投标工作项、施工和设备安装工作项、项目动用前的准备工作项等。

工程的投资项编码应综合考虑概算、预算、标底、合同价和工程款的支付等因素，建立统一的编码，以服务于工程投资目标的动态控制。

工程成本项编码应综合考虑预算、投标价估算、合同价、施工成本分析和工程款的支付等因素，建立统一的编码，以服务于工程成本目标的动态控制。工程的进度项编码应综合考虑不同层次、不同深度和不同用途的进度计划工作项的需要，建立统一的编码服务于工程进度目标的动态控制。工程进展报告和各类报表编码应包括工程管理形成的各种报告和报表的编码。合同编码应参考工程的合同结构和合同的分类，应反映合同的类型、相应的工程结构和合同签订的时间等。

工程档案的编码应根据有关工程档案的规定、工程的特点和工程实施单位的需求而建立。

2. 建设工程信息处理的方法

在当今时代，信息处理已逐步向电子化和数字化的方向发展，但建筑业和基本建设领域的信息化已明显落后于许多其他行业，建设工程信息处理基本上还沿用传统的方法和模式。应采取措施，使信息处理由传统的方式向基于网络的信息处理平台方向发展，以充分发挥信息资源的价值，以及信息对工程目标控制的作用。基于网络的信息处理平台由一系列硬件和软件构成：

数据处理设备（包括计算机、打印机、扫描仪、绘图仪等）。

数据通信网络（包括形成网络的有关硬件设备和相应的软件）。

软件系统（包括操作系统和服务于信息处理的应用软件）等。

建设工程的业主方和工程参与各方往往分散在不同的城市，甚至不同的国家，因此，其信息处理应考虑充分利用远程数据通信的方式。如通过电子邮件收集信息和发布信息；通过基于互联网的工程专用网站实现业主方内部、业主方和工程参与各方，以及工程参与各方之间的信息交流、协同工作和文档管理；通过基于互联网的项目信息门户的公用信息平台实现业主方内部、业主方和工程参与各方，以及工程参与各方之间的信息交流、协同工作和文档管理。

基于互联网的项目信息门户（PIP）属于电子商务（E-Business）两大分支中的电子协同工作（E-Collaboration）。项目信息门户在国际学术界有明确的内涵，即在工程实施全过程中对工程参与各方产生的信息和知识进行集中式管理的基础上，为工程的参与各方在互联网平台上提供一个获取个性化工程信息的单一入口，从而为工程的参与各方提供一个高效的信息交流（Project-Communication）和协同工作的环境。它的核心功能是在互动式的文档管理的基础上，通过互联网促进工程参与各方之间的信息交流和促进工程参与各方的协同工作，从而达到为工程建设增值的目的。

基于互联网的项目专用网站（PSWS）是基于互联网的项目信息门户的一种方式，是为某一个工程的信息处理专门建立的网站。但是基于互联网的项目信息门户也可以服务于多个工程，即成为众多工程服务的公用信息平台。

第三节　建设工程组织协调

1. 建设工程组织协调的内容

工程协调是指以一定的形式、手段和方法，对工程实施过程中的各种关系进行疏通，对产生的干扰和障碍予以排除的过程。协调是管理的重要职能，无论工程内部或外部的协调，都是非常重要的，有学者称协调是管理的本质。协调可使矛盾着的各个方面居于统一体中，解决它们的界面问题，解决它们之间的不一致和矛盾，使系统结构均衡，使工程实施和运行的过程顺利。

组织协调就是联结、联合、调和所有的活动及力量，使各方配合得适当，其目的是促使各方协同一致，以实现预定目标。协调工作应贯穿于整个建设工程实施及管理过程中。

建设工程系统就是一个由人员、物质、信息等构成的人为组织系统。用系统方法分析，建设工程的协调一般有三大类：一是“人员 / 人员界面”；二是“系统 / 系统界面”；三是“系统 / 环境界面”。

2. 建设工程的协调管理方法

（1）沟通

沟通是工程管理系统所进行的信息、意见、观点、思想、情感与愿望的传递和交换，并借以取得系统内部组织之间、上下级之间的相互了解和信任，从而形成良好的人际关系、产生强大的凝聚力、完成工程目标的活动。一般情况下，工程沟通方式按工作需要分为正式沟通和非正式沟通；按表现方式可分为语言沟通和非语言沟通；按沟通方式分为双向沟通和单向沟通；按组织层次分为垂直沟通、横向沟通、网络状沟通。工程建设各种沟通方式都被经常采用。

（2）协商

协商是为了解决某些事情而与他人商量、商议。协商的过程包括确定协商的时间、地点和进度。为了使协商结果有利于工程的建设，协商双方应当确定何时准备好进行协商，并且选择协商的地点及计划好协商的速度。协商结果带有时间性，需要迅速结束。通常，时间较富余的一方，可能拖延至限期来到；当限期接近时，更为焦急的一方可能失去耐性，从而不想力争其要求。因此，有可能比原来设想的更容易做出最后让步，并要求较少的回报来结束协商。

（3）谈判

谈判是为了达到双方均可以接受的局面而采取的行动，旨在就彼此均认为很重要的问题、可能引发冲突的问题、需要合作才能解决的问题等达成协议。在建设工程中，谈判一般应包括以下内容：设计深度，交图时间，图纸质量，监理期与范围，监理责任人，监理依据，人工成本方面，材料和机械使用的成本方面，新技术、新材料、新设备、新工艺应用的问题，保险范围和责任范围，进度报告，服务范围，工程设计调整，价格变动，设备保证书，工程留置权。其他诸如不可抗力、执照和许可证、侵犯专利等都是双方谈判所涉及的内容，都是不可忽略的。

第四节　建设工程的沟通管理

1. 建设工程中的沟通方法

沟通是组织协调的手段，是解决组织成员间障碍的基本方法。组织协调的程度和效果常常依赖于各工程参加者之间沟通的程度。通过沟通，不但可以解决各种协调问题，如在技术、过程、逻辑、管理方法和程序中间的矛盾、困难和不一致，而且可解决各参加者心理的和行为的障碍和争执。通过沟通可达到：

总目标明确，工程参加者对工程的总目标达成共识。沟通为总目标服务，以总目标作为群体目标，作为大家的行动指南。沟通的目的是要化解组织之间的矛盾和争执，以便在行动上协调一致，共同完成工程的总目标。

各种人、各方面之间的互相理解、了解，建立和保持较好的团队精神，使人们积极地为工程工作。

人们行为一致，减少摩擦、对抗，化解矛盾，达到一个较高的组织效率。

保持工程的目标、结构、计划、设计实施状况的透明性，当工程出现困难时，通过沟通使大家有信心、有准备、齐心协力。

沟通是计划、组织、激励、领导和控制等管理职能有效性的保证。工作中产生的误解、摩擦、低效等问题很大一部分可以归咎于沟通的失败。工程中的沟通方式是丰富多彩的，可以从许多角度进行分类。例如，双向沟通（有反馈）和单向沟通（不需反馈），垂直沟通、横向沟通和网络状沟通，正式沟通和非正式沟通，语言沟通和非语言沟通。

（1）正式沟通

1）正式沟通的概念

正式沟通是通过正式的组织过程来实现或形成的。它由工程的组织结构图、工程流程、工程管理流程、信息流程和确定的运行规则构成，并且采用正式的沟通方式。正式的沟通方式和过程必须经过专门的设计，有专门的定义。这种沟通有固定的沟通方式、方法和过程，它一般在合同中或在工程手册中被规定，作为大家的行为准则。大家一致认可、统一遵守，作为组织的规则，以保证行动一致。组织的各个子系统必须遵守同一个运作模式，必须是透明的。这种沟通结果常常有法律效力，它不仅包括沟通的文件，而且包括沟通的过程。例如，会议纪要若超过答复期不做反驳，则形成一个合同文件，具有法律约束力；对业主下达的指令，承包商必须执行，但业主要承担相应的责任。

2）正式沟通的构成内容

工程手册。包括极其丰富的内容，它是工程和工程管理基本情况的集成，它的基本作用就是为了工程参加者之间的沟通。一本好的工程手册，会给各方面带来方便。它包括以下内容：工程的概况、规模；业主、工程目标、主要工作量；工程参加者；工程结构；工程管理工作规则等。

工程手册中应说明工程的沟通方法、管理程序，文档和信息应有统一的定义和说明、统一的 WBS 编码体系、统一的组织编码、统一的信息编码、统一的工程成本划分方法和编码、统一的报告系统。在工程初期，工程管理者应就工程目标、工程手册的内容向各参加者做介绍，使大家了解工程目标、状况、参加者和沟通机制，使大家明白遇到什么事应该找谁，应按什么程序处理以及向谁提交什么文件。

书面文件。各种书面文件包括各种计划、政策、过程、目标、任务、战略、组织结构图、组织责任图、报告、请示、指令、协议。

在实际工程中要形成文本交往的风气，尽管大家天天见面，经常在一起商谈，但对工程问题的各种磋商结果，或指令，或要求都应落实到文本上，工程参加者各方都应以书面文件作为沟通的最终依据，这是经济法律的要求，也可避免出现争执、遗忘和推诿责任。

工程中涉及各方面的工程活动，如场地交接、图纸交接材料、设备验收等都应有相应的手续和签收的证据。

会后处理。会后应尽快整理并起草会议纪要。协调会议的结果通常以会议纪要的形式作为决议。在会上只能做会议记录，会后才整理起草纪要，送达各方认可。一般各参加者在收到纪要后如有反对意见应在一个星期内提出反驳，否则，便作为同意会议纪要内容处理，该会议纪要即成为有约束力的协议文件。当然。对重大问题的协议常常要在新的协调会议上签署。

（2）非正式沟通

1）非正式沟通的形式

非正式沟通是通过工程中的非正式组织关系形成的。一个工程参加者或工程小组成员在正式的工程组织中承担着一个角色。另外，他同时又处于复杂的人事关系网络中，如非正式团体，由爱好、兴趣组成的小组，人们之间的非职务性联系等。在这些组织中人们建立起各种关系来沟通信息、了解情况。如通过聊天、一起喝茶等传播消息、了解信息、沟通感情；或通过到现场进行非正式巡视，与各种人接触、聊天、旁听会议，直接了解情况，这通常能直接获得工程中的软信息；也可通过大量的非正式的横向交叉沟通加速信息的流动，促进理解和协调。

2）非正式沟通的作用

非正式沟通反映人们的态度，折射出工程的文化氛围，支持组织目标的实现。非正式沟通的作用有正面的，也有负面的。管理者可以利用非正式沟通达到更好的管理效果。

管理者可以利用非正式沟通了解参加者的真实思想、意图及观察方式，了解事情内情，传播消息，以获得软信息；通过闲谈可以了解人们在想什么，对工程有什么意见、有什么看法。

通过非正式沟通可以解决各种矛盾，协调好各方面的关系。例如，事前的磋商和协调可避免矛盾激化，解决心理障碍，通过非正式消息透风可以使大家对工程的决策有精神准备。

通过非正式沟通可以产生激励作用。由于工程组织的暂时性和一次性，大家普遍没有归属感和安全感。通过非正式沟通，人们能够打成一片，会使大家对组织有认同感，对管理者有亲近感，有社交上的满足感，可以加强凝聚力。

2. 建设工程中的沟通管理

在工程实施过程中，工程组织系统的单元之间都有界面沟通问题。工程经理和项目经理部是整个工程组织沟通的中心。围绕项目经理和项目经理部有以下几种最重要的界面沟通。

（1）项目经理与业主的沟通管理

业主代表工程的所有者，对工程具有特殊的权利，而项目经理为业主管理工程，必须服从业主的决策、指令和对工程的干预，项目经理最重要的职责是保证业主满意，要取得工程的成功，必须获得业主的支持。

项目经理首先要理解总目标、理解业主的意图、反复阅读合同或工程任务文件。对于未能参加工程决策过程的项目经理，必须了解工程构思的基础、起因、出发点，了解目标设计和决策背景。否则，可能对目标及完成任务有不完整的甚至无效的理解，会给他的工作造成很大的困难。如果工程管理和实施状况与最高管理层或业主的预期要求不同，业主将会干预，将要改正这种状态。所以项目经理必须花很大气力来研究业主、研究工程目标。

让业主一起投入工程全过程，而不仅仅是给他一个结果（竣工的工程）。尽管有预定的目标，但工程实施必须执行业主的指令，使业主满意。而业主通常是其他专业或领域的人，可能对工程懂得很少。许多工程管理者常常嗟叹“业主什么也不懂，还要乱指挥、乱干预”。这是事实，这确实是令工程管理者十分痛苦的事。但这并不完全是业主的责任，很大一部分是工程管理者的责任。解决这个问题比较好的办法有以下几点：

1）使业主理解工程、工程实施过程，向他解释说明，使他成为专家。减少他的非程序干预和越级指挥。培养业主成为工程管理专家，让他一起投入工程实施过程中，使他理解工程和工程的实施过程，学会工程管理方法。

2）项目经理做出决策安排时要考虑到业主的期望、习惯和价值观念，说出他想要说的话，经常了解业主所面临的压力，以及业主对工程关注的焦点。

3）加强计划性和预见性，让业主了解承包商、了解他自己非程序干预的后果。业主和工程管理者双方理解得越深，双方期望越清楚，则争执越少。否则，业主就会成为一个干扰因素，而业主一旦成为一个干扰因素，工程管理必然失败。

国际工程管理经验证明：在工程实施过程中，工程管理者越早进入工程，工程实施越顺利，最好能让他参与目标设计和决策过程；在工程整个施工过程中应保持项目经理的稳定性和连续性。

（2）工程管理者与承包商的沟通管理

承包商必须接受工程管理者的领导、组织、协调和监督。

工程管理者应让各承包商理解总目标、阶段目标以及各自的目标、工程的实施方案、各自的工作任务及职责等，应向他们解释清楚，做出详细说明，增加工程的透明度。

在实际工程中，许多技术型的项目经理常常将精力放在追求完美的解决方案上，进行各种优化。但实践证明，只有承包商最佳的理解，才能发挥他们的创新精神和创造性，否则，即使有最优化的方案也不可能取得最佳的效果。

指导和培训各参加者和基层管理者适应工程工作，向他们解释工程管理程序、沟通渠道与方法，指导他们并与他们一齐商量如何工作、如何把事情做得更好；经常地解释目标、解释合同、解释计划；发布指令后要做出具体说明，防止产生对抗。

（3）项目经理部内部的沟通管理

项目经理所领导的项目经理部是工程组织的领导核心。通常项目经理不直接控制资源和具体工作，而是由项目经理部中的职能人员具体实施控制，则项目经理和职能人员之间及各职能人员之间就有界面和协调。他们之间应有良好的工作关系，应当经常协商。

在项目经理部内部的沟通中项目经理起着核心作用，如何协调各职能工作，激励项目经理部成员，是项目经理的重要课题。项目经理部成员的来源与角色是复杂的，有不同的专业目标和兴趣，有的专职为本工程工作，有的以原职能部门工作为主，他们有不同的专业，承担着不同的管理工作。

项目经理与技术专家的沟通是十分重要的，他们之间也存在许多沟通障碍。技术专家常常对基层的具体施工了解较少，只注意技术方案的优化，对技术的可行性过于乐观，而不注重社会和心理方面。项目经理应积极引导、发挥技术人员的作用，同时注重全局、综合和方案实施的可行性。项目经理应明确划分各自的工作职责，设计比较完备的管理工作流程，明确规定工程中正式沟通方式、渠道和时间，使大家按程序、按规则办事。

许多项目经理（特别是西方的）对管理程序寄予很大的希望，认为只要建立科学的管理程序，要求大家按程序工作，职责明确，就可以比较好地解决组织沟通问题。实践证明，这是不全面的。因为管理程序过细，并过于依赖它容易使组织僵化；工程具有特殊性，实际情况千变万化，工程管理工作很难定量评价，它的成就还主要依靠管理者的能力、职业道德、工作热情和积极性；过于程序化造成组织效率低下、组织摩擦大、管理成本高、工期长。

第五节　建设工程沟通障碍和冲突管理

1. 常见的沟通障碍

（1）沟通障碍

在工程实施中出现的问题常常起源于沟通的障碍，主要表现在以下几个方面。

工程组织或项目经理部中出现混乱，总体目标不明，不同部门和单位的兴趣与目标不同，各人有各人的打算和做法，且尖锐对立，而项目经理无法调解争执或无法解释。

项目经理部经常讨论不重要的非事务性主题，协调会议经常被一些能说会道的职能部门领导打断、干扰或偏离了议题。

信息未能在正确的时间内，以正确的内容和详细程度传达到正确位置，人们抱怨信息不够，或太多，或不及时，或不着要领。

项目经理部中没有应有的争执，但它在潜意识中存在，人们不敢或不习惯将争执提出来公开讨论而转入地下。

实施中出现混乱，人们对合同、对指令、对责任书理解不一或不能理解，特别在国际工程以及国际合作工程中，由于不同语言的翻译造成理解的混乱。

工程得不到职能部门的支持，无法获得资源和管理服务，项目经理花大量的时间和精力周旋于职能部门之间，与外界不能进行正常的信息流通。

（2）原因分析

上述问题在许多工程中都普遍存在，其原因可能有：

开始工程时或当某些参加者介入工程组织时，缺少对目标、对责任、对组织规则和过程统一的认识和理解。在工程制订计划方案时，项目经理自认为经验丰富、武断决策，不了解实施者的具体能力和情况等，致使计划不符合实际。在制订计划时，以及计划后，项目经理没有和相关职能部门协商就命令技术人员执行。此外，项目经理与业主之间缺乏了解，对目标、对工程任务有不完整的甚至无效的理解。

目标之间存在矛盾或表达上有矛盾，而各参加者又从自己的利益出发解释，导致混乱，工程管理者没能及时做出解释，使目标透明。工程存在许多投资者，他们进行非程序干预形成实质上的多业主状况。

缺乏对工程组织成员工作进行明确的结构划分和定义。人们不清楚他们的职责范围。项目经理部内工作含混不清、职责冲突、缺乏授权。

管理信息系统设计功能不全，信息渠道、信息处理有故障，没有按层次、分级、分专业进行信息优化和浓缩，当然也可能有信息分析评价问题和不同的观察方式问题。

项目经理的领导风格和工程组织的运行风气不正，业主或项目经理独裁，不允许提出不同意见和批评，内部言路堵塞；由于信息封锁、信息不畅，上级部门人员故弄玄虚或存在幕后问题；项目经理部内有强烈的人际关系冲突，项目经理和职能经理之间互不信任、互不买账；不愿意向上司汇报坏消息，不愿意听那些与自己事先形成的观点不同的意见，采用封锁的办法处理争执和问题，相信问题会自行解决；工程成员兴趣转移，不愿承担义务；将工程管理看作办公室的工作，做计划和决策仅依靠报表和数据，不注重与实施者直接面对面地沟通。

2. 冲突管理

（1）建设工程冲突

工程冲突是各种矛盾的表现形式，它既包括参与者的内部心理矛盾，也包括人际的冲突，是指两种目标的互不相容和互相排斥。在工程环境中，冲突是工程组织结构的必然产物，是工程的存在方式。建设工程的动态管理尽管强调协调，但再好的协调也不能阻止冲突的出现。在建设工程的实施环境中，冲突是不可避免的，建设工程的冲突通常作为一种冲突性目标的结果在各个组织以及各个组织的各个层次都会发生。冲突得不到及时处理，就会对工程产生影响。每个群体均把与之冲突的群体视为对立的一方，敌意会逐渐增加；认识上产生偏见，只看到本群体的优点和力量而看不到缺点，对另一群体则只看到缺点，而看不到优点；由于对另一群体的敌意逐渐增加，交流和信息沟通减少，结果使偏见难以纠正；在处理问题时，双方都会指责对方的发言而只注意听支持自己意见的发言。

（2）建设工程冲突管理

1）协商解决法

在大目标和共同利益一致的前提下，双方的分歧分非对抗性或暂时性的情况时，采用此法是比较好的。在冲突发生之后，由双方各派代表，本着协商的原则，要求双方顾全大局、求同存异、互让互谅、互相做出积极的让步，以促使冲突得以解决。协商的实施包括确定协商的时间、地点和进度。首先，双方应确定协商何时开始，并注意到对方何时准备好进行协商。为了使协商结果有益于工程的建设，双方应当及时实施并完成协商。其次，双方应选择协商的地点，包括避免干扰、获得心理上的优势以及可以使用的人员、装备及服务等因素。最后，双方应确定协商的速度，由于协商结果带有时间性而需要迅速结束协商。

2）谈判解决法

谈判解决是在协商未得到结果的情况下进行的一种较为正式的解决办法。在谈判过程中，谈判人员应清楚自己所面临的任务。谈判人员常肩负着下列三种使命之一：

他们可能是没有任何实际权利的使者，他们的任务仅仅是听、看和带回信息。

他们代表本集体。这时，他们能够参与谈判的过程，但不经工程组织批准，不能最后决策。

完全自主的谈判者。

对第一种情况，决策者可不必担心。因为没进行任何实际谈判。第二种情况保留了监督谈判者的可能，保证谈判者不致受到外部需要和现实的严重影响，当然，同时也降低了他在谈判中的权利和灵活性。第三种情况，要求工程组织给谈判者高度信任、极大的灵活性和与其他集团谈判的权利。它要求工程组成员相信谈判者在各种条件下都能达成最佳协议，相信谈判者在谈判期间完全代表本集体的利益。

3）权威解决法

当双方的冲突经过协调和谈判都不能解决时，这时则由上级主管部门做出裁决，通过组织程序迫使冲突双方接受上级提出的解决方案。这种权威解决法主要是采取强制手段解决冲突，因此，这种方法往往不能从根本上解决问题。

4）仲裁解决法

当冲突发生以后，通过协商无法解决时，这就需要第三者或较高层的专家、领导出面调解，通过仲裁，使冲突得到解决。一般来说，仲裁者必须具有一定的权威性，同时冲突双方都有解决问题的诚意，否则，仲裁解决法就可能无效。在仲裁过程中，仲裁者要充分听取双方的陈述和意见，拿出有理有据的解决方案和办法，使冲突解决的结果公平合理、双方满意。

5）诉讼解决法

当冲突上升到用以上四种方法都不能解决问题时，冲突双方可以通过法律诉讼的方法来解决冲突。在冲突中处于弱势地位的一方往往会首先拿起法律的武器。在建设工程的实践中，由于各参与方之间的利益相互纠缠得很深，很多时候，在冲突中处于弱势地位的承包商或监理单位在面对业主时，考虑到以后业务的进展或下一个工程的延续，往往会先行妥协，此时，冲突的双方不至于闹到要必须诉讼解决的地步。

第十一章　建设工程施工管理法规

我国的建筑行业正处于飞速发展的时期，但是建筑市场的发育却尚不完善。通过实行建设法规管理，使我国的建设工程管理体制开始向社会化、专业化、规范化的管理模式转变，建设法规的出现促进了我国建筑业的快速发展，也在我国工程管理工作中发挥着巨大作用。

第一节　建设工程施工资质与资格管理

建筑业企业是指从事土木工程、建筑工程、线路管道设备安装工程以及装修工程的新建、扩建、改建活动的企业。

例如，施工总承包企业资质分为房屋建筑工程施工总承包企业资质等级标准、公路工程施工总承包企业资质等级标准、市政公用工程施工总承包企业资质等级标准等十二个类别。每个类别中按照规定的条件又划分为若干个等级。例如，房屋建筑工程施工总承包企业资质等级标准中又分为特级、一级、二级、三级四个等级。其资质标准分别是：

1. 特级资质标准

特级资质是从企业资信能力、企业主要管理人员和专业人员要求、科技进步水平、代表的工程业绩等方面做出了规定，如企业资信能力要求：

（1）企业注册资本金在 3 亿元以上。

（2）企业净资产在 3.6 亿元以上。

（3）企业近 3 年上缴建筑营业税均在 5 000 万元以上。

（4）企业银行授信额度近 3 年在 5 亿元以上。

2. 一级资质标准

（1）企业近 5 年承担过下列 6 项中的 4 项以上工程的施工总承包或主体工程承包，工程质量合格。

1）25 层以上的房屋建筑工程；

2）高度 100m 以上的构筑物或建筑物；

3）单体建筑面积 3 万㎡以上的房屋建筑工程；

4）单跨跨度 30m 以上的房屋建筑工程；

5）建筑面积 10 万㎡以上的住宅小区或建筑群体；

6）单项建安合同额 1 亿元以上的房屋建筑工程。

（2）企业经理具有 10 年以上从事工程管理工作经历或具有高级职称；总工程师具有 10 年以上从事建筑施工技术管理工作经历并具有本专业高级职称；总会计师具有高级会计职称；总经济师具有高级职称。

企业有职称的工程技术和经济管理人员不少于 300 人，其中工程技术人员不少于 200 人。工程技术人员中，具有高级职称的人员不少于 10 人，具有中级职称的人员不少于 60 人。

企业具有的一级资质项目经理不少于 12 人。

（3）企业注册资本金 5 000 万元以上，企业净资产 6 000 万元以上。

（4）企业近 3 年最高年工程结算收入 2 亿元以上。

（5）企业具有与承包工程范围相适应的施工机械和质量检测设备。

3. 二级资质标准

（1）企业近 5 年承担过下列 6 项中的 4 项以上工程的施工总承包或主体工程承包，工程质量合格。

1）12 层以上的房屋建筑工程；

2）高度 50m 以上的构筑物或建筑物；

3）单体建筑面积 1 万㎡以上的房屋建筑工程；

4）单跨跨度 21m 以上的房屋建筑工程；

5）建筑面积 5 万㎡以上的住宅小区或建筑群体；

6）单项建安合同额 3 000 万元以上的房屋建筑工程。

（2）企业经理具有 8 年以上从事工程管理工作经历或具有中级以上职称；技术负责人具有 8 年以上从事建筑施工技术管理工作经历并具有本专业高级职称；财务负责人具有中级以上会计职称。

企业有职称的工程技术和经济管理人员不少于 150 人，其中，工程技术人员不少于 100 人。工程技术人员中，具有高级职称的人员不少于 2 人，具有中级职称的人员不少于 20 人。

企业具有的二级资质以上项目经理不少于 12 人。

（3）企业注册资本金 2 000 万元以上，企业净资产 2 500 万元以上。

（4）企业近 3 年最高年工程结算收入在 8 000 万元以上。

（5）企业具有与承包工程范围相适应的施工机械和质量检测设备。

4. 三级资质标准

（1）企业近 5 年承担过下列 5 项中的 3 项以上工程的施工总承包或主体工程承包，工程质量合格。

1）6 层以上的房屋建筑工程；

2）高度 25m 以上的构筑物或建筑物；

3）单体建筑面积 5 000m 以上的房屋建筑工程；

4）单跨跨度 15m 以上的房屋建筑工程；

5）单项建安合同额 500 万元以上的房屋建筑工程。

（2）企业经理具有 5 年以上从事工程管理工作经历；技术负责人具有 5 年以上从事建筑施工技术管理工作经历并具有本专业中级以上职称；财务负责人具有初级以上会计职称。

企业有职称的工程技术和经济管理人员不少于 50 人，其中，工程技术人员不少于 30 人。工程技术人员中，具有中级以上职称的人员不少于 10 人。

企业具有的三级资质以上项目经理不少于 10 人。

（3）企业注册资本金 600 万元以上，企业净资产 700 万元以上。

（4）企业近 3 年最高年工程结算收入在 2 400 万元以上。

（5）企业具有与承包工程范围相适应的施工机械和质量检测设备。

不同资质的企业承包工程范围是：

特级企业：可承担各类房屋建筑工程的施工。

一级企业：可承担单项建安合同额不超过企业注册资本金 5 倍的下列房屋建筑工程的施工。

40 层及以下、各类跨度的房屋建筑工程；

高度 240m 及以下的构筑物；

建筑面积 20 万㎡及以下的住宅小区或建筑群体。

二级企业：可承担单项建安合同额不超过企业注册资本金 5 倍的下列房屋建筑工程的施工。

28 层及以下、单跨跨度 36m 及以下的房屋建筑工程；

高度 120m 及以下的构筑物；

建筑面积 12 万㎡及以下的住宅小区或建筑群体。

三级企业：可承担单项建安合同额不超过企业注册资本金 5 倍的下列房屋建筑工程的施工。

14 层及以下、单跨跨度 24m 及以下的房屋建筑工程；

高度 70m 及以下的构筑物；

建筑面积 6 万㎡及以下的住宅小区或建筑群体。

注：房屋建筑工程是指工业、民用与公共建筑（建筑物、构筑物）工程。工程内容包括地基与基础工程，土石方工程，结构工程，屋面工程，内、外部的装修装饰工程，上下水、供暖、电器、卫生洁具、通风、照明、消防等安装工程。

获得施工总承包资质的企业，可对工程实行施工总承包或者对主体工程实行施工承包。承担施工总承包的企业可以对所承接的工程全部自行施工，也可以将非主体工程或劳务作业分包给具有相应专业承包资质或劳务分包资质的其他建筑企业。

获得专业承包资质的企业可以承接施工总承包企业分包的专业工程或建设单位按规定

发包的专业工程。专业承包企业可以对承接的工程全部自行施工，也可以将劳务作业分包给具有相应劳务分包资质的劳务分包企业。

获得劳务分包资质的企业可以承接施工总承包企业和专业承包企业分包的劳务作业。

第二节　建设工程施工许可证制度

建设工程施工许可证制度，是指建设工程开始施工以前由建设行政主管部门对建设工程是否符合开工条件进行审查，符合条件的发给施工许可证，不符合条件的不能开工。国家实行建设工程施工许可证制度，就是通过对建设工程所应具备的基本条件进行审查，避免不具备条件的建设工程盲目开工而给相关当事人以及社会公共利益造成损害，保证建设工程的顺利进行，达到事前控制的目的。

1. 申领施工许可证的单位和时间

申领施工许可证的单位是建设单位。所谓建设单位就是出资建造各类工程的单位。申领施工许可证的时间是在建设工程开工前。所谓开工前，是指永久性工程正式破土开槽开始施工之前。在此之前的准备工作，如土质勘探、平整场地、拆除旧建筑物、临时建筑、施工用的临时道路、水、电等工程都不算正式开工。

2. 需要申领施工许可证的建设工程范围

凡在我国境内从事工程建设活动的，都需要向工程所在地的县级以上人民政府建设行政主管部门申领施工许可证。但是，下列工程例外：

（1）工程投资额在 30 万元以下或者建筑面积在 300m² 以下的建筑工程，可以不申请办理施工许可证。

（2）适用开工报告制度的工程，不再领取施工许可证。开工报告制度是我国计划经济时代以来就实行的一种施工许可制度，其范围局限在基本建设大中型建设项目上。为了避免出现同一建设工程的开工由不同行政主管部门多头重复审批的现象，开工报告与施工许可证不重复办理，但是，办理开工报告，必须符合规定，否则无效。

3. 申领施工许可证的条件

（1）申领施工许可证应具备的条件如下：

（2）已经办理该建筑工程用地批准手续。

（3）在城市规划区的建筑工程，已经取得建设工程规划许可证。

（4）施工场地已经基本具备施工条件，需要拆迁的，其拆迁进度符合施工要求。

已经确定施工的企业。按照规定应该招标的工程没有招标，应该公开招标的工程没有公开招标，或者肢解发包工程，以及将工程发包给不具备相应资质条件的，所确定的施工企业无效。

（5）已满足施工需要的施工图纸及技术资料，施工图设计文件已按规定进行了审查。

（6）有保证工程质量和安全的具体措施。施工企业编制的施工组织设计中有根据建筑工程特点制订的相应质量、安全技术措施，专业性较强的工程项目编制的专项质量、安全施工组织设计，并按照规定办理了工程质量、安全监督手续。

（7）按照规定应该委托监理的工程已委托监理。

（8）法律、行政法规规定的其他条件。

4. 延期开工、中止施工与恢复施工

建设单位应当自领取施工许可证之日起三个月内开工。因故不能按期开工的，应当在期满前向发证机关申请延期，并说明理由；延期以两次为限，每次不超过三个月。既不开工又不申请延期或者超过延期次数、时限的，施工许可证自行废止。所谓施工许可证的有效期限是指施工许可证尚能证明工程施工合法的期限，如果施工许可证失效，则意味着工程施工不合法。只要建设单位按期开工，在整个施工过程中，施工许可证都是有效的。

在建的建筑工程因故中止施工的，建设单位应当自中止施工之日起一个月内向发证机关报告，报告内容包括中止施工的时间、原因、在施部位、维修管理措施等，并按照规定做好建筑工程的维护管理工作。

建筑工程恢复施工时，应当向发证机关报告。中止施工满一年的工程恢复施工前，建设单位应当报发证机关核验施工许可证。经原发证机关核验合格的，可以继续施工。对不符合条件的，不许恢复施工，施工许可证收回。待具备条件后，建设单位可以重新申领施工许可证。

5. 违反施工许可制度的法律责任

违反施工许可制度的法律责任如下：

（1）对于未取得施工许可证或者为规避办理施工许可证将工程项目分解后擅自施工的，由有管辖权的发证机关责令改正；对于不符合开工条件的责令停止施工，并对建设单位和施工单位分别处以罚款。

（2）对于采用虚假证明文件骗取施工许可证的，由原发证机关收回施工许可证、责令停止施工，并对责任单位处以罚款；构成犯罪的，依法追究刑事责任。

（3）对于伪造施工许可证的，该施工许可证无效，由发证机关责令停止施工，并对责任单位处以罚款；构成犯罪的，依法追究刑事责任。

（4）施工许可证不得伪造和涂改。对于涂改施工许可证的，由原发证机关责令改正，并对责任单位处以罚款；构成犯罪的，依法追究刑事责任。

（5）以上所说的罚款的幅度，法律、法规有规定的从其规定，无规定的为 5 000 元以上、30 000 元以下。

第三节　建设工程计价依据与结算方法

在市场经济条件下，确定合理的工程造价，要有科学的工程造价依据和方法。在现行的工程造价管理体制下，有两种确定工程造价的方法，即定额计价法和工程量清单计价法。

一、工程造价的确定方法

1. 定额计价法

建筑工程定额计价是指采用预算定额或综合定额中的定额单价进行工程计价的模式。它根据各地建设主管部门颁布的预算定额或综合定额中规定的工程量计算规则、定额单价和取费标准等，按照计量、套价、取费的方式进行计价。

建筑工程定额计价模式在我国的应用有较长的历史，按这种计价模式计算出的工程造价反映了一定地区和一定时期建设工程的社会平均价值，可以作为考核固定资产建造成本、控制投资的直接依据。但预算定额是按照计划经济的要求制订、发布、贯彻执行的，工、料、机的消耗量是根据“社会平均水平”综合测定的，费用标准是根据不同地区平均测算的，因此企业报价时就会表现为平均主义，企业不能结合项目具体情况、自身技术管理水平自主报价，不能充分调动企业加强管理的积极性，也不能充分体现市场的公平竞争。

2. 工程量清单计价法

工程量清单计价是改革和完善工程价格的管理体制的一个重要组成部分。工程量清单计价法相对于传统的定额计价方法而言是一种全新的计价模式，或者说是一种市场定价模式，是由建筑产品的买方和卖方在建筑市场上根据供求状况、信息状况进行自由竞价，从而最终能够签订工程合同价格的方法。在工程量清单的计价过程中，工程量清单为建筑市场的交易双方提供了一个平等的平台，其内容和编制原则的确定是整个计价方式改革的重要工作。

招标投标实行工程量清单计价，是指招标人公开提供工程量清单、投标人自主报价或招标人编制标底及双方签订合同价款、工程竣工结算等活动。工程量清单计价价款，应包括完成招标文件规定的工程量清单项目所需的全部费用。它包括：分部分项工程费、措施项目费、其他项目费和规费、税金；完成每项分项工程所含全部工程内容的费用；完成每项工程内容所需的全部费用（规费、税金除外）；工程量清单项目中没有体现的，施工中又必须发生的工程内容所需的费用；考虑风险因素而增加的费用。

二、工程造价的计价依据

确定合理的工程造价，要有科学的工程造价依据。在市场经济条件下，工程造价的依据会变得越来越复杂，但其必须具有信息性、定性描述清晰、便于计算、符合实际。只有掌握和收集大量的工程造价依据资料，才会有利于更好地确定和控制工程造价，从而提高投资的经济效益。

工程造价计价依据的内容包括：

1. 计算设备数量和工程量的依据，包括：可行性研究资料、初步设计、扩大初步设计、施工图设计的图纸和资料、工程量计算规则、施工组织设计或施工方案等。

2. 计算分部分项工程人工、材料、机械台班消耗量及费用的依据，包括：概算指标、概算定额、预算定额、人工费单价、材料预算单价、机械台班单价、企业定额、市场价格。

3. 计算建筑安装工程费用的依据，包括其他直接费定额和现场经费定额、间接费定额、计划利润率、价格指数。

4. 计算设备费的依据，包括设备价格和运杂费率等。

5. 建设工程工程量清单计价规范。

6. 计算工程建设其他费用的依据，包括：用地指标、各项工程建设其他费用定额等。

7. 计算造价相关的法规和政策，包括：在工程造价内的税种、税率；与产业政策、能源政策、环境政策、技术政策和土地等资源利用政策有关的取费标准、利率和汇率及其他计价依据。

三、工程造价的计价特征

工程造价的特点，决定了工程造价的计价特征。了解这些特征，对工程造价的确定与控制是非常重要的。它也涉及工程造价相关的一些概念。

1. 单件性计价特征

产品的个体差异性决定每项工程都必须单独计算造价。

2. 多次性计价特征

建设工程周期长、规模大、造价高，因此按建设程序要分阶段进行，相应的也要在不同阶段多次性计价，以保证工程造价确定与控制的科学性。多次性计价是一个逐步深化、逐步细化和逐步接近实际造价的过程，其过程一般包括投资估算、概算造价、修正概算造价、预算造价、合同价、结算价及最终的实际造价。

多次性计价是一个由粗到细、由浅入深、由概略到精确的计价过程。

3. 组合性特征

工程造价的计算是分步组合而成的。这一特征和建设项目的组合性有关。一个建设项目是一个工程综合体。这个综合体可以分解为许多有内在联系的独立和不能独立工程。建设项目的这种组合性决定了计价的过程是一个逐步组合的过程。这一特征在计算概算造价和预算造价时尤为明显，所以也反映到合同价和结算价。其计算过程和计算顺序是：

分部分项工程单价→单位工程造价→单项工程造价→建设项目总造价

4. 方法的多样性特征

适应多次性计价有各不相同计价依据，以及对造价的不同精确度要求，计价方法有多样性特征。计算和确定概算、预算造价有两种基本方法，即单价法和实物法。计算和确定投资估算的方法有设备系数法、生产能力指数估算法等。不同的方法利弊不同，适应条件也不同，所以计价时要加以选择。

5. 依据的复杂性特征

由于影响造价的因素多，计价依据复杂、种类繁多。其主要可分为七类：

（1）计算设备和工程量的依据，包括项目建议书、可行性研究报告、设计文件等。

（2）计算人工、材料、机械等实物消耗量的依据，包括投资估算指标、概算定额、预算定额等。

（3）计算工程单价的价格依据，包括人工单价、材料价格、材料运杂费、机械台班费等。

（4）计算设备单价的依据，包括设备原价、设备运杂费、进口设备关税等。

（5）计算其他直接费、现场经费、间接费和工程建设其他费用的依据，主要是相关的费用定额和指标。

（6）政府规定的税、费。

（7）物价指数和工程造价指数。

工程造价计价依据的复杂性不仅使计算过程复杂，而且要求计价人员熟悉各类依据，并加以正确理解和运用。

施工图预算是按照国家或地区的统一预算定额、单位估价表、约定费用标准等有关文件的规定，进行编制和确定的单位工程造价的技术经济文件。

施工图预算是在施工图设计完成后、工程开工前，根据已批准的施工图纸，在施工组织设计或施工方案已确定的前提下，按照国家或地区现行的统一预算定额、单位估价表、合同双方约定的费用标准等有关文件的规定，进行编制和确定单位工程造价的技术经济文件。

施工图预算是建筑产品计划价格，它是在按照预算定额的计算规则分别计算分部分项工程量的基础上，逐项套用预算定额基价或单位估价表，然后累计其直接工程费，并计算其措施费、间接费、利润、税金，汇总出单位工程造价，同时做出工料分析。

四、工程量清单投标报价

工程量清单投标报价即工程量清单计价，是指按招标文件规定，完成工程量清单所列项目的全部费用，包括分部分项工程费、措施项目费、其他项目费和规费、税金。综合单价是指完成工程量清单中一个规定计量单位项目所需的人工费、材料费、机械使用费、管理费和利润，并考虑风险因素。

投标人的投标报价，应依据招标文件中的工程量清单和有关要求，结合施工现场实际情况，自行制订的施工方案或施工组织设计，依据企业状况、定额和市场价格信息，或参照建设行政主管部门发布的社会平均消耗量定额进行编制，并自主报价。

1. 工程量清单计价的特点

（1）全国统一的计算价值规则

工程量清单计价做到了“四个统一”，即统一项目编码、统一项目名称、统一计量单位、统一工程量计算规则，达到了规范计价的目的，改变了各省、市、地区工程造价管理分散的局面。

（2）有效地控制工程消耗量标准

通过由政府发布的统一的社会平均建筑工程消耗量指标，为企业提供一个社会平均尺度，避免企业在招投标竞争中，盲目地随意大幅度减少或扩大消耗量，从而达到保证工程质量的目的。

（3）实现了彻底放开价格

工程量清单计价方法中，将建筑工程人工、材料、机械台班的价格，利润和管理费用全部放开，由建筑市场的供求关系自行确定价格。

（4）建筑企业自主报价

建筑企业可以根据自身技术专长、材料采购渠道和管理水平，确定企业自己的报价定额，自主报价。

（5）市场有序竞争形成价格

通过建立工程量清单计价模式，引入充分竞争形成价格的机制，淡化工程标底的作用，在保证工程质量、工期的前提下，在符合国家招投标法规定的情况下，最终以“不低于成本”的合理低价者中标。

工程量清单计价的实施，有效地改善了建筑工程投资和经营环境。在全国范围内积极推进了建设工程市场价格的放开，工程造价随市场的变化而浮动，建筑市场更加透明、更加规范化，更进一步体现了投标报价中公平、公正、公开的原则，防止了暗箱操作，有利于避免腐败现象的产生。另外，由于招标的原则是合理低价中标，因此，施工企业在投标报价时要掌握一个合理的临界点，那就是既要低价中标，又要获得合理的利润，这就促使施工企业采取一切手段提高自身竞争能力，在施工中采用新技术、新工艺、新材料，努力降低成本，以便在同行中保持领先地位。

2. 工程量清单投标报价的具体计算

（1）按照企业定额或政府消耗量定额标准及预算价格确定人工费、材料费、机械费，并以此为基础确定管理费和利润，由此可计算出分部分项的综合单价。

（2）根据现场因素及工程量清单规定计算措施项目费，措施项目费以实物量或分部分项工程费为基数按费率计算的方法确定。

（3）其他项目费（零星工作项目费）按工程量清单规定的人工、材料、机械台班的预算价确定。

（4）规费按政府的有关规定执行。

（5）税金按国家或地方税法的规定执行。

（6）汇总分部分项工程费、措施项目费、其他项目费、规费、税金等得到初步的投标报价。

（7）根据分析、判断、调整得到投标报价。

工程量清单投标报价应采用统一格式，由下列内容组成：封面、投标总价、工程项目总价表、单项工程费汇总表、单位工程费汇总表、分部分项工程量清单计价表、措施项目清单计价表、其他项目清单计价表、零星工作项目计价表、分部分项工程量清单综合单价分析表、措施项目费分析表、主要材料价格表。

3. 报价依据

（1）招标文件与工程量清单

招标文件是投标人参与投标活动、进行投标报价的行动指南，包括投标须知、通用合同条件、专用合同条件、技术规范、图纸、工程量清单，以及必要的附件，如各种担保或保函的格式等。这些内容可归纳为两个方面：一是投标人参加投标所需了解并遵守的规定；二是投标人投标所需提供的文件。

投标人在研究招标文件时，必须掌握招标范围。在实践中，经常会出现图纸、技术规范和工程量清单三者之间的范围、做法和数量之间互相矛盾的现象。

工程量清单是招标文件的重要组成部分，是招标人提供的投标人用以报价的工程量，也是最终结算及支付的依据。所以，必须对工程量清单中的工程量在施工过程中及最终结算时是否会变更等情况进行分析，并分析工程量清单包括的具体内容。只有这样，投标人才能准确把握每一清单项目的内容范围，并做出正确的报价。不然，会造成分析不到位，产生误解或错解而造成报价不全，导致损失。尤其是采用合理低价中标的招标形式时，报价显得更加重要。

（2）施工图纸

施工图纸是工程量清单报价最根本的依据。

招标人提供给投标人的工程量清单是按设计图纸及规范规则进行编制的，可能未进行图纸会审，在施工过程中难免会出现这样那样的问题，这是引起设计变更的原因之一。所以，投标人在投标之前就要对施工图纸结合工程实际进行分析，了解清单项目在施工过程中发生变化的可能性。对不变的报价要适中，对有可能增加工程量的报价要偏高，对有可能降低工程量的报价要偏低等。只有这样，才能降低风险，获得最大的利润。

（3）企业定额

成本的估计有赖于采用与企业实际生产水平一致的消耗量指标。同一个工程项目，同样的工程数量，各投标人的成本是不完全一样的，这体现了企业之间个别成本的差异，形成企业之间整体实力的竞争。为了适应竞争性投标报价和现代化企业管理的需要，承包人应建立起反映企业自身施工管理水平和技术装备程度的企业定额。

企业定额应包括工程实体性消耗定额、措施性消耗定额和费用定额。

（4）人工费、材料费、机械费的市场价格

建立市场价格信息系统。工程量清单计价模式改变了政府直接干预企业定价的定额计价模式，将企业置身于市场的竞争和风险之中。企业在参与市场竞争时应考虑两个问题：一是如何利用市场的机遇，最大限度地获取效益；二是如何回避市场的风险，最小限度地蒙受损失。也就是说，企业参与市场竞争的目的是获得更大的经济利益，以不断积累企业财富。为此，企业必须加强自身内部管理，包括成本管理、定额管理等，同时还必须做好与工程造价有关的信息管理工作。

其中有指令性的，也有指导性的。工程造价文件对企业进行工程造价控制与管理具有重要的指导意义。

建立完善的询价系统。实行工程量清单计价模式后，投标人自由定价，所有与价格有关的费用全部放开，政府不再进行任何干预。如何快捷有效地询价，这是投标人在新形势下面临的新问题。投标人在日常的工作中必须建立齐全的价格体系，积累一部分人工、材料、机械台班的价格信息。除此之外，在编制投标报价时，进行多方询价。询价的内容主要包括材料市场价、当地人工的行情价、机械设备的租赁价、分部分项工程的分包价等。

（5）其他

其他报价依据还包括：施工组织设计及施工方案；有关的施工规范及验收规范；工程量清单计价规范；现场施工资料等。

施工组织设计及施工方案是招标人评标时考虑的主要因素之一，是投标人编制投标文件中的一项主要工作，也是投标人确定工程量的依据之一，它的科学性与合理性直接影响到报价及评标。其主要包括：项目概况、项目组织机构、项目保证措施、前期准备方案、施工现场平面布置、总进度计划和分部分项工程进度计划、分部分项的施工工艺及施工技术组织措施、主要施工机械配置、劳动力配置、主要材料保证措施、施工质量保证措施、安全文明措施、保证工期措施等。

施工组织设计，应针对工程特点，采用先进科学的施工方法，降低成本。既要采用先进的施工方法、合理安排工期，又要充分有效地利用机械设备和劳动力，尽可能减少临时设施和资金的占用。并通过技术革新、合理化建议等，在不影响使用功能的前提下降低工程造价，从而降低投标报价，增加中标的可能性。另外，还应在施工组织设计中进行风险管理规划，以防范风险。

现场施工资料包括施工现场的地质、水文、气象以及地上情况的有关资料，这些资料均会对工程投标报价产生影响，同时，这些资料也是将来进行工程索赔时的基础资料。

五、工程项目投标报价

1. 工程项目投标报价的构成

（1）分部分项工程费

分部分项工程费是指完成分部分项工程量清单下所列工作内容所需的费用，包括人工费、材料费、施工机械使用费、管理费、利润和风险费。其中管理费包括管理人员工资、办公费、差旅交通费、固定资产使用费、工具用具使用费、保险费、财务费及其他费。

（2）措施项目费

措施项目费是指完成措施项目工程量清单下所列工作内容所需的费用，包括临时设施费、短期工期措施费、脚手架搭拆费、垂直运输及超高增加费、大型机械安拆及场外运输费、安全文明施工费及其他费。

（3）其他项目费

其他项目费包括预留金、材料购置费、总承包服务费、零星工作项目费和其他费。

（4）规费

规费是指按政府有关部门规定必须交纳的费用，包括工程排污费、工程定额测定费、劳动保险统筹基金、职工待业保险费、职工医疗保险费和其他费。

（5）税金

税金是指按国家税法规定应计入建筑安装工程造价内的营业税、城市维护建设税和教育费附加。

2. 规费和税金的确定

（1）规费

1）工程排污费，是指施工现场按规定缴纳的工程排污费。

2）工程定额测定费，是指按规定支付工程造价（定额）管理部门的定额测定费。

3）社会保障费，是指企业按规定标准为职工缴纳的基本养老保险费、失业保险费和基本医疗保险费。

4）公积金，是指企业按规定标准为职工缴纳的住房公积金。

采用综合单价法编制报价时，规费不包含在清单项目的综合单价内，而是以单位工程为单位，按下式计入工程造价：

规费 =（分部分项工程量清单、措施项目清单、其他项目清单计价合计）× 规费率（%）

规费费率应按实或由各地主管部门根据各项规费缴纳标准综合确定。

（2）税金

税金是指国家税法规定的应计入工程造价的营业税、城市维护建设税及教育费附加。它是国家为实现其职能向纳税人按规定税率征收的货币金额。

税金用下式计算：

税金=不含税工程造价×税率（%）

采用综合单价法编制工程报价时，税金不包含在清单项目的综合单价内，而是以单位工程为单位计算，即：

单位工程税金=（分部分项工程量清单、措施项目清单、
其他项目清单计价合计+规费）×税率（%）

第四节　建设工程监理制度

一、建设工程监理

监理制度建设的目的：确保工程建设质量，提高工程建设水平，充分发挥投资效益。

监理项目管理工作应包括投资控制、进度控制、质量控制、合同管理、信息管理和组织与协调工作。工程监理单位是建筑市场的主体之一，建设工程监理是一种高智能的有偿技术服务。在国际上把这类服务归为工程咨询（工程顾问）服务。我国的建设工程监理属于国际上业主方项目管理的范畴。

建设工程监理的工作性质有如下几个特点：服务性、科学性、独立性和公正性。

独立性指组织上和经济上不能依附于监理工作对象。公正性指当业主和承包商发生利益冲突或矛盾时，工程监理机构应以事实为依据，以法律和有关合同为准绳，在维护业主的合法权益时，不损害承包商的合法权益。

二、项目实施阶段建设监理工作的主要任务

1. 设计阶段建设监理工作的主要任务。

2. 施工招标阶段建设监理工作的主要任务。

3. 材料和设备采购供应阶段建设监理工作的主要任务。

4. 施工准备阶段建设监理工作的主要任务。

（1）审查施工单位选择分包单位的资质。

（2）监督检查施工单位质量保证体系及安全技术措施，完善质量管理程序与制度。

（3）参与设计单位向施工单位的设计交底。

（4）审查施工组织设计。

（5）在单位工程开工前检查施工单位的复测资料。

（6）对重点工程部门的中线和水平控制进行复查。

（7）审批一般项目工程和单位工程的开工报告。

5. 工程施工阶段建设监理工作的主要任务。

6. 竣工验收阶段建设监理工作的主要任务。

7. 施工合同管理方面的工作。

三、工程建设监理的工作程序

1. 编制工程建设监理规划。

2. 按工程建设进度、分专业编制工程建设监理实施细则。

3. 按照建设监理细则进行建设监理。

4. 参与工程竣工预验收，签署建设监理意见。

5. 建设监理业务完成后，向项目法人提交工程建设监理档案资料。

四、工程建设监理规划的编制

工程建设监理规划应针对项目的实际情况，明确项目监理机构的工作目标，确定具体的监理工作制度、程序、方法和措施，并应具有可操作性。工程建设监理规划的程序和依据应符合下列规定。

1. 工程建设监理规划应在签订委托监理合同及收到设计文件后开始编制。完成后必须经监理单位技术负责人审核批准，并应在召开第一次工地会议前报送业主。

2. 应由总监理工程师主持、专业监理工程师参加编制，总监理工程师签字后由工程监理单位技术负责人审批。

3. 编制工程建设监理规划的依据主要有：

（1）建设工程的相关法律、法规及项目审批文件。

（2）与建设工程项目有关的标准、设计文件和技术资料。

（3）监理大纲、委托监理合同文件以及建设项目相关的合同文件。

五、工程建设监理实施细则

1. 采用新材料、新工艺、新技术、新设备的工程，以及专业性较强、危险性较大的分部分项工程，应编制监理实施细则。

2. 工程建设监理实施细则应在工程施工开始前由专业监理工程师编制并报总监理工程师批准。

3. 监理实施细则的编制依据主要有：

（1）监理规划。

（2）相关标准、设计文件。

（3）施工组织设计、专项施工方案。

4. 监理实施细则的主要内容主要有：

（1）专业工程特点。

（2）监理工作流程。

（3）监理工作要点。

六、旁站监理

1. 旁站监理规定的房屋建筑工程的关键部位、关键工序，在基础工程方面包括：土方回填，混凝土灌注桩浇筑，地下连续墙、土钉墙、后浇带及其他结构混凝土、防水混凝土浇筑，卷材防水层细部构造处理，钢结构安装；在主体结构工程方面包括：梁柱节点钢筋隐蔽过程、混凝土浇筑、预应力张拉、装配式结构安装、钢结构安装、网架结构安装。

2. 施工企业根据监理企业制订的旁站监理方案，在需要实施旁站监理的关键部位、关键工序进行施工前 24 小时，应当书面通知监理企业派驻工地的项目监理机构。项目监理机构应当安排旁站监理人员按照旁站监理方案实施旁站监理。

3. 凡旁站监理人员和施工企业现场质检人员未在旁站监理记录上签字的，不得进行下一道工序施工。

4. 旁站监理人员实施旁站监理时，发现施工企业有违反工程建设强制性标准行为的，有权责令施工企业立即整改；发现其施工活动已经或者可能危及工程质量的，应当及时向监理工程师或者总监理工程师报告，由总监理工程师下达局部暂停施工指令或者采取其他应急措施。

5. 进一步完善工程监理制度。分类指导不同投资类型工程项目监理服务模式发展。调整强制监理工程范围，选择部分地区开展试点，让有能力的建设单位自主决策选择监理或其他管理模式的政策措施。具有监理资质的工程咨询服务机构开展项目管理的工程项目，可不再委托监理。推动一批有能力的监理企业做优做强。

6. 工程监理人员认为工程施工不符合工程设计要求、施工技术标准和合同约定的，有权要求建筑施工企业改正。工程监理人员发现工程设计不符合建筑工程质量标准或者合同约定的质量要求的，应当报告建设单位，要求设计单位改正。

第五节　建设工程环境保护制度

一、绿色施工与环境管理概要

1. 绿色施工与环境管理的基本内容

绿色施工应符合国家的法律、法规及相关的标准规范，实现经济效益、社会效益和环境效益的统一。实施绿色施工，应依据因地制宜的原则，贯彻执行国家、行业和地方相关的技术经济政策。

（1）可持续发展价值观，社会责任。

（2）实施绿色施工，应对施工策划、材料采购、现场施工、工程验收等各阶段进行控制，实施对整个施工过程的管理和监督。

（3）绿色施工和环境管理是建筑全寿命周期中的重要阶段。

实施绿色施工和环境管理，应进行总体方案优化。在规划、设计阶段，应充分考虑绿色施工和环境管理的总体要求，为绿色施工和环境管理提供基础条件。

2. 绿色施工与环境管理的基本程序

绿色施工和环境管理的程序主要包括组织管理、规划管理、实施管理、评价管理和人员安全与健康管理五个方面。

（1）组织管理：建立绿色施工和环境管理体系，并制定相应的管理制度与目标。

项目经理为绿色施工和环境管理第一责任人，负责绿色施工和环境管理的组织实施及目标实现，并指定绿色施工和环境管理人员和监督人员。

（2）规划管理：编制绿色施工和环境管理方案。该方案应在施工组织设计中独立成章，并按有关规定进行审批。

（3）实施管理：绿色施工和环境管理应对整个施工过程实施动态管理，加强对施工策划、施工准备、材料采购、现场施工、工程验收等各阶段的管理和监督；应结合工程项目的特点，有针对性地对绿色施工和环境管理做相应的宣传，通过宣传营造绿色施工和环境管理的氛围。

定期对职工进行绿色施工和环境管理知识培训，增强职工绿色施工和环境管理意识。

（4）评价管理：结合工程特点，对绿色施工和环境管理的效果及采用的新技术、新设备、新材料与新工艺进行自我评估。成立专家评估小组，对绿色施工和环境管理方案、实施过程进行综合评估。

（5）人员安全与健康的配套管理：制定施工防尘、防毒、防辐射等职业危害的措施，保障施工人员的长期职业健康。合理布置施工场地，保护生活及办公区不受施工活动的有害影响。

施工现场建立卫生急救、保健防疫制度，在安全事故和疾病疫情出现时提供及时救助。提供卫生、健康的工作与生活环境，加强对施工人员的住宿、膳食、饮用水等生活与环境卫生的管理，大力改善施工人员的生活条件。

3. 绿色施工与环境管理的依据

绿色施工与环境管理是依靠绿色施工与环境管理体系实施运行的。

二、绿色施工与环境管理体系

绿色施工与环境管理体系是实施绿色施工的基本保证。

施工企业应根据国际环境管理体系及绿色评价标准的要求建立、实施、保持和持续改进绿色施工与环境管理体系，确定如何实现这些要求，并形成文件。企业应界定绿色施工与环境管理体系的范围，并形成文件。

1. 环境方针

环境方针确定了实施与改进组织环境管理体系的方向，具有保持和改进环境绩效的作用。因此，环境方针应当反映最高管理者对遵守适用的环境法律法规和其他环境要求、进行污染预防和持续改进的承诺。环境方针是组织建立目标和指标的基础。环境方针的内容应当清晰明确，使内、外相关方能够理解；应当对方针进行定期评审与修订，以反映不断变化的条件和信息。方针的应用范围应当是可以明确界定的，并反映环境管理体系覆盖范围内活动、新产品和服务的特有性质、规模和环境影响。

应当就环境方针和所有为组织工作或代表它工作的人员进行沟通，包括和为它工作的合同方进行沟通。对合同方，不必拘泥于传达方针条文，可采取其他形式，如规则、指令、程序等，或仅传达方针中和其有关的部分。如果该组织是一个更大组织的一部分，组织的最高管理者应当在后者环境方针的框架内规定自己的环境方针，将其形成文件，并得到上级组织的认可。

2. 环境因素

环境因素简而言之就是一个组织（企业、事业以及其他单位，包括法人、非法人单位）日常生产、工作、经营等活动、提供的产品以及在服务过程中那些对环境有益或者有害影响的因素。

3. 环境因素的识别

环境因素提供了一个过程，供企业对环境因素进行识别，并从中确定环境管理体系应当优先考虑的重要环境因素。企业应通过考虑和它当前及过去的有关活动、产品和服务、纳入计划的或新开发的项目、新的或修改的活动以及产品和服务所伴随的投入和产出（无论是期望的还是非期望的），以识别环境管理体系范围内的环境因素。这一过程中应考虑到正常和异常的运行条件、关闭与启动时的条件，以及可合理预见的紧急情况。企业不必对每一种具体产品、部件和输入的原材料进行分析，而可以按活动、产品和服务的类别识别环境因素。

（1）三个时态。环境因素识别应考虑三种时态：过去、现在和将来。过去是指以往遗留的并会对目前的过程、活动产生影响的环境问题。现在是指当前正在发生，并持续到未来的环境问题。将来是指计划中的活动在将来可能产生的环境问题，如新工艺、新材料的采用可能产生的环境影响。

（2）三种状态。环境因素识别应考虑三种状态：正常、异常和紧急。正常状态是指稳定、例行性的，计划已做出安排的活动状态，如正常施工状态。异常状态是指非例行的活动或事件，如施工中的设备检修、工程停工状态。紧急状态是指可能出现的突发性事故或环保设施失效的紧急状态，如发生火灾事故、地震、爆炸等意外状态。

（3）识别环境因素的步骤：选择组织的过程（活动、产品或服务）、确定过程伴随的环境因素、确定环境影响。

4. 环境因素评价

环境因素评价简称环评（EIA），是指对规划和建设项目实施后可能造成的环境影响进行分析、预测和评估，提出预防或者减轻不良环境影响的对策和措施，进行跟踪监测的方法与制度。通俗地说，就是分析项目建成投产后可能对环境产生的影响，并提出污染防治对策和措施。

5. 环境目标指标

企业应确定绿色施工和环境管理的方针。

（1）最高管理者应确定本企业的绿色施工和环境管理方针，并使其在界定的绿色施工和环境管理体系范围内。

企业应对其内部有关职能和层次建立、实施并保持形成文件的环境目标和指标，如可行，目标、指标应可测量。目标和指标应符合环境方针，并包括对污染预防、持续改进和遵守适用的法律法规及其他要求的承诺。企业在建立和评审目标和指标时，应考虑法律法规和其他要求，以及自身的重要环境因素。此外，还应考虑可选的技术方案，财务、运行和经营要求，以及相关方的观点。

（2）企业应制订、实施并保持一个或多个用于实现其目标和指标的方案。

环境管理目标：针对节能减排、施工噪声、扬尘、污水、废气排放、建筑垃圾处置、防火、防爆炸等设立管理目标和指标。

6. 环境管理策划

（1）应围绕环境管理目标，策划分解年度目标。目标包括工程安全目标、环境目标指标、合同及中标目标、顾客满意目标等。

分支机构、项目经理部应根据企业的安全目标、环境目标指标和合同要求，策划并分解本项目的安全目标、环境目标指标。

各项目应按照项目—单位工程—分部工程—分项工程逐次进行分解，通过分项工序目标的实施，逐次上升，最终保证项目目标的实现。

企业总的环境目标，要逐年不断完善和改进。各级安全目标、环境目标指标必须与企业的环境方针保持一致，并且必须满足产品、适用法律法规和相关方要求的各项内容。目标指标必须形成文件，做出具体规定。

（2）企业应建立、实施并保持一个或多个程序，用来识别其环境管理体系覆盖范围内的活动、产品和服务中能够控制或能够施加影响的环境因素。此时应考虑已纳入计划的或新的开发、新的或修改的活动、产品和服务等因素；确定对环境具有或可能具有重大影响的因素（重要环境因素）。组织应将这些信息形成文件并及时更新。

（3）企业应确保在建立、实施和保持环境管理体系时，对重要的环境因素加以考虑。

（4）绿色施工与环境管理体系实施与运行，包括组织机构和职责、管理程序以及环境意识和能力培训等。

（5）重要环境因素控制措施。这是环境管理策划的主要内容。根据不同的施工阶段，从测量要求、机具使用、控制方法、人员安排等方面进行安排。

（6）应急准备和响应、检查和纠正措施、文件控制等。

（7）绿色施工与环境管理方案的实施及效果验证。

7. 环境、职业健康安全管理方案

工程开工前，企业或项目经理部应编制旨在实现环境目标指标、职业健康安全目标的管理方案 / 管理计划。管理方案 / 管理计划的主要内容包括：

（1）本项目（部门）评价出的重大环境因素或不可接受风险。

（2）环境目标指标或职业健康安全目标。

（3）各岗位的职责。

（4）控制重大环境因素或不可接受风险的方法及时间安排。

（5）监视和测量。

（6）预算费用等。

管理方案 / 管理计划由各单位编制，授权人员审批。各级管理者应为保证管理方案 / 管理计划的实施提供必需的资源。

企业内部各单位应对自身管理方案 / 管理计划的完成情况进行日常监控；在组织环境、安全检查时，应对环境、安全管理方案的完成情况进行抽查；在环境、职业健康安全管理体系审核及不定期的监测时，对各单位管理方案 / 管理计划的执行情况进行检查。

当施工内容、外界条件或施工方法发生变化时，项目（部门）应重新识别环境因素和危险源、评价重大环境因素和职业健康安全风险，并修订管理方案 / 管理计划。

8. 实施与运行

资源、作用、职责和权限的规定要求：

（1）管理者应确保为环境管理体系的建立、实施、保持和改进提供必要的资源。资源包括人力资源专项技能、组织的基础设施、技术和财力资源。

（2）为便于环境管理工作的有效开展，应对作用、职责和权限做出明确规定，形成文件，并予以传达。

（3）企业的最高管理者应任命专门的管理者代表，无论他们是否还负有其他方面的责任，应明确规定其作用、职责和权限，以便：

1）确保按照本标准的要求建立、实施和保持环境管理体系。

2）向最高管理者报告环境管理体系的运行情况以供评审，并提出改进建议。

环境管理体系的成功实施需要为组织或代表组织工作的所有人员的承诺。因此，不能认为只有环境管理部门才承担环境方面的作用和职责。事实上，企业内的其他部门，如运行管理部门、人事部门等，也不能例外。这一承诺应当始于最高管理者，他们应当建立组织的环境方针，并确保环境管理体系得到实施。作为上述承诺的一部分，是指定专门的管理者代表，规定他们对实施环境管理体系的职责和权限。对于大型或复杂的组织，可以有不止一个管理者代表。对于中、小型企业，可由一个人承担这些职责。最高管理者还应当确保提供建立、实施和保持环境管理体系所需的适当资源，包括企业的基础设施（例如建筑物）、通信网络、地下储罐、下水管道等。另一个重要事项是妥善规定环境管理体系中的关键作用和职责，并传达到为组织或代表组织工作的所有人员。

9. 能力、培训和意识

企业应确保所有为它或代表它从事被确定为可能具有重大环境影响的工作人员，都具备相应的能力。该能力基于必要的教育、培训或经历。企业应保存相关的记录。

企业应确定与其环境因素和环境管理体系有关的培训需求并提供培训，或采取其他措施来满足这些需求。企业应保存相关的记录。

企业应建立、实施并保持一个或多个程序，使为它或代表它工作的人员都意识到：

（1）符合环境方针与程序和符合环境管理体系要求的重要性。

（2）他们工作中的重要环境因素和实际的或潜在的环境影响，以及个人工作的改进所能带来的环境效益。

（3）他们在实现与环境管理体系要求符合性方面的作用与职责。

（4）偏离规定的运行程序的潜在后果。

企业应当确定负有职责和权限代表其执行任务的所有人员所需的意识、知识、理解和技能。其具体要求：

（1）其工作可能产生重大环境影响的人员，能够胜任所承担的工作。

（2）确定培训需求，并采取相应措施加以落实。

（3）所有人员了解组织的环境方针和环境管理体系，以及与他们工作有关的组织活动、产品和服务中的环境因素。

可通过培训、教育或工作经历，获得或提高所需的意识、知识、理解和技能。企业应当要求代表它工作的合同方能够证实他们的员工具有必要的能力和（或）接受了适当的培训。企业管理者应当确认保障人员（特别是行使环境管理职能的人员）胜任所需的经验、能力和培训的程度。

10. 信息交流

企业应建立、实施并保持一个或多个程序，用于有关其环境因素和环境管理体系；组织内部各层次和职能间的信息交流；与外部相关方联络的接收、形成文件和回应。

内部交流对确保环境管理体系的有效实施至关重要。内部交流可通过例行的工作组会议、通信简报、公告板、内联网等手段或方法进行。

企业应当按照程序，对来自相关方的沟通信息进行接收、形成文件并做出响应。程序可包含与相关方交流的内容，以及对他们所关注问题的考虑。在某些情况下，对相关方关注的响应，可包含组织运行中的环境因素及其环境影响方面的内容。这些程序中，还应当包含就应急计划和其他问题与有关公共机构联络的事宜。

企业在对信息交流进行策划时，一般还要考虑进行交流的对象、交流的主题和内容、可采用的交流方式等。

企业应决定是否就其重要环境因素与外界进行信息交流，并决定形成文件。在考虑就环境因素进行外部信息交流时，企业应当考虑所有相关方的观点和信息需求。如果企业决定就环境因素进行外部信息交流，它可以制定一个这方面的程序。程序可因所交流的信息类型、交流的对象及企业的个体条件等具体情况的不同而有所差别。进行外部交流的手段可包括年度报告、通信简报、互联网和社区会议等。

11. 文件

环境管理体系文件应包括：

（1）环境方针、目标和指标。

（2）对环境管理体系覆盖范围的描述。

（3）对环境管理体系主要要素及其相互作用的描述，以及相关文件的查询途径。

（4）本标准要求的文件，包括记录。

（5）企业为确保对涉及重要环境因素的过程进行有效策划、运行和控制所需的文件和记录。

文件的详尽程度，应当足以描述环境管理体系及其各部分协同运作的情况，并指示获取环境管理体系某一部分运行的更详细信息的途径。可将环境文件纳入组织所实施的其他体系文件中，而不强求采取手册的形式。对于不同的企业，环境管理体系文件的规模可能由于它们在以下方面的差别而各不相同：

（1）组织及其活动、产品或服务的规模和类型。

（2）过程及其相互作用的复杂程度。

（3）人员的能力。

文件可包括环境方针、目标和指标，重要环境因素信息，程序，过程信息，组织机构图，内、外部标准，现场应急计划，记录。

对于程序是否形成文件，应当从下列方面考虑：不形成文件可能产生的后果，包括环境方面的后果，用来证实遵守法律、法规和其他要求的需要，保证活动一致性的需要；形成文件的益处，例如易于交流和培训，从而加以实施，易于维护和修订，避免含混和偏离，提供证实功能和直观性等，出于本标准的要求。

不是为环境管理体系所制定的文件，也可用于本体系。此时应当指明其出处。

12. 文件控制

企业应对环境管理体系所要求的文件进行控制。记录是一种特殊的文件，应该按要求进行控制。企业应建立、实施并保持一个或多个程序，并符合以下规定：

（1）在文件发布前进行审批，确保其充分性和适宜性。

（2）必要时对文件进行评审和更新，并重新审批。

（3）确保对文件的更改和现行修订状态做出标识。

（4）确保在使用处能得到适用文件的有关版本。

（5）确保文件字迹清楚、标识明确。

（6）确保对策划和运行环境管理体系所需的外部文件做出标识，并对其发放予以控制。

（7）防止对过期文件的非预期使用。如需将其保留，要做出适当的标识。

文件控制旨在确保企业对文件的建立和保持能够充分适应实施环境管理体系的需要。但企业应当把主要注意力放在对环境管理体系的有效实施及环境绩效上。

13. 运行控制

企业应根据其方针、目标和指标，识别和策划与所确定的重要环境因素有关的运行，以确保它们通过下列方式在规定的条件下进行。

（1）建立、实施并保持一个或多个形成文件的程序，以控制因缺乏程序文件而导致偏离环境方针、目标和指标的情况。

（2）在程序中规定运行准则。

（3）对企业使用的产品和服务中所确定的重要环境因素，应建立、实施并保持程序，并将适用的程序和要求通报供方及合同方。

企业应当评价与所确定的重要环境因素有关的运行，并确保在运行中能够控制或减少有害的环境影响，以满足环境方针的要求、实现环境目标和指标。所有的运行，包括维护活动，都应当做到这一点。

14. 应急准备和响应

企业应建立、实施并保持一个或多个程序，用于识别可能对环境造成影响的潜在的紧急情况和事故，并规定响应措施。

企业应对实际发生的紧急情况和事故做出响应，并预防或减少随之产生的有害环境影响。企业应定期评审其应急准备和响应程序，必要时对其进行修订，特别是当事故或紧急情况发生后。可行时，企业还应定期试验上述程序。

每个企业都有责任制定适合自身情况的一个或多个应急准备和响应程序。企业在制定这类程序时应当考虑现场危险品的类型，如存在易燃液体、储罐、压缩气体等，以及发生意外泄漏时的应对措施；对紧急情况或事故类型和规模的预测；处理紧急情况或事故的最适当方法；内、外部联络计划；把环境损害降到最低的措施；针对不同类型的紧急情况或事故的补救和响应措施；事故后考虑制订和实施纠正和预防措施的需要；定期试验应急响应程序；对实施应急响应程序人员的培训；关键人员和救援机构（如消防、泄漏清理等部门）名单，包括详细联络信息；疏散路线和集合地点；周边设施（如工厂、道路、铁路等）可能发生的紧急情况和事故；邻近单位相互支援的可能性。

15. 检查及效果验证

企业应建立、实施并保持一个或多个程序，对可能具有重大环境影响的运行的关键特性进行例行监测和测量。程序中应规定将监测环境绩效、适用的运行控制、目标和指标符合情况的信息形成文件。

企业应确保所使用的监测和测量设备经过校准或验证，并予以妥善维护。企业应保存相关的记录。一个企业的运行可能包括多种特性，例如，在对废水排放进行监测和测量时，值得关注的特点可包括生物需氧量、化学需氧量、温度和酸碱度。

对监测和测量取得的数据进行分析，能够识别类型并获取信息。这些信息可用于实施纠正和预防措施。

关键特性是指企业在决定如何管理重要环境因素、实现环境目标和指标、改进环境绩效时需要考虑的那些特性。

为了保证测量结果的有效性，应当定期或在使用前，根据测量标准对测量器具进行校准或检验。测量标准要以国家标准或国际标准为依据。如果不存在国家或国际标准，则应当对校验所使用的依据做出记录。

16. 合规性评价

为了履行遵守法律法规要求的承诺，企业应建立、实施并保持一个或多个程序，以定期评价对适用法律法规的遵守情况。企业应保存对上述定期评价结果的记录。

企业应评价对其他要求的遵守情况。企业应保存上述定期评价结果的记录。

企业应当能证实它已对遵守法律、法规要求（包括有关许可和执照的要求）的情况进行了评价。企业应当能证实它已对遵守其他要求的情况进行了评价。

三、施工单位的绿色施工与环境管理责任

施工单位应规定各部门的职能及相互关系（职责和权限），形成文件，予以沟通，以促进企业环境管理体系的有效运行。

1. 施工单位的绿色施工和环境管理责任

（1）建设工程实行施工总承包的，总承包单位应对施工现场的绿色施工负总责。分包单位应服从总承包单位的绿色施工管理，并对所承包工程的绿色施工负责。

（2）施工单位应建立以项目经理为第一责任人的绿色施工管理体系，制定绿色施工管理责任制度，定期开展自检、考核和评比工作。

（3）施工单位应在施工组织设计中编制绿色施工技术措施或专项施工方案，并确保绿色施工费用的有效使用。

（4）施工单位应组织绿色施工教育培训，增强施工人员的绿色施工意识。

（5）施工单位应定期对施工现场绿色施工的实施情况进行检查，并做好检查记录。

（6）在施工现场的办公区和生活区应设置明显的有节水、节能、节约材料等具体内容的警示标识，并按规定设置安全警示标志。

（7）施工前，施工单位应根据国家和地方法律、法规的规定，制定施工现场环境保护和人员安全与健康等突发事件的应急预案。

（8）按照建设单位提供的设计资料，施工单位应统筹规划、合理组织一体化施工。

2. 总经理

（1）主持制定、批准和颁布环境方针和目标，批准环境管理手册。

（2）对企业环境方针的实现和环境管理体系的有效运行负全面和最终责任。

（3）组织识别和分析顾客和相关方的明确及潜在要求，代表企业向顾客和相关方做出环境承诺，并向企业传达顾客和相关方要求的重要性。

（4）决定企业发展战略和发展目标，负责规定和改进各部门的管理职责。

（5）主持对环境管理体系的管理评审，对环境管理体系的改进做出决策。

（6）委任管理者代表并听取其报告。

（7）负责审批重大工程（含重大特殊工程）合同评审的结果。

（8）确保环境管理体系运行中管理、执行和验证工作的资源需求。

（9）领导对全体员工进行环境意识的教育、培训和考核。

3. 管理者代表（环境主管领导）

（1）协助法人贯彻国家有关环境工作的方针、政策，负责管理企业的环境管理体系工作。

（2）主持制定和批准颁布企业程序文件。

（3）负责环境管理体系运行中各单位之间的工作协调。

（4）负责企业内部体系审核和筹备管理评审，并组织接受顾客或认证机构进行的环境管理体系审核。

（5）代表企业与业主或其他外部机构就环境管理体系事宜进行联络。

（6）负责向法人提供环境管理体系的业绩报告和改进需求。

4. 企业总工程师

（1）主持制定、批准环境管理措施和方案。

（2）对企业环境技术目标的实现和技术管理体系的运行负全面责任。

（3）组织识别和分析环境管理的明确及潜在要求。

（4）协助决定企业环境发展战略和发展目标，负责规定和改进各部门的管理职责。

（5）主持对环境技术管理体系的管理评审，对技术环境管理体系的改进做出决策。

（6）负责审批重大工程（含重大特殊工程）绿色施工的组织实施方案。

四、施工环境因素识别

1. 环境因素的识别

对环境因素的识别与评价通常要考虑以下几 个方面：

（1）向大气的排放。

（2）向水体的排放。

（3）向土地的排放。

（4）原材料和自然资源的使用。

（5）能源的使用。

（6）能量的释放（如热、辐射、振动等）。

（7）废物和副产品。

（8）物理属性，如大小、形状、颜色、外观等。

除了对它能够直接控制的环境因素外，企业还应当对它可能施加影响的环境因素加以考虑。

例如，与它所使用的产品和服务中的环境因素，以及它所提供的产品和服务中的环境因素。以下提供了一些对这种控制和影响进行评价的指导。不过，在任何情况下，对环境因素的控制和施加影响的程度都取决于企业自身。

应当考虑的与组织的活动、产品和服务有关的因素，如：

（1）设计和开发。

（2）制造过程。

（3）包装和运输。

（4）合同方和供方的环境绩效和操作方式。

（5）废物管理。

（6）原材料和自然资源的获取和分配。

（7）产品的分销、使用和报废。

（8）野生环境和生物多样性。

对企业所使用产品的环境因素的控制和影响，因不同的供方和市场情况而有很大差异。例如：一个自行负责产品设计的企业，可以通过改变某种输入原料有效地施加影响；而一个根据外部产品规范提供产品的企业在这方面的作用就很有限。

一般来说，企业对它所提供的产品的使用和处置（例如用户如何使用和处置这些产品），控制作用有限。可行时，它可以考虑通过让用户了解正确的使用方法和处置机制来施加影响。完全地或部分地由环境因素引起的对环境的改变，无论其有益还是有害，都称之为环境影响。环境因素和环境影响之间是因果关系。

在某些地方，文化遗产可能成为组织运行环境中的一个重要因素，因而在理解环境影响时应当加以考虑。由于一个企业可能有很多环境因素及相关的环境影响，应当建立判别重要环境的准则和方法。唯一的判别方法是不存在的，原则是所采用的方法应当能提供一致的结果，包括建立和应用评价准则。例如，有关环境事务，法律法规问题及内、外部相关方的关注等方面的准则。

对于重要环境信息，组织除在设计和实施环境管理时应考虑如何使用外，还应当考虑将它们作为历史数据予以留存的必要。

在识别和评价环境因素的过程中，还应当考虑到从事活动的地点、进行这些分析所需的时间和成本，以及可靠数据的获得。对环境因素的识别不要求做详细的生命周期评价。

对环境因素进行识别和评价的要求，不改变或增加组织的法律责任。确定环境因素的依据：客观地具有或可能具有环境影响的；法律、法规及要求有明确规定的；积极的或负面的；相关方有要求的；其他。

2. 识别环境因素的方法

识别环境因素的方法有物料衡算、产品生命周期、问卷评审、专家评议、现场评审（查看和面谈）、头脑风暴、查阅文件和记录及测量、水平对比（内部、同行业或其他行业比较，纵向对比）、企业的现在和过去比较等。这些方法各有利弊，具体使用时可将各种方法组合使用，下面介绍几种常用的环境因素识别方法。

（1）专家评议法

专家评议法是由有关环保专家、咨询师、企业的管理者和技术人员组成专家评议小组，评议小组应具有环保经验、项目的环境影响综合知识和环境因素识别的知识，并对评议组织的工艺流程十分熟悉，才能对环境因素进行准确、充分的识别。在进行环境因素识别时，评议小组采用过程分析的方法，在现场分别对过程片段的不同的时态、状态和不同的环境因素类型进行评议，集思广益。如果评议小组专业人员选择得当，识别就能做到快捷、准确。

（2）问卷评审法（因素识别）

问卷评审是通过事先准备好的一系列问题，通过到现场察看和与人员交谈的方式，来获取环境因素的信息。问卷的设计应本着全面和定性与定量相结合的原则。问卷包括的内容应尽量覆盖组织活动、产品，以及其上、下游相关环境问题中的所有环境因素，一个组织内的不同部门可用同样的设计好的问卷，虽然这样在一定程度上缺乏针对性，但为一个部门设计一份调查卷是不实际的。

（3）现场评审法（观察面谈、书面文件收集及环境因素识别）

现场观察和面谈都是快速直接地识别出现场环境因素最有效的方法。这些环境因素可能是已具有重大环境影响的，或者是具有潜在的重大环境影响的，有些是存在环境风险的。

现场面谈和观察一方面能获悉组织环境管理的其他现状，如环保意识、培训、信息交流、运行控制等方面的缺陷；另一方面也能发现组织提升竞争力的一些机遇。如果是初始环境评审，评审员还可向现场管理者提出未来体系建立或运行方面的一些有效建议。

五、施工环境因素的评价及确定

1. 环境影响评价的基本条件

环境影响评价具备判断功能、预测功能、选择功能与导向功能。理想情况下，环境影响评价应满足以下条件：

（1）基本上适应所有可能对环境造成显著影响的项目，并能够对所有可能的显著影响做出识别和评估。

（2）对各种替代方案（包括项目不建设或地区不开发的情况）、管理技术、减缓措施进行比较。

（3）生成清楚的环境影响报告书，以使专家和非专家都能了解可能影响的特征及重要性。

（4）包括广泛的公众参与和严格的行政审查程序。

（5）及时、清晰的结论，以便为决策提供信息。

2. 环境因素评价指标体系的建立原则

建立环境因素评价指标体系的原则：

（1）简明科学性原则：指标体系的设计必须建立在科学的基础上，客观、如实地反映建筑绿色施工各项性能目标的构成，指标繁简适宜、实用、具有可操作性。

（2）整体性原则：构造的指标体系全面、真实地反映绿色建筑在施工过程中资源、能源、环境、管理、人员等方面的基本特征。每一个方面由一组指标构成，各指标之间既相互独立，又相互联系，共同构成一个有机整体。

（3）可比可量原则：指标的统计口径、含义、适用范围在不同施工过程中要相同；保证评价指标具有可比性；可量化原则是要求指标中定量指标可以直接量化，定性指标可以间接赋值量化，易于分析计算。

（4）动态导向性原则：要求指标能够反映我国绿色建筑施工的历史、现状、潜力以及演变趋势，揭示内部发展规律，进而引导可持续发展政策的制订、调整和实施。

3. 环境因素的评价的方法

环境因素的评价是采用某一规定的程序方法和评价准则对全部环境因素进行评价，最终确定重要环境因素的过程。常用的环境因素评价方法有：是非判断法、专家评议法、多因子评分法、排放量 - 频率对比法、等标污染负荷法、权重法等。这些方法中前三种属于定性或半定量方法，评价过程并不要求取得每一项环境因素的定量数据；其他种则需要定量的污染物参数，如果没有环境因素的定量数据则评价难以进行，方法的应用将受到一定的限制。因此，评价前，必须根据评价方法的应用条件、适用的对象进行选择，或根据不同的环境因素类型采用不同的方法进行组合应用，才能得到满意的评价结果。下面介绍几种常用的环境因素评价方法：

（1）是非判断法

是非判断法根据制订的评价准则，进行对比、衡量并确定重要因素。当符合以下评价准则之一时，即可判为重要环境因素。该方法简便、容易操作，但评价人员应熟悉环保专业知识，才能做到判定准确。

（2）多因子评分法

多因子评分法是对能源、资源、固体废物、废水、噪声等五个方面异常、紧急状况制订评分标准。制订评分标准时尽量使每一项环境影响量化，并以评价表的方式，依据各因子的重要性参数来计算重要性总值，从而确定重要性指标，根据重要性指标可划分不同等级，得到环境因素控制分级，从而确定重要环境因素。

在环境因素评价的实际应用中，不同的组织对环境因素重要性的评价准则略有差异。因此，评价时可根据实际情况补充或修订，对评分标准做出调整，使评价结果客观、合理。

4. 环境因素更新

环境因素更新包括日常更新和定期更新。企业在体系运行过程中，如本部门环境因素发生变化时，应及时填写“环境因素识别、评价表”以便及时更新。当发生以下情况时，应进行环境因素更新：

（1）法律法规发生重大变更或修改时，应进行环境因素更新。

（2）发生重大环境事故后应进行环境因素更新。

（3）项目或产品结构、生产工艺、设备发生变化时，应进行环境因素更新。

（4）发生其他变化需要进行环境因素更新时，应进行环境因素的更新。

5. 施工环境因素的基本分类

环境因素的基本分类包括：

（1）水、气、声、渣等污染物的排放或处置。

（2）能源、资源、原材料的消耗。

（3）相关方的环境问题及要求。

六、绿色施工与环境管理方案

绿色施工与环境管理是针对环境因素，特别是重要环境因素的管理行为。

绿色施工的目标指标是围绕环境因素，根据企业的发展需求、法规要求、社会责任等集成化内容确定的。相关措施是为了实现目标指标而制订的实施方案。

1. 绿色施工与环境管理的编制依据

（1）法规、法律及标准、规范要求。

（2）企业环境管理制度。

（3）相关方需求。

（4）施工组织设计及实施方案。

（5）其他。

2. 绿色施工与环境管理方案的内容

（1）环境目标指标。

（2）环境因素识别、评价结果。

（3）环境管理措施。

（4）相关绩效测量方法。

（5）资源提供规定。

3. 绿色施工与环境管理方案审批

（1）按照企业文件批准程序执行。

（2）由授权人负责实施审批。

七、常见的管理方案的措施内容

1. 节材措施

（1）图纸会审时，应审核节材与材料资源利用的相关内容，达到材料损耗率比定额损耗率降低30%。

（2）根据材料计划用量、用料时间，选择合适供应方，确保材料质高价低，按用料时间进场。建立材料用量台账，根据消耗定额，限额领料，做到当日领料当日用完，减少浪费。

（3）根据施工进度、库存情况等合理安排材料的采购、进场时间和批次，减少库存。

（4）现场材料堆放有序，储存环境适宜、措施得当，保管制度健全。

（5）材料运输工具适宜、装卸方法得当，防止损坏和遗撒。根据现场平面布置情况就近卸载，避免和减少二次搬运。

（6）采取技术和管理措施增加模板、脚手架等的周转次数。

（7）优化安装工程的预留、预埋、管线路径等方案。

（8）应就地取材，施工现场500km以内生产的建筑材料用量占建筑材料总量的70%以上。

（9）减少材料损耗，通过仔细的采购和合理的现场保管，减少材料的搬运次数，减少包装，完善操作工艺，增加摊销材料的周转次数等降低材料在使用中的消耗，提高材料的使用效率。

2. 结构材料节材措施

（1）推广使用预拌混凝土和商品砂浆。准确计算采购数量、供应频率、施工速度等，在施工过程中动态控制。结构工程使用散装水泥。

（2）推广使用高强钢筋和高性能混凝土，减少资源消耗。

（3）推广钢筋专业化加工和配送。

（4）优化钢筋配料和钢构件下料方案。钢筋及钢结构制作前应对下料单及样品进行复核，无误后方可批量下料。

（5）优化钢结构制作和安装方法。大型钢结构宜采用工厂制作，现场拼装；宜采用分段吊装、整体提升、滑移、顶升等安装方法，减少方案的措施用材量。

（6）采取数字化技术，对大体积混凝土、大跨度结构等专项施工方案进行优化。

3. 围护材料节材措施

（1）门窗、屋面、外墙等围护结构选用耐候性及耐久性良好的材料，施工确保密封性、防水性和保温隔热性。

（2）门窗采用密封性、保温隔热性能、隔声性能良好的型材和玻璃等材料。

（3）屋面材料、外墙材料具有良好的防水性能和保温隔热性能。

（4）当屋面或墙体等部位采用基层加设保温隔热系统的方式施工时，应选择高效节能、耐久性好的保温隔热材料，以减小保温隔热层的厚度及材料用量。

（5）屋面或墙体等部位的保温隔热系统采用专用的配套材料，以加强各层次之间的黏结或连接强度，确保系统的安全性和耐久性。

（6）根据建筑物的实际特点，优选屋面或外墙的保温隔热材料系统和施工方式。例如，保温板粘贴、保温板干挂、聚氨酯硬泡喷涂、保温浆料涂抹等，以保证保温隔热效果，并减少材料浪费。

（7）加强保温隔热系统与围护结构的节点处理，尽量降低热岛效应。针对建筑物的不同部位的保温隔热特点，选用不同的保温隔热材料及系统，以做到经济适用。

4. 装饰装修材料节材措施

（1）贴面类材料在施工前，应进行总体排版策划，减少非整块材的数量。

（2）采用非木质的新材料或人造板材代替木质板材。

（3）防水卷材、壁纸、油漆及各类涂料基层必须符合要求，避免起皮、脱落。各类油漆及胶黏剂应随用随开启，不用时及时封闭。

（4）幕墙及各类预留预埋应与结构施工同步。

（5）木制品及木装饰用料、玻璃等各类板材等宜在工厂采购或定制。

（6）采用自粘类片材，减少现场液态胶黏剂的使用量。

5. 周转材料节材措施

（1）应选用耐用、维护与拆卸方便的周转材料和机具。

（2）优先选用制作、安装、拆除一体化的专业队伍进行模板工程施工。

（3）模板应以节约自然资源为原则，推广使用定型钢模、钢框竹模、竹胶板。

（4）施工前应对模板工程的方案进行优化。多层、高层建筑使用可重复利用的模板体系，模板支撑宜采用工具式支撑。

（5）优化高层建筑的外脚手架方案，采用整体提升、分段悬挑等方案。

（6）推广采用外墙保温板替代混凝土施工模板的技术。

（7）现场办公和生活用房采用周转式活动房。现场围挡应最大限度地利用已有围墙，或采用装配式可重复使用围挡封闭。力争工地临时房、临时围挡材料的可重复使用率达到 70%。

第十二章 建设工程管理发展展望

第一节 建设工程项目管理的发展展望

1. 我国项目管理发展的现状及存在的问题

目前中国已具备比较成熟的项目管理的理论、方法、计算机辅助管理的知识，并逐步形成了具有现代管理意义的项目管理学科理论体系和管理方法体系，涌现了众多从事项目管理研究与实践的学者、专家、工程技术人员和一大批高、大、新的代表作品与典型的项目管理成功案例。但与国外相比，仍然存在着很大差距，具体体现在以下几个方面。

可行性研究本身是对拟建项目技术上、经济上及其他方面的可行性进行研究，其目的是给投资者提供决策依据，同时为银行贷款、合作签约、工程设计等提供依据和基础资料。但是许多投资者普遍都不重视项目的可行性研究而盲目投资，往往造成很大的经济损失，也为后来的工程事故埋下隐患。

现行的投资项目管理模式存在缺陷。目前计划立项审批部门、资金筹划部门、项目实施单位各司其职，在项目的执行过程中，缺乏一个行使监督、管理、检查、协调服务职能的中间机构。

目前一些项目管理公司项目经理的任命还是以行政任命为主，非竞争上岗，仅按相关业务岗位的标准来任命项目经理。项目管理人员不仅需要具备深厚的专业知识与工作经验，还应熟练掌握和使用计算机等项目管理手段，其竞争从某种意义上讲已成为信息战。目前西方发达国家的一些项目管理公司已经在项目管理中运用了计算机网络技术，开始实现项目管理的网络化、虚拟化。

2. 项目管理的主要发展趋势

随着施工项目管理理论及知识体系的逐渐完善，施工项目管理发展趋势主要有：

（1）工程项目管理的集成化

所谓工程项目管理的集成化就是利用项目管理的系统方法、模型、工具对工程项目的相关资源进行系统整合，并达到工程项目设定的具体目标和投资效益最大化的过程。它将工程项目的利害关系者集合和工程项目的过程作为一个完整的整体进行研究，揭示了工程项目的系统集成是工程项目内在本质的要求。

（2）合作管理

传统的建设合同中，业主与承包商之间往往视彼此为对手，这导致了效率的降低和成本的增加。因此，业主试图寻找一种新的模式来处理与承包商之间的工作关系。于是合作管理开始为人们所重视和使用。所谓合作管理模式，是指业主与工程参与各方在相互信任、资源共享的基础上达成一种短期或长期的协议；在充分考虑参与各方利益的基础上确定建设工程共同的目标；建立工作小组，及时沟通以避免争议和诉讼的产生，相互合作、共同解决建设工程实施过程中出现的问题，共同分担工程风险和有关费用，以保证参与各方目标和利益的实现。选择了合作管理模式，就应抛弃传统的合同各方之间的对立关系，为达到一种“双赢”的局面而努力。因此，人际关系、权力的平衡和各方股东的利益的满足是合作管理模式需要解决的问题。合作管理模式有以下特点：出于自愿、高层管理的参与、合作管理协议不是法律意义上的合同、信息的开放性。

（3）工程项目总控

工程项目总控是指以独立和公正的方式，对工程项目实施活动进行综合协调，围绕工程项目的费用、进度和质量等目标进行综合系统规划，以使工程项目的实施成为一种可靠安全的目标控制机制。它通过对工程项目实施的所有环节的全过程进行调查、分析、建议和咨询，提出对工程项目实施切实可行的建议方案，供工程项目的管理层决策参考。根据建设工程的特点和业主方组织结构的具体情况，它可以分为单平面和多平面两种类型。工程项目总控模式有以下特点：

1）工程项目总控是独立于工程项目实施班子之外的一个组织，是指挥部的高级参谋部，是业主代表旁边的一个机构。它不直接面对工程项目设计、材料供应单位，不介入各方之间的矛盾，只面对业主代表。工程项目总控方的核心任务是发现工程项目实施过程中存在的问题，分析产生问题的原因，提出工程项目“诊断”报告，制订解决方案。

2）工程项目总控是一种高层次的工程项目管理咨询活动，对知识要求较高。其工作主要是通过对工程项目全过程进行目标跟踪、调查和分析，及时向指挥部提出工程项目实施的有关信息与咨询建议，以供决策者参考。

3）工程项目总控模式中一个很重要的工作是要进行大量的信息处理。工程项目控制离不开计算机，因此要设立工程信息处理中心。

4）工程项目总控班子的人员组成应是高层次的咨询工作者，其工作产品是有相当价值的信息，包括：以书面形式不定期地对重大、关键问题提出的分析和控制建议；定期的工程项目控制报告（月度、季度、半年、年度）。范围包括资金运用情况、工程项目进展情况、工程项目质量以及合同执行的情况、组织协调上的问题、信息处理上的问题等；对影响工程项目目标的风险进行预测，对可能产生的偏差提出纠偏控制建议；以会议的形式，与工程项目各参与方共同讨论有关问题，对决策者提出有价值的建议。

（4）BIM是一种新型的管理模式，近年来在建设工程项目管理中得到了广泛的应用。在这种模式刚刚传播到我国的时候，业界的人士认为它只是一种先进的科学技术。事实并不是那样，BIM 刚开始在设计行业中有着一定的代表性。它不仅仅是一种设计软件，还是一种先进的科学的管理手段。我们通过合理的手段才可以在管理活动中发挥其非常重要的作用。

第二节　建设工程项目集成管理

1. 建设工程项目集成管理的概念及实施集成化管理的必要性

建设工程项目集成管理是为确保项目各专项工作能够有机地协调和配合而开展的一种综合性和全局性的项目管理工作。它包括协调各种相互冲突的项目目标，选用最佳或满意的项目备选行动方案，以及集成控制项目的变更和持续改善项目工作方法等方面的内容。建设工程项目集成管理从本质上说就是从全局的观点出发以项目整体利益最大化作为目标，以项目各专项管理（包括项目时间、成本、质量、资源、风险、采购管理等）的协调与整合为主要内容所开展的系统性项目管理活动。

国内外对施工项目的管理，大多数还停留在对施工项目管理过程中某个具体阶段或某项作业的管理上。显然，这种孤立的、分散化的项目管理和决策方法已经适应不了当今新型项目建设的要求。

现代工程项目已经具有了复杂性、不确定性和动态性的特点。尤其是对动态性的特点所要求的管理方式与静态工作所要求的有很大的不同，整个管理过程各参与方之间的关系有很大改变。工程项目的参与方越来越多，这迫切需要业主与各方及各方之间建立起真正的良好合作关系。承包商对工程项目实施的全过程进行集成化的管理，提高项目执行的效率，可利用现有的资源向业主提供价值最大化的项目产品。全过程工程项目集成和全要素工程项目集成属于全新的项目管理理念，需要以与之相适应的项目管理组织结构作为依托，最根本的做法是把注意力集中在项目执行的过程中，集中在各种活动的相互关系和影响上，从全局对项目执行的过程进行合理的计划和控制，进行集成化管理，从根本上减少和避免突发事件的发生。

2. 工程项目集成管理体系

工程项目集成管理是一种由全生命周期集成、管理要素集成和外部集成三个部分构成的完整的集成管理体系。三种集成的含义分别如下：

（1）全生命周期集成

全生命周期集成即工程项目生命周期的各阶段的集成，是指工程项目集成管理将项目实施的整个周期，从决策、设计、计划、施工、运营到最后的评价，各阶段各环节之间通过充分的信息交流集成为一个整体，使信息在项目的各阶段间能准确、充分地传递，各阶段的参与方能进行有效的沟通与合作。

（2）管理要素集成

工程项目同时具有工期、质量、成本、范围、人力资源、风险、沟通等多个相互影响和制约的管理目标。工程项目集成化管理在项目实施过程中对这些目标和要素进行了通盘的规划和考虑，以达到对项目的全局优化。

（3）外部集成

现有的项目管理系统的参与者包括业主、咨询专家、设计师、监理工程师、承包商、分包商、设备供货商、原材料供应商等，他们之间是由独立的合同构成的交易关系。项目参与方之间缺乏相互交流和了解，会影响各方的合作，容易造成各方追求局部优化的现象。特别是原先的施工项目管理体系对工程项目中供应商、分包商等的地位和作用缺乏必要的论述。但是随着工程项目管理水平的提高，原有的施工项目管理体系内部可发掘的潜力越来越少，发掘原有管理体系外部的潜力成为提高工程项目管理水平的重要途径。

3. 工程项目集成管理的实施

建设工程项目集成管理体系并不是一个孤立的管理体系，它的实施需要各方面的条件配合。具体来说，它需要合作理念作为指导思想，信息平台作为实施的物理条件，合适的项目组织作为实施的组织基础。具体如下：

（1）合作的理念是实施项目集成化管理的基础

工程项目集成化管理作为一种新的项目管理模式，其推广和实施是以合作的理念为基础的。合作理念意味着：

1）参与合作的各方将各自的工作重点放在如何保证和扩大共同利益上，而不是如何从合作对象身上“占便宜”。

2）合作是一种长期稳定的关系，合作参与各方的彼此信任和对商誉的重视是合作的基础。

工程项目集成化管理的实施将使工程建设业企业之间建立起一种真正的伙伴关系，改变他们现有的从自己利益出发的行为方式，从而消除传统管理模式中的一些消极现象。

（2）信息平台是支持项目集成化管理实施的物理条件

在工程项目集成化管理中，信息系统是项目管理者进行项目集成化管理的工具。复杂、不确定和变化快是现代工程项目的基本特点，在工程项目集成化管理方式中，项目管理者需要大量的实时信息和反馈进行科学、系统的动态决策。没有一个完善快速的信息系统，这种决策是难以想象的。因此，工程项目集成化管理的实施需要一个有效的信息系统做后盾，保证其计划和决策的及时性以及协调和控制的有效性。

目前的项目管理实践还停留在各参与方自行工作的基础上，各方都在自己的合同范围内工作，与其他参与方处于相互隔绝的状态。工程项目集成化管理的信息系统将为各专业参与方提供信息交流的平台，保证项目的各参与方充分发挥各自的作用。

（3）项目集成的组织基础

项目组织是多种知识和技术构成的团体，各成员代表了各自特有的知识和技能，在项目组织内，他们之间有很强的依赖性，各方进行的工作往往需要其他参与方提供必要的信息。联合协调小组应该成为各成员交流信息需求的场所。在项目的联合协调小组中，各参与方的负责人可以直接与相关的参与方进行公开的交流和协商，共同讨论项目相关部分的执行方案。

4. 项目集成管理的主要技术和方法

迄今为止，人们尚未建立起适用于现代项目管理应用领域的一套完整的技术和方法。现有的项目集成管理技术和方法主要有如下两个方面。

（1）项目双要素集成管理方法

最具有代表性的是由美国国防部等部门提出和使用的项目成本与工期的集成管理技术方法。这种方法最初被称为项目成本与工期控制规范。这一方法的基本原理是通过引进一个中间变量以帮助人们分析项目工期和成本的各自变动的情况和所造成的影响，以便项目管理者能够对项目工期和成本进行统筹兼顾的管理，并对它们各自未来的发展趋势做出科学的预测与判断。

（2）项目三角形法

项目三角形法是一种多要素的项目集成管理技术方法，这种方法可以用于对项目范围、时间、成本和质量进行有效的集成计划与控制。所谓项目三角形是指由项目范围、时间、成本和质量等四个要素所构成的三角形。其中项目质量作为核心性的要素，如果调整了三角形外围的任何一个要素，它都会受到直接的影响。同时，这些要素中的任何一个发生变动，另外三个要素就会受到影响并发生变化。例如，如果决定缩短工期，那么就会不得不增加项目成本或缩小项目范围，而这些又都会对项目质量产生影响。

在使用项目三角形法进行项目集成管理与控制时，一般首先要明确给出项目的核心要素。这决定了哪个项目要素是第一位的和必须确保的目标，哪些是次之的。这种项目要素的有限序列在很大程度上决定了如何去优化项目的集成管理和项目要素变更的总体控制方案和行动。项目三角形的主要做法和步骤是按照分布集成的方法开展集成管理的，即首先固定其他项目要素而变动项目的某一要素，然后分析这一要素变动造成的影响，并随之调整其他要素使之逐步优化和实现集成管理。

第三节 重大工程项目管理

1. 重大工程项目的特征要素

重大工程项目指的是对区域经济、国民经济、全球经济能够产生重大的、深远的影响，对国防建设、重大科技探索、社会稳定、生态环境保护、重大历史事件有决定性意义的大型工程项目。自文明诞生伊始，人类就开始从事重大工程项目管理。比如，我国的长城和京杭大运河、埃及的金字塔、古罗马的尼姆水道等都不缺乏对项目的管理工作。在当代中国，三峡工程、南水北调、西气东输、西电东送、青藏铁路等重大工程项目的实施，不仅改变了中国资源、能源的空间分布格局与利用结构，而且对区城经济发展产生了重要的影响。我国的重大工程项目建设与管理具有全球广泛参与性、影响力和难度。只有确保重大工程项目的成功建设和有效管理，才能确保我国国民经济“又快又好”地发展，为世界经济发展和人类进步做出新贡献。

重大工程项目的特征要素有：

（1）决策特征

重大工程项目的前期论证需要从经济、社会、自然环境等方面经过反反复复、上上下下的论证，历时较长；论证中往往会涉及国家、地区、组织和个人等不同的参与主体；所需要完成的评价类型和参考的评价指标也会有别于一般项目；整个论证决策过程需要耗费巨大的人力、财力、物力资源；需要做出决策的主体和决策的机制也会因项目的特殊性有所改变。因此，对于重大工程项目的决策特征，我们应从论证周期、参与论证的组织、评价类型及特殊评价指标、决策主体、决策机制、决策成本等几个方面去分析和把握。

（2）规模特征

重大工程项目除具有“明确的目标、独特的性质、成本的约束性、实施的一次性和风险性、结果的不可逆转性”等这些基本的项目属性外，重大工程项目的建设内容不仅涵盖项目自身单一物质形态的建设，还包括一定地域范围内经济、社会、生态发展的重新规划和重新建设。广阔的建设内容使得重大工程项目建设规模庞大，投资额可达数十亿、上百亿甚至更多，如此大的规模和投资使得重大工程项目一般不会在短期内完成，时间和成本的耗费还必须面临较长的运行服务周期。因此，我们需要从建设内容、建设规模、投资额、建设周期、运行服务周期等方面来研究、分析重大工程项目的特征。

（3）技术特征

通常重大工程项目的技术标准会严格于一般项目，遇到的技术难题特别多；这些难题可能会同时涉及土木、水利、电力、交通、环境等多个不同领域；这些难题的难易程度不同，可能是世界级或国家级的；这些难题的“攻克”需要不同国家之间研发力量的整合，需要团队的长期艰苦协作，有的难题就算经过团队的长期艰苦协作，也不见得一定能够解决。由此可见，我们需要从技术标准、技术难度、技术广度、技术攻关队伍、技术可靠度、技术风险性等角度去考量重大工程项目的技术特征。

（4）效益特征

重大工程项目的效益不仅包括经济效益，还包括社会效益、生态效益等；不仅包括当前的效益，也包括未来的效益；不仅包括此领域的效益，也包括生态与环境等所连带领域的效益；不仅包括相关地区的效益，也可能涵盖其他地区的效益。为此，应该从经济效益、社会效益的时间跨度、空间跨度、生态与环境影响等方面去衡量重大工程项目的效益特征。

（5）组织管理特征

重大工程项目的投资主体往往涉及多个国内外政府组织、人民团体、融资机构、项目业主、承包商、供应商等，管理主体可能是政府、业主、专业机构或其他投资主体。与此同时，重大工程项目也可能涉及特别多的利益主体。投资主体、管理主体、利益主体的复杂性使得项目管理目标、组织机构等变得复杂。因此，应该从项目的投资主体、利益主体、管理主体、组织形式、组织结构、组织目标、人力资源特征等多个方面去分析重大工程项目的组织管理特征。

（6）信息管理特征

重大工程项目信息的发送者和接收者众多，因而信息资源会更加丰富，不仅仅局限于项目本身，还包括与其相关联的地区、国家甚至世界的动态信息。信息的来源渠道和交换方式也不会拘泥于少数几种，这使得我们在信息管理系统建设、信息的资源数量、信息的来源渠道、信息的交换方式等方面应该给予更多的重视。

（7）其他特征

除上述重大工程项目特征要素外，我们还将从项目的政策法律基础、风险特征、前瞻性和后续性等角度研究确定重大工程项目应具有的其他特征。

2. 传统重大施工项目管理方式上存在的弊端

重大工程项目主要是市政基础设施项目，包括大型市政建设项目及环境治理项目等，由于其自身所具有的公益性等特点，其投资来源仍将主要以政府投资为主。计划经济条件下，对一些大型工程建设项目和重点工程项目的管理多采用诸如“工程指挥部”的管理方式。指挥部通常由政府主管部门指令各个有关方面代表组成，负责对工程建设项目的管理。随着市场经济体制的建立，这种方式已不多用，但是其影响依旧存在于目前实行的很多工程建设项目管理方式中。应该说，类似的管理方式的弊端是非常明显的，突出表现在以下几个方面。

（1）建设过程与使用过程的严重分离

尽管指挥部或者类似机构的成员都是各个行业的专家，但是他们对项目建成后实际运营过程中的有关情况并不十分了解。首都博物馆建设前期，有关方面到上海博物馆调研时，上海博物馆的管理者在介绍经验时就曾指出，项目建设前期各个功能分区的论证过程一定要有未来使用人员的参与，因为只有未来使用者才最了解对功能的需要，才最能将各个功能分区的建设同未来的使用过程有机结合。

（2）缺乏投资管理风险约束机制

传统的管理模式中，指挥部或者类似机构在项目建设后往往要进行项目的移交（给项目使用单位），其直接后果是双方都缺乏责任意识，对于使用过程中的毛病，使用方可以推到建设方头上，而建设方在项目建设完成后已经不复存在，因此责任也就无从谈起。同时由于没有约束机制，人为因素的影响非常普遍，资金使用管理混乱。

（3）国有资本的投资浪费严重

目前，投资超概算、“钓鱼工程”成为通例，投资形成的固定资产总体质量低下，重复建设的现象时常发生，国有资本的投资浪费严重。

（4）不能严格按照基本建设程序办事，赶工期、献礼工程频频出现

当前，国内很多基本建设项目普遍存在领导"拍脑袋"的现象，不进行科学决策和严密的论证分析，不严格按照基本建设程序办事，政绩工程、献礼工程频频出现，致使投资效率低下，从而导致大量的投资失控。

第四节 绿色施工项目管理

人类正在从过去以牺牲环境和资源为代价谋求社会发展的模式向人与自然和谐发展、经济增长与环境保护协调发展的模式转换。因此，在经济建设和国际经济技术合作的过程中，工程建设的质量、安全性和生态环境成为国际上衡量工程优劣的三个重要指标。各发达国家和发展中国家及地区都十分重视研究工程建设与环境协调发展的问题，工程项目的管理过程正在转变成保护环境、节约资源、实现工程与自然和谐共处的过程。

1. 绿色工程项目管理的概念

在研究工程项目建设与环境协调发展的问题时，从分析"绿色运动"和"绿色产业"的关系中发现，通常所说的绿色包括三个方面的内涵。

一是节约。节约有两层意思，第一层是节省原料，第二层是节省能源。

二是回用。当自然界中高层系统解体时，低层系统仍然保持相对的稳定性，在一定条件下这些"零部件"又可以重新组合成新的高层系统。绿色的回用规则要求产品遵循自然系统结合度递减原理，满足资源重复利用所需要的"可拆性"前提。

三是循环。生态系统是一个周而复始的开放的闭路循环系统，构成"生产—消费—复原"的闭合链条，实现着生态系统物质能量的高效循环利用。人类近代社会形成的生产模式却是"原料—产品—废料"的断裂链条。人类生产投放的物能只有一部分转化为产品，其他部分则作为"三废"投向自然环境，造成污染。人类应该效法自然生态系统，按照循环原理，补上"废料—原料"这段链条，从而节省原料和能源、减少污染，将生产和生活系统整合到生态系统的大循环中。

结合前面所述绿色的内涵以及我国项目可持续发展的现实需求，我们将绿色施工项目管理定义为：为一个建设项目进行从概念到完成的全方位的计划、控制与协调，以满足委托人的要求，使项目在所要求的质量标准、生态环境指标的基础上，在规定的时间和批准的费用预算内完成的，即绿色施工项目管理。从微观角度来讲，绿色工程项目管理的目标是获得项目的成功，提高组织的经济效益，实现组织的可持续发展；从宏观角度来看，就是改善人类生活条件，在提高人类生活品质的同时，保护环境，实现人类社会与自然界的协调和持续发展。绿色工程项目管理的这些目标可通过使用绿色技术、节约能源、控制污染、科学处理建筑垃圾等手段加以实现。

2. 实现绿色工程项目管理的意义

实现绿色工程项目管理，在环境、资源、生态、经济、管理和社会学等诸多方面都有着深远的意义。从环境学的角度讲，绿色工程项目管理是指工程项目的建造活动应无害于环境，即无污染或污染最小；从资源学的角度讲，绿色工程项目管理是指工程项目的建造活动应做到对自然资源的适度利用、综合利用和充分利用；从生态学的角度讲，绿色工程项目管理是指工程项目的建造活动应符合生态系统的物质能量流通规律，不能因工程项目的建造活动而破坏生态系统的平衡；从经济学的角度讲，绿色工程项目管理是实现工程项目的经济效益；从管理学的角度讲，绿色工程项目管理是指在工程项目的实施过程中，对人、财、物等资源进行合理安排和组织，使各职能部门协调统一，以实现企业与环境的可持续发展；从社会学的角度讲，绿色工程项目管理是工程项目的经济效益、生态效益、社会效益的统一。

总之，实现绿色工程项目管理将是社会的进步，也是世界进入生态经济时代的必然选择。

3. 绿色工程项目管理与传统工程项目管理的区别

比较绿色工程项目管理与传统的工程项目管理，不难发现在传统的企业经济活动中，因采用“高投入、高消费、高污染”的生产模式，造成资源严重浪费和环境严重污染。绿色工程项目管理在以下六个方面与传统的工程项目管理有着明显的区别：

（1）在项目管理目标方面，传统工程项目管理追求的是经济效益，绿色工程项目管理则要求实现经济效益与环境效益的统一。

（2）在资源的使用方面，传统工程项目管理浪费严重，对资源的消耗要比绿色工程项目管理高得多，而绿色工程项目管理则更多地体现了对资源的整合利用与合理节约。

（3）在建筑污染方面，传统工程项目管理是直接将建筑垃圾投放于自然环境中，产生较高的污染，而绿色工程项目管理则要求进行化学处理或回收利用，基本无污染。

（4）在除污技术和除污时间方面，传统工程项目管理是在污染之后采用治理性技术除去污染，是先污染后治理模式；而绿色工程项目管理则是在污染之前采用预防性技术进行防控，是一种“源头治理＋污染与治理并举”的新模式。

（5）在除污技术与建造的关系方面，在传统工程项目管理中二者是相互分离的，而在绿色工程项目管理中二者则是密切结合的。

（6）在建筑产品的生产成本和发展方面，传统工程项目管理的成本因是一次性耗费的，故通常远远高于具有节约与回用和循环效果的绿色工程项目管理，因而绿色工程项目管理的建筑产品，其发展的可持续性也是传统工程项目管理所无法比拟的。

我国企业要摆脱传统生产经营的“三高”模式，实现以人为本、人与自然的协调发展，这已经成为今后国民经济和社会发展的主旋律，转变思想观念、转换生产方式，成了实现可持续发展的必由之路。借鉴国际上以绿色为主题的工程项目建设的成功经验，在国内外工程项目建设中积极开展绿色工程项目管理，大力发展绿色工程项目管理，必将成为工程项目管理的发展方向。

4. 有效实施绿色工程项目管理的途径

在我国经济快速发展的同时，已有不少企业跨出国门，积极开展国际经济技术合作，承揽国际工程建设项目。相关企业在伴随着国民经济和社会发展主旋律共同进步时，应该顺应全球化经济中国际工程项目管理发展大趋势的要求，在建设与管理实践中，积极探索有效实施绿色工程项目管理的途径。

（1）积极推广工程项目管理的绿色理念

工程项目管理企业要组织技术人员对项目管理的过程进行分解，制订出每个过程的绿色控制方法和细节，建立企业的绿色管理战略，运用绿色理念来指导规划、设计、施工。企业要组织工程项目管理相关人员系统学习绿色管理理论、可持续发展理论，将绿色管理思想融入工程项目管理的计划、组织、协调、控制等具体过程中，发动员工进行一场全方位的绿色革命，使得环保、生态、绿色的理念深入人心。传统的工程项目管理强调的是项目的经济利益，这些理念在项目管理人员心中根深蒂固。要改变这种状况，必须对员工进行长期的再培训和教育，使得大家明白绿色工程项目管理的必要性和迫切性，并且使工程项目管理人员掌握绿色工程项目管理的具体操作方法。

（2）努力建设绿色项目组织文化

绿色工程项目管理强调的不仅仅有“生态”，其实还有“人态”和“心态”。工程项目管理组织中的“人态”和“心态”通常主要表现为项目的组织文化。项目的组织文化是项目组织成员整体价值观的体现，是参与者集体协调合作的心理基础。组织文化能够起到凝聚的作用，使得大家可以朝着一个方向努力，共同为一个目标奋斗。工程项目管理是一个团队合作的管理过程，它需要每个成员有努力完成目标的积极心态、大局为重的心态，它更需要成员的通力合作、相互补充、充分沟通。现在国内很多工程项目（包括不少国际工程项目）管理工作做得不是很成功，很重要的两个原因就是成员自身的心态没有调节好以及成员间的关系没有处理好。“个人英雄主义”的思想常常影响组织成员平和的心态，相互间的不信任导致彼此疏于沟通，项目的各参与方完全以自我为中心，很多的人力和财力资源在彼此间的牵制中白白消耗。这些都与绿色的节省原料、节省能源的原则相违背。建立绿色项目组织文化就是要把绿色管理思想融入项目的组织文化理论中，使项目的各参与方都得到环境保护与可持续发展意识的灌输，树立起绿色管理理念，创造绿色生存环境，塑造绿色企业形象，营造良性循环的生态经济。由于绿色项目的组织文化是一种“生态”“人态”和“心态”三者相互和谐的文化，故其必然要求项目的组织达到与环境、与组织的人际关系和与组织员工自身心态三种和谐的统一。在这三种和谐的统一中，若能把握好项目组织机体的活力和主动性，赋予项目组织以自然有机性的生态和谐环境适应性的和谐与价值合理性的和谐，从而在使项目组织能够很好地完成项目目标的过程中实现对环境友好的要求。

（3）加紧制订项目管理对象的绿色化标准

在制订项目管理对象绿色化标准的过程中，应重点加快制订建筑产品绿色化和建造过程绿色化的标准。对于建筑产品绿色化，在其标准的制订过程中，要突出现代工程项目管理是一个全过程、全生命期的管理，它的服务范围在以往施工管理的基础上进行了前伸和后延。项目的市场定位、产品的设计逐渐成为工程项目管理的内容。绿色工程项目管理可以从人性的角度出发，提出以人为本的设计理念，设计出绿色的建筑产品。建筑产品的绿色表现在建筑产品的形态、功能、使用和维护上。形态上的新颖、充满活力、符合潮流，功能上的全面、实用，使用上的便捷、安全，维护上的方便、低成本，共同构成建筑产品的绿色内涵。建筑业是耗能大户和污染大户，据有关统计，全球50%的能量消耗于建筑的建造和使用过程中。相关研究表明，在环境总体污染中，与建筑业有关的环境污染占34%，包括空气污染、水污染、固体污染、光污染等。这些能源的消耗和污染，很大程度上都是伴随着建筑产品的建造过程而产生的。建造过程的绿色化已经成了目前工程项目管理绿色化过程中最为紧迫、最容易操作和受益最为明显的关键步骤。由于绿色建造过程也就是清洁施工，改变传统的项目目标控制为过程控制，就必须将综合预防的环境保护策略持续应用于施工过程中。故对于建造过程绿色化标准的制订，其主要内容应该包括节约原材料和能源，淘汰有毒有害的原材料，施工场地的环境管理，与施工有关的固体、水源、空气和噪声污染的有效控制等。

（4）积极参与国际绿色认证

随着新一轮世界贸易自由化的推动，常规的关税壁垒已经无法阻挡双边贸易的发展，而各国以持续发展与生态环保为理由和目标，限制国外的产品及劳务所设置的壁垒，即绿色壁垒在这一背景下应运而生。我国的工程项目管理要与国际接轨，要在国际市场上占有一席之地，就必须积极参与国际绿色认证。通过认证，使得工程项目管理的活动更符合国际通用的绿色标准，同时也为工程项目管理的国际化之路扫清了障碍，为我国工程项目管理全面走向世界提供了绿色保障。

总之，我国企业只有通过牢固树立绿色工程项目管理的新观念，彻底摆脱传统生产经营“高投入、高消费、高污染”管理模式的束缚，才能使我国的工程项目建设通过现代化的绿色管理更好地服务于经济建设，更好地走向世界，真正实现人与自然的协调发展。

第五节　建设工程项目应急管理

现代工程建设项目面对高度不确定的内外环境，项目应急管理对企业实现长期稳定发展显得越来越重要。

工程建设部门是国民经济中最重要的生产部门，由于它具有生产流动性、施工多样性、综合协调性和劳动密集性等特征，因此一直是风险威胁和危险很大的行业。近年来，有关建筑企业的重大、特大恶性事故频发，严重制约了建筑业劳动生产率和产品质量的提高，影响了建筑业的声誉和可持续发展，因此建筑企业必须重视和加强应急管理。

1. 项目应急管理的概念

（1）项目应急管理描述。突发事件是对出乎意料突然发生的、具有很大破坏性的事件的总称。项目突发事件就是在项目实施中未预料其发生且未做准备，并要求迅速做出决策的紧急事件及灾害事故。应急管理是一门集应用科学、技术、计划以及管理于一体的学科，处理可能导致重大伤亡、财产损失或扰乱社会生活的一些极端事件。项目应急管理是指针对项目突发事件的应急管理。

（2）突发事件的分类。识别突发事件是应急管理的前提和基础，只有区别不同突发事件的特点，对突发事件进行分类，才能很好地检测和处理突发事件。按突发事件产生的起因可分为：技术上的突发事件，主要体现在技术上的错误、缺陷导致的危害；自然上的突发事件，主要是自然外界环境突发性影响，如气候的变更、地震等；政治上的突发事件，主要是由政治系统、战争及公共事业政策等引起的；社会上的突发事件，是由社会各方利益集团引起的，如环保组织的抗议等；组织上的突发事件，是由组织内部结构、性质带来的，如工作人员不同的民俗、文化造成的冲突。

2. 项目应急管理动态过程分析

（1）项目应急管理动态模式

针对建筑工程项目本身的复杂性、多阶段性，对项目进行的全过程（项目定义阶段、项目设计阶段、项目实施阶段、竣工验收阶段、运营维护阶段）实行动态管理，将应急管理划分为检测、确认、决策、执行、反馈、恢复和评价七个阶段，由这七个阶段的相互关联性和逻辑性组建了动态突发事件管理模式，这个模式对建筑工程全过程和全过程的每一个阶段均实行动态管理。

对突发事件的迅速反应依赖于早期对它的检测，是通过监控潜在风险、获取有关信息来完成的。在工程项目的任一阶段，都应对本阶段和该阶段以前遗留下来的所有潜在隐患进行检测。检测的内容从纵向来说，包括对工程过去的、现状的研究以及未来的预测；从横向来说，涉及和工程直接相关的利益团体、间接相关的外部集团以及政策变化等。

如果检测出问题就必须进入确认阶段，这个阶段的任务是分析、研究问题的性质和条件，并建立问题分析报告。若发现的问题不足以伤害工程目标，则返回到检测阶段。

经过确认突发事件的存在，为了遏止它的发生，就应建立一套应急方案。决策的挑战性在于突发事件的多样性和复杂性，这就意味着不可避免地影响工程的多目标系统。当目标之间发生冲突时，则以目标优先级选定方案。通过对突发事件的诊断，判断它的级别，决定了决策权应由哪个层次的管理人员做出。突发事件若是由外部重大事件引起的或重要性极高，决策权应由主要领导做出；若是现场发生局部隐患，通过检测和确认后，应及时将其化解或缩小化。

在应急方案的执行过程中，要建立健全管理信息系统，分清各方的责任和风险，同时考虑其他方面可能介入的阻力，实施执行阶段同样伴随着反馈，此时不但应当及时得到执行的反馈信息，还应对执行过程中产生的新变化进行信息收集，研究潜在的变动。若有新的问题应重新进入检测阶段。反馈回来的内容都是十分宝贵的，它将决策阶段预测不到的问题全部表现出来。

灾难性的突发事件往往会造成对项目人际关系及物质上的伤害，对这种伤害必须进行弥补和修复，尽快使组织和项目回到正常的轨道上。

突发事件为人们提供了深远意义的学习机会，它可以展现出组织内的弱点，而这些弱点恰好是在常规情况下不易显露出来的。从这点来说，它可以抛弃那些可能永远植根于组织内的、会引起突发事件的行为和过程，提高组织的效率，同时为以后的应急管理提供宝贵经验。

（2）影响应急管理过程的重要因素

影响应急管理过程的四个重要因素分别为战略管理、企业文化、应急管理组织以及组织行动。战略管理不但涉及企业与环境的关系，还通过渗透组织运作的各个层面，从根本上影响应急管理的效果；企业文化既是被突发事件影响的对象又是应对的基础；应急管理组织是重要的执行力量。战略管理、企业文化和应急管理组织三者结成网络，共同决定组织行动的实施。

3. 项目应急管理系统的建立

（1）项目应急管理系统的组成

项目应急管理系统包括预警系统、识别系统、实施系统以及评估系统。首先要建立应急预警系统，就是对潜在的突发事件进行监测、预测和预控，争取避免突发事件的发生。当面临无明显预兆的突发事件（如自然灾害等）以及预控失败无法避免的项目突发事件时，就要启动识别系统，分析突发事件的类型和级别，调动系统资源，拟订处理方案，并对方案的可实施性进行评估，选定实施方案。在实施过程中，要按照实施系统的标准和要求，根据新的情况不断修订计划，灵活应对。评估系统旨在对突发事件进行总结评价，不断完善系统资源，提高对项目突发事件的预防能力和对突发事件的管理水平。

（2）应急预警系统的建立及措施

建立应急预警系统，即预防和消除危机源。危机源是指有可能导致突发事件最终出现的事件。它有可能是人为的，也有可能不是人为的。如回填土有机质含量过高、某批材料未按时到货、脚手架存在质量问题或搭设不符合要求、突发性自然灾害等都可能对项目目标的实现产生影响，从而都属于危机源。应急预防必须从最初阶段就开始，加强对人为危机源的发现、防控和处理，加强对各种非人为危机源（自然灾害）的预测。

正确识别突发事件需要建立在项目的目标描述和环境分析的基础上，因而在战略制订阶段就要对项目的内外环境进行 SWOT 分析，即优势（Strengths）、劣势（Weaknesses）、机会（Opportunities）和威胁（Threats）分析，找出项目内部的优劣势以及外部环境给项目带来的机会和威胁，在此基础上对项目可能存在突发事件的领域进行分析，分析不同类型的突发事件一旦发生会给项目带来的严重后果。根据这些分析结果，项目管理者可以根据项目特点和资源状况，针对各类威胁及其影响程度制订出若干个相应的应急处理备选方案。

（3）应急管理组织的实施对策

在系统资源中，应急管理组织是重要的人力资源，因而应急管理组织平时要进行应急模拟训练，并加强培训员工的应急意识，学会识别项目潜在的突发事件。处理突发事件的关键在于首先尽量控制突发事件，应急管理组织应及时启动应变方案。应变方案是平时根据可能出现的突发事件而制订的方案，如发生爆炸等事故后人员如何撤离、资金周转困难后通过什么渠道可以解决、如何应付新闻媒体等。

在突发事件爆发之初，应急管理组织要与专家接触，通过头脑风暴、专家论证等方法找出问题症结所在，与预测情况相比较，从而对症下药，制订出企业应对措施，做到详尽果断。突发事件发生时，应急管理组织要充分发挥核心领导作用，注重各部门的协调，并做好对外宣传与形象塑造工作，注意新情况的发生与对策应变。紧急消除后，应急管理组织还要负责总结经验教训，不断改进，以提高项目应急管理水平。

（4）组织行动的沟通任务

组织行动的首要任务是要明确沟通对象，主要包括被突发事件所影响的群体和组织、影响项目实施的单位、被卷入突发事件中的群众或组织、必须被告知的群众和组织等。必须重视沟通渠道的建设，有效的信息沟通渠道包括确定沟通媒介和沟通主体以及保证沟通渠道的连续性和畅通性。应急管理组织平时就要加强与各部门之间的沟通，指定各部门的沟通负责人，以确保突发事件信息能够快速到达相关部门，从而避免突发事件的发生。当面临突发事件时，迅速启动应急沟通计划，明确传播所需要的媒介，明确媒介传播的对象，抢占信息源，避免媒介传播中错误信息的发布。突发事件过后，要与公众全面沟通，针对企业形象的受损程度开展相应的公关活动，以最大限度地减少危机对项目声誉的破坏，恢复正常状态的公关活动。另外，企业平时应注意累积项目沟通资源，与公众和媒体建立良好关系，要在平时资助一些公益活动，积极打造公益形象，在客户和社会大众以及政府中树立正面的形象，以便项目发生突发事件时取得公众同情和支持，占据有利地位。

（5）树立项目全员危机意识

该系统高效运作的前提是要求企业树立全员危机意识，实现全员高度自治。通过树立全员危机意识，可以让项目的每一位员工都参与到应急管理过程中，提高员工的主动性。这种危机意识在员工心中形成一种定式，就能构成一种响应机制，一旦企业发现应急信号，就能快速反应。

第六节　建设工程管理的信息化和虚拟化

1. 工程管理信息化

（1）工程管理信息化的概念

信息化管理指借助先进的计算机网络技术和软件技术去整合企业现有的生产、经营、管理活动，及时准确地为企业的决策提供数据信息，以便对外界的变化及时准确地做出反应，其本质是提高企业的管理水平，提升企业的核心竞争力。信息化建设也是一个系统工程，包含人才培训、咨询服务、方案设计、网络设备采购、网络建设、应用选型等相关过程。

随着信息技术的发展，计算机作为一种新的工具，已经对社会产生了巨大的影响。新的工具产生新的方法，计算机辅助工程项目管理已经成为一种先进、可行的新方法，利用计算机网络系统，可以大大提高信息沟通和数据采集的效率，可以把大量纷杂的信息进行有序的组织。

（2）工程管理信息化的必要性及前景

随着现代信息技术的发展及其在工程项目管理中的广泛应用，工程项目管理的信息化研究已经成为工程项目管理研究领域的热点。工程项目管理信息化主要包括两个方面：一是信息化的硬件条件，如计算机硬件、网络设备、通信工具等；二是信息化的软件条件，如项目管理软件系统、相关的信息化管理制度等。从中国当前的情况来看，工程项目管理信息化的硬件条件与西方发达国家差距不大，但是工程项目管理信息化的软件条件却有很大的差距。

（3）工程管理信息化的要求

业务化：计算机只是个工具，要让它发挥作用，就必须与具体的业务整合，同时也必须与管理的模式紧密结合。

电子化：信息化管理要求数据存储在数据库中，文件和图纸要用相应的软件生成，纸质资料必须通过扫描等手段进行电子化，这样计算机才能帮助大家进行管理。

网络化：信息化管理必须借助于网络化环境才能实现，通过网络才能实现方便的信息沟通、数据共享，由计算机硬件设备搭建的网络工作平台是信息化管理软件运行的载体。

规范化：规范化不仅仅指工作流程的规范化，对输入系统的信息也要规范化，计算机无法处理凌乱的数据。

工程管理信息化应该做到“三个结合”：一是与传统的工程项目管理相结合，把人事、财务、材料方面的软件结合起来，更有针对性；二是与政府的信息系统相结合，引起政府的关注，起到推动作用；三是与项目动态管理相结合。

（4）影响工程项目信息化管理建设的主要因素

管理模式：工程项目信息化管理的基础是企业的管理模式，而不是计算机技术。工程项目管理需要处理大量的信息，如成本、质量、进度、合同、物资材料等，对这些信息的快速处理需要项目各部门的协作，打破原来的部门堡垒。工程项目信息化管理在国内基本上没有成功的经验，另外由于国情的差别我们也不可能完全照搬国外企业的工程项目信息化管理模式，只能借鉴其成功的经验和观念。

对工程项目信息化管理的认识：由于信息技术是十分专业的领域，发展又非常迅猛，新概念和新技术层出不穷，非信息领域的人员往往难以把握。不同部门只是站在各自部门的角度提出模糊的需求。由于工程项目信息化管理是一个系统工程，不同部门之间有大量的数据和信息需要交换和共享，因此需要根据业务的需求，提出整体的框架，在整体的框架下解决各部门的具体需求。如达不成对整体框架的共识，部门之间就会存在很多分歧，工程项目管理的信息化建设就很难推进。

人员素质：工程项目管理是以人为基础的，员工的观念和素质直接影响着项目管理的模式，工程项目信息化管理更是如此，如果不经过对员工的培训，员工的计算机应用水平提高起来就很困难，对很多新的管理方式和手段就难以适应。另外，对于管理来讲，信息只是基础的原料，信息是为管理、为人的科学判断和分析服务的，信息化系统的生存基础是对知识的共享和重复使用。如何将工程项目建设过程中的一些经验数据重复使用到招投标、生产中就是一个很值得研究的事情，要避免以往档案中大量信息无法利用和经验随有关人员的离去而带走的现象。

随着网格计算机技术的发展，网格计算机技术成为互联网发展的新阶段，它是试图实现互联网上所有资源的全面连通，尝试把整个互联网整合成一台巨大的超级计算机，实现计算资源、存储资源、通信、软件、信息知识的全面共享。网格技术已经形成了一个新的研究热点。构建以网格计算机技术为支撑的工程项目协同管理平台成为网格技术应用的新领域，将对工程项目管理产生巨大的变革。网格技术可以将项目参与方的信息全面集成，不仅提供项目相关信息，而且可以从信息平台上获得相应的工程项目管理的知识。所以，构建基于网格技术的工程项目协同管理平台将是工程项目管理信息化未来发展的趋势。

对工程项目管理业务比较熟悉，有工程项目管理信息化系统建设成功经验的系统开发商对系统建设起着至关重要的作用，应严格防范来自系统开发商的风险。工程项目信息化管理的实施也是一个系统工程，在实施的过程中也存在很多风险，如人员、制度保证等。但是随着改革开放的进一步深化，我们面临的不仅仅是国内施工企业的竞争，还会有国外企业的竞争，提高企业的管理水平、提高企业的核心竞争力成为当务之急。

2. 工程管理的虚拟化

（1）工程管理的虚拟施工的概念

虚拟施工（VC），是实际施工过程在计算机上的虚拟实现。它采用虚拟现实和结构仿真等技术，在高性能计算机等设备的支持下，在计算机上群组协同工作，对施工活动中的人、财、物的信息流动过程进行全面的仿真再现，以发现施工中可能出现的问题，以便在实际投资设计或施工活动之前就采取预防措施，从而达到项目的可控性，并降低成本、缩短工期、减少风险，增强施工过程中的决策、优化与控制能力。虚拟施工不消耗现实资源和能量，所进行的过程是虚拟过程，因而能为工程施工提供有益的经验。通过虚拟施工技术，业主设计者和施工方在策划、投资、设计和施工之前能够首先看到并了解施工的过程和结果。

从形式上来看，虚拟现实分为桌面虚拟现实和沉浸虚拟现实；从目前在施工中的应用过程来看，大都为桌面系统。国外在建筑施工中开发应用虚拟施工系统首选的是开发漫游系统。虚拟施工系统在施工中不仅表现为一种技术手段（进行干涉分析、内力计算、可靠性论证、施工顺序确定等），更多地表现为一种管理手段，以可视化施工中的进度、质量、成本、安全等管理内容为工程管理提供帮助，是一种全新的管理方式。

（2）虚拟施工的技术支撑体系

虚拟施工涉及多个学科领域，其主要支撑技术包括虚拟现实技术、计算机仿真技术、建模与优化技术以及相关的软硬件技术。

虚拟现实技术综合了计算机图形技术、计算机仿真技术、传感器技术、显示技术等多种学科优势，它为人机交互对话提供了更直接和真实的三维界面，并能在多维信息空间上创建一个虚拟信息环境，使用户具有身临其境的沉浸感。虚拟现实技术为虚拟施工开发提供了直接的可视化的交互环境。

仿真技术在土木工程中主要应用在结构计算施工技术与管理领域。仿真技术是虚拟施工的核心。对于结构工程施工来说，内力仿真分析对工程施工的安全进行将提供直接保证。

应用优化原理进行建筑工程的规划、设计、施工、管理能全面综合地考虑在技术、经济和时间上的最优，实现最大的效益。优化方法是虚拟施工系统的一个重要支撑技术。产品建模方法是虚拟施工的另一个支撑技术。虚拟施工的系统模型包括基础模型、设计模型及施工模型。其中施工模型将工艺参数与影响施工的属性联系起来，以反映施工模型与设计模型之间的交互作用。施工模型必须具备以下功能：计算机工艺仿真、施工数据表、施工规划、统计模型以及物理和数学模型等。

（3）虚拟施工技术的研究和开发展望

虚拟施工技术研究和开发的最终成果应是一个对运行硬件要求较低、面向一般建筑工程施工、具有良好通用性的软件系统。从目标上分析，我们设想其软件体系的开发应包含以下几种模块和功能。

1）将二维图纸变化成实体，并且能进行可视化施工。施工组装模型系统应具备设计参数查询功能，并尽量具有造价计算功能；可以依据实际要求对各种构件、组件等进行变更和再生成，并且可以进行设计优化和生成设计交底等文档。

2）主要用于对不同施工方案的比较、显示和分析。要求系统能对施工过程进行模拟，分析技术经济指标和关键工序等，最终根据工程特点和外部条件并结合相关专家的经验促成施工方案的完善，并直观显示出施工方案的主要工序过程。系统的主要模块包括工序的操作过程和干扰情况分析、主要构件和设备施工的力学分析、危险情况下的报警显示等。同时具备技术库和定额库，为施工方案的制订提供基础。

3）主要用于模拟项目管理人员的生产组织、试验、分析并寻找最佳的施工管理措施，辅助解决施工过程中的“四控制”“四管理”和“一协调”。系统模块主要应包括施工进度生成、成本控制和质量保证，以及对施工现场各要素进行的协调和管理等。

虚拟施工系统的开发以利用一些先进的软件为基础，以二次开发为主。当然系统的研究是一个复杂的过程，需要多方的协作。根据目前的实际情况，虚拟施工技术的研究开发大体可以分为三个阶段。

1）试验阶段：试验阶段的主要目的是通过一些工程实践寻找一些适合虚拟施工体系开发的相关软件，同时探索二次开发的软件设计方案和软件的接口方式。

2）研究开发阶段：其主要目的是通过逐步建立符合建筑施工实际过程的各种外挂模块和素材库，初步形成一定的应用平台，为实际工程的快速应用和具体设计提供基础。

3）完善和商业化阶段：这一阶段主要是对已经成体系的软件进行完善，同时实现向低档工作站或高档微机移植，使其能够成为商品软件和通用软件。

从技术发展方面来看，虚拟施工技术的广泛应用将从根本上改变现行的施工模式，对相关行业也将产生巨大影响。为此需要不断进行研究，逐步建立起理论和技术体系，使其成为建筑业信息化的一个重要方面。应用虚拟施工技术是一个必然趋势，它将开创一个全新的数字化施工新时代。

结　语

工程造价控制是企业项目建设过程中的重要工作内容，关系着企业的经济效益。影响工程造价的原因是多方面的，可以从不同环节来分析，也可以从参与项目建设的不同要素来分析。采取针对性措施来解决问题，使工程造价的作用得以发挥，从而确保企业利益最大化，促进企业长远发展。随着我国经济改革的不断深入，建设工程造价管理与控制工作也变得越来越重要。从工程项目设计到工程完成所花费的所有费用是工程投资的关键内容和核心内容，我们通过工程造价管理的不断应用，从中总结经验，提高工程造价管理水平。

总而言之，在进行建筑工程的造价与管理过程中，需要以对问题的解决来实现其在造价与管理方面的协调与促进作用，最终实现其科学性与时代性。工程造价管理在一定程度上实现工程费用控制的有效手段，因此其对工程的步骤以及实施的展开具有非常重要的指导作用。随着市场化的飞速发展，企业如果想要获得竞争优势就需要通过降低施工的成本并且提高施工的质量，通过加大人才储备以及强化培训机制来实现竞争力的不断提升，实现工程造价与管理效率的不断提高。

参考文献

[1] 夏立明 . 建设工程造价管理基础知识 [M]. 北京：中国计划出版社，2020.

[2] 李艳玲，陈强 . 建设工程造价管理实务 [M]. 北京：北京理工大学出版社，2018.

[3] 全国二级造价工程师职业资格考试培训教材编委会 . 建设工程造价管理基础知识 [M]. 南京：江苏凤凰科学技术出版社，2019.

[4] 全国造价工程师职工资格考试培训教材编审委员会 . 建设工程造价管理基础知识 [M]. 北京：中国计划出版社，2019.

[5] 全国建设工程造价员资格考试试题分析小组 . 建设工程造价管理基础知识 [M]. 北京：机械工业出版社，2016.

[6] 中国建设工程造价管理协会 . 建设工程造价管理理论与实务 [M]. 北京：中国计划出版社，2016.

[7] 造价员资格考试命题研究中心 . 建设工程造价管理基础知识 [M]. 武汉：华中科技大学出版社，2016.

[8] 邱四豪 . 建设工程造价管理基础知识 [M]. 上海：同济大学出版社，2014.

[9] 李建峰 . 建设工程造价管理理论与实务 [M]. 北京：中国计划出版社，2014.

[10] 复旦大学审计处 . 建设工程管理审计知识读本 [M]. 上海：复旦大学出版社，2018.

[11] 宋宗宇，向鹏成，何贞斌 . 建设工程管理与法规 [M] 重庆：重庆大学出版社，2015.

[12] 徐勇戈 . 建设工程合同管理 [M]. 北京：机械工业出版社，2020.

[13] 叶宏 . 建设工程项目管理 [M]. 北京：中国建材工业出版社，2019.

[14] 熊勇 . 建设工程项目管理 [M]. 镇江：江苏大学出版社，2019.

[15] 成虎，张尚，成于思 . 建设工程合同管理与索赔 [M]. 南京：东南大学出版社，2020.

[16] 汪春风 . 工程建设档案管理 [M]. 兰州：甘肃科学技术出版社，2017.

[17] 高显义，柯华 . 建设工程合同管理 [M]. 上海：同济大学出版社，2018.

[18] 邓勇 . 工程建设企业管理与实践 [M]. 北京：中国铁道出版社，2018.

[19] 陈小燕 . 浅析全过程造价管理在建设工程造价控制中的运用 [J]. 中国设备工程 ,2021(24)：202-203.

[20] 陈勇儒 , 刘梦佳 . 建设工程造价鉴定中证据管理的关键点、重要性、方法 [J]. 工

程造价管理 ,2021(6) : 53-58.

[21] 曾凉凉 . 现阶段工程建设项目中工程造价管理研究 [J]. 建筑与预算 ,2021(11) : 20-22.

[22] 朱婷 . 工程建设管理中存在的造价问题及对策研究 [J]. 建筑与预算 ,2021(11) : 41-43.

[23] 钱茜茜 . 建设工程招标阶段的工程造价管理 [J]. 房地产世界 ,2021(22) : 71-73.

[24] 沈彩妹 . 建设工程造价全过程跟踪管理对成本控制的影响 [J]. 广西城镇建设 ,2021(9) : 100-102.

[25] 林淑君 . 建设工程甲方的全过程工程造价管理控制分析 [J]. 中国住宅设施 ,2021(9) : 41-42.

[26] 王媛媛 . 基于 BIM 在建设工程造价管理中的适用性分析 [J]. 居舍 ,2021(21) : 134-135.

[27] 尹娴君 . 全过程造价管理在建设工程造价控制中的应用 [J]. 中国建筑金属结构 ,2021(7) : 38-39.

[28] 王贵景 . 全过程造价管理在建设工程造价控制中的应用分析 [J]. 砖瓦 ,2021(7) : 143-144.

[29] 邱晓静 , 武守通 . 关于 BIM 在建设工程造价管理中的适用性研究 [J]. 居舍 ,2021(15) : 123-124.

[30] 郭俊芳 .BIM 在建设工程造价管理中的适用性分析 [J]. 居舍 ,2021(15) : 121-122+152.